鸚鵡的
家庭醫學書

作者／鈴木莉萌
醫學監修／三輪恭嗣（三輪特寵動物醫院院長）

瑞昇文化

前言

——鸚鵡的家庭醫學書——

一家一本的決定版！
「陪伴鳥的家庭醫學書」

本書網羅了各種「飼主必知的陪伴鳥健康與醫療」相關知識。

為使內容更加充實，書中亦有不少鳥類醫學相關的專業描述，不過極力避免採用過於艱澀的用語，並納入許多註釋及解說，讓沒有獸醫療相關知識的人也能輕鬆閱讀。

從陪伴鳥的減肥方式、挑選動物醫院的方法、餵藥的方法、檢查的種類及內容、容易罹患的疾病乃至於緊急時刻的應急處置，飼養陪伴鳥所需的重要資訊盡收錄其中。

在醫療相關頁面，聘請了特寵動物醫療的先驅——日本特寵動物醫療中心院長暨獸醫學博士的三輪恭嗣醫師，以及同機構的副院長——專攻鳥類醫療的西村政晃醫師進行監修。

除此之外，平常活躍於臨床現場的兩位醫師根據其獨特經驗，還有撰寫多篇關於陪伴鳥的有趣專欄，作為讀物其內容也相當豐富。

對愛鳥細微的動作有些在意，或是對日常的飼養心生疑惑之際，不妨打開本書尋找答案。

由衷希望本書能作為「陪伴鳥版 家庭醫學書」派上用場，幫助大家為陪伴鳥打造身心健全的生活。

筆者 鈴木莉萌
2024年 早春

＊本書適用於常見陪伴鳥，又以鸚鵡為大宗，內文各單元以鸚鵡為範例。

= PROLOGUE =

陪伴鳥的健康

充分了解鳥類的身體構造，以培養身心健全的陪伴鳥為目標吧。

Ⅰ. 有食欲

陪伴鳥要進食才能存活。有食欲是非常重要的事情。

Ⅱ. 好動、貪玩

陪伴鳥的好奇心相當旺盛。經常四處活動，總是在尋找樂子。

Ⅲ. 時常鳴叫

陪伴鳥也會積極地進行聲音交流。經常鳴叫是健康的證明。

Ⅳ. 炯炯有神

陪伴鳥閃閃發亮的眼睛、炯炯有神的雙眸是健康的指標之一。

Ⅴ. 睡眠充足

睡眠對陪伴鳥來說也很重要。優質的睡眠是隔天的精神來源。

Ⅵ. 羽毛有光澤

梳理羽毛是陪伴鳥不可或缺的每日例行公事之一。一旦身體抱恙就會疏於整理羽毛，進而失去光澤。

Ⅶ. 排泄物狀態良好

只要身心健全穩定，排泄物的狀態也會良好。有時候糞便會因為吃下的食物而變色。

了解陪伴鳥的身體構造吧

陪伴鳥的身體構造與人類及貓狗大相逕庭。充分了解鳥類的身體特徵，守護陪伴鳥的健康吧。

輕量化的身軀

諸如骨骼、內臟等，鳥類的各種部位經過演化變得十分輕盈。

鳥特有的翅膀及羽毛

一般認為翅膀是鳥類為了飛翔從前肢演化而成的部位。翅膀及羽毛也是其他動物沒有的構造，相當於爬蟲類的鱗片、哺乳類的體毛。

換　羽

就像換季更衣那樣每年換一次羽毛，幾乎全身的羽毛都會汰舊換新。

高體溫

鳥類的平均體溫落在40～43℃左右，溫度很高。高體溫可以促進新陳代謝，藉此獲得進行飛翔這種激烈運動所需的能量。

PROLOGUE

藏在羽毛下的耳孔

眼睛斜下方附近有耳孔。鳥會側著頭將耳朵面向聲音傳來的方位。

聽覺

因為頻繁地進行聲音交流,聽覺十分發達。擅長聆聽聲音的快速變化、遠方傳來的細微聲響。

味覺

鳥用來感知味道的味蕾數量偏少,味覺似乎不怎麼發達。

包覆鼻孔的蠟膜

虎皮鸚鵡及玄鳳鸚鵡的上嘴喙有蠟膜。具有感覺器官的功能。

嗅覺

或許是擁有豐富知性與優異視覺的代價,除了部分猛禽類等,鳥的嗅覺並不發達。

分泌皮脂

從尾羽根部附近的分泌腺(脂腺)分泌的皮脂塗布全身,有助於提高羽毛的防水性。皮膚腺還包括耵聹腺、位於眼瞼緣的瞼腺。

不會流汗

鳥類幾乎沒有汗腺,也不會流汗。想要降低蓄積在體內的熱能時,會抬起翅膀開口呼吸、進行水浴。

產卵（生蛋）

相對於哺乳類在體內培育受精卵，成長某種程度再進行生產，鳥類為了維持輕量化，受精以後會將卵產出體外再進行保溫、孵化。

育雛行為

卵生動物包括魚類、爬蟲類、兩生類等，不過孵蛋並養育雛鳥直到離巢是其他類動物所沒有的鳥類特有行為。

四根腳趾

鸚鵡及鳳頭鸚鵡類的腳趾為前兩根、後兩根的構造；雀鳥類的腳趾為前三根、後一根的構造。

一輩子持續生長的腳爪

角蛋白包覆著趾骨，形成腳爪。腳爪會一輩子持續生長，但是野生動物會自然磨耗。腳爪有血管及神經通過。

也能充當手部的嘴喙

鳥類擁有嘴喙，取代了牙齒及顎部。藉由梳理行為，嘴喙保持在適當的長度（磨耗）。嘴喙表面覆有角蛋白，有血管及神經通過。

發達的鳴管

用於鳴叫器官，鳴管相當發達，尤其公鳥能發出婉轉的鳴叫聲。

肌肉質的舌頭

擁有肌肉極度發達的厚舌，用來剝開種子的外皮。

PROLOGUE

嗉　囊

嗉囊是暫時貯存食物的器官，從食道發展而成的部位。可以軟化貯存的食物以幫助消化。

兩個胃

食物會從嗉囊經過兩個胃進行消化。第一個胃名為腺胃或前胃，此處分泌的消化液會消化從嗉囊流下來的食物。第二個胃名為肌胃、後胃或砂囊，是由許多肌肉構成的胃囊，此處會利用名為砂粒的硬質礦物等來磨碎食物以幫助消化。

方便的泄殖腔

排尿、排泄、交配皆透過泄殖腔這個通用口進行，目的是減輕身體重量。

標準體重無法一概而論

即便是同一種鳥，身體及骨骼大小也存在個體差異，故標準體重無法一概而論。就同種來說，母鳥的體重也會比公鳥稍微重一些。

冠　羽

鳳頭鸚鵡類擁有的冠羽是位於頭頂的飾羽。會根據當下的心情及精神狀態平貼或豎起。鸚鵡及雀鳥類沒有冠羽，但是依然能透過頭頂羽毛的起伏，像觀察鳳頭鸚鵡那樣推測牠們當下的心情。

長　壽

雖然也根據種類而異，不過十姊妹、斑胸草雀、胡錦鳥等為5～7年，文鳥、虎皮鸚鵡、桃面愛情鳥、牡丹鸚鵡為7～10年，玄鳳鸚鵡、錐尾鸚鵡、派翁尼斯鸚鵡等中型鸚鵡為20年左右，大型鸚鵡及鳳頭鸚鵡類為40年以上，可見陪伴鳥相當長壽。其中甚至有葵花鳳頭鸚鵡創下活到100歲的紀錄。

目次 Contents
―鸚鵡的家庭醫學書―

2	前言
3	PROLOGUE 陪伴鳥的健康
4	了解陪伴鳥的身體構造吧

Chapter 1
11　陪伴鳥的健康與疾病預防

- 12　陪伴鳥的健康與疾病預防

Chapter 2
17　每天的健康管理

- 18　每天的健康管理
- 20　安全環境
- 21　房間內危機四伏
- 23　衛生管理與清點飼養用品

Chapter 3
25　家庭的健康管理

- 26　家庭的健康管理　溫濕度管理／飲食管理
- 27　觀察健康狀況吧
- 29　觸診檢查／外觀可見的症狀
- 31　糞便呈現的健康狀況
- 32　梳理保養（剪指甲、剪羽）　修整腳爪（剪指甲）
- 34　修整羽毛（剪羽）

Chapter 4
37　營養管理

- 38　營養管理：了解鳥的食性／餵食的方法
- 39　選擇主食
- 41　穀物種子必須搭配副食
- 43　餵食滋養丸的注意事項
- 44　不能餵食的食物／也要充分洗淨有機蔬菜
- 45　保健食品、綜合維生素劑／不妨增加飲食菜單
- 46　顧及鳥禽食性提供副食的方法
- 48　預防肥胖吧　肥胖的原因
- 50　鸚形目、雀形目的營養需求量

Chapter 5
51　鳥的身體結構

- 52　鳥的身體結構　鳥的身體特徵
- 53　外皮系統　腳爪／蠟膜／皮膚／腺
- 54　骨骼
- 55　脊椎／胸部～前肢骨骼
- 56　翅膀的骨骼／後肢帶～後肢骨骼　肌肉系統：胸部的肌肉
- 57　消化器官系統：口腔／食道／嗉囊／前胃、砂囊
- 58　小腸／大腸／泄殖腔
- 59　肝臟／胰臟　呼吸器官系統：鼻、鼻腔、鼻竇　鳥的呼吸原理
- 61　循環器官系統
- 62　泌尿器官系統：腎臟／尿的形成與濃縮　生殖器官系統：公鳥的生殖器官
- 63　鳥的發情與交配／母鳥的生殖器官
- 65　內分泌器官系統　神經系統與感覺器官
- 66　中樞神經／末梢神經／自律神經／知覺末端、感覺器官
- 68　血液
- 69　體溫：鳥的體溫
- 70　體溫調節
- 71　關於鳥的羽毛：羽毛的功能／羽毛的種類／翅膀的功能
- 72　何謂羽毛／羽毛的特性／關於換羽

Chapter 6
75　接受治療以前

- 76　接受治療以前
- 79　關於寵物保險
- 81　先行了解檢查的種類
- 85　關於保定與麻醉
- 86　藥物相關基礎知識　何謂醫藥品
- 88　安全的餵藥方法（保定）
- 90　關於輔助及另類醫療（整合照護）
- 93　看漫畫笑一笑！與鳥的生活及醫療

Chapter 7
101　寵物鳥容易罹患的疾病

- 102　病毒引起的感染症：鸚鵡的內臟乳突狀瘤病（IP）／玻納病毒感染症（腺胃擴張症）
- 104　鸚鵡喙羽症（PBFD）

105	小鸚哥病（BFD）
106	細菌引起的感染症：革蘭氏陰性菌感染症／革蘭氏陽性菌感染症
107	其他細菌引起的感染症：禽類抗酸菌症（家禽結核病）〔人畜共通傳染病〕〔通報傳染病〕／黴漿菌症
108	禽類鸚鵡熱〔人畜共通傳染病〕
110	寄生蟲引起的感染症：消化道內寄生蟲：滴蟲症（原蟲）
111	梨形鞭毛蟲症（原蟲）／六鞭毛蟲症（原蟲）
112	球蟲症（原蟲）／隱孢子蟲症（原蟲）〔人畜共通傳染病〕
113	禽類蛔蟲症（線蟲）／條蟲症（條蟲）
114	體外寄生蟲：禽類疥癬症（節肢動物）
115	雞皮刺蟎、北方禽蟎（節肢動物）／羽蟎（節肢動物）
116	氣囊蟎（節肢動物）／羽蝨（節肢動物）
117	真菌引起的感染症：麴菌症／念珠菌症
118	隱球菌症〔人畜共通傳染病〕／巨大菌（禽胃酵母菌）症
119	皮膚真菌症
121	繁殖相關疾病：母鳥的繁殖期相關疾病：過度生蛋／異常蛋
122	卵阻塞（挾蛋症、卡蛋）
123	蛋物質異位
124	輸卵管阻塞症
125	蛋物質性腹膜炎／泄殖腔脫垂、輸卵管脫垂
126	輸卵管囊泡性過度增生
127	輸卵管腫瘤
128	卵巢腫瘤／多骨性骨質增生症／腹壁疝氣症
130	黃色瘤／產後強直性痙攣、麻痺
131	公鳥的繁殖期相關疾病：睪丸腫瘤
133	過剩症：氯化鈉（鹽）／蛋白質過剩／水中毒（水分過剩症）
134	種子成癮／維生素過剩
135	中毒：重金屬中毒：鉛
138	消化器官相關疾病：嘴喙疾病：嘴喙顏色異常
139	口腔內疾病 嘴角、口腔、食道、嗉囊疾病：口內炎／口腔內腫瘤／食道炎、嗉囊炎
140	嗉囊結石、嗉囊異物
141	嗉囊停滯／嗉囊弛緩
142	食道狹窄、阻塞／胃部疾病：胃炎
143	腺胃擴張症（PDD）
144	胃腫瘤／砂粒阻塞 腸道疾病：腸炎
145	腸阻塞
146	腸道結石
147	泄殖腔疾病：泄殖腔炎／巨大泄殖腔
148	肝臟疾病
149	感染性肝炎
150	肝損傷、血腫（非感染性疾病、感染性疾病）
151	脂肪肝（非感染性疾病）／肝毒素（非感染性疾病）
152	肝腫瘤（非感染性疾病）
153	肝性腦病變（肝臟疾病引發的疾病）／黃羽症候群（肝臟疾病引發的疾病）
154	胰臟疾病：胰臟炎、其他
156	泌尿器官疾病：痛風、高尿酸血症
157	呼吸器官疾病：鼻炎
158	咽炎、喉炎
159	肺炎
160	氣囊炎
162	氣管阻塞
163	循環器官疾病：心臟疾病
164	動脈粥狀硬化症
165	內分泌疾病：甲狀腺功能低下症
166	糖尿病
167	神經疾病：中樞神經疾病 中樞神經疾病
168	癲癇／腦挫傷、腦震盪
169	顫抖（症狀）／中樞性運動障礙
170	昏迷、昏睡（症狀）
171	末梢神經系統疾病／末梢性運動麻痺／前庭症候群（症狀）
172	末梢神經性自咬
173	眼睛疾病：白內障／結膜炎
174	角膜炎
176	耳部疾病：外耳炎
177	皮膚疾病：皮膚炎
178	皮膚腫瘤
179	趾瘤症
180	骨骼疾病：骨腫瘤
181	骨折

目次 Contents —鸚鵡的家庭醫學書—

183	**Chapter 8** 問題行為、事故、外傷
184	問題行為：關於壓力
185	啄羽（拔毛行為）
187	啄羽症／自咬症
188	心因性多飲症
189	恐慌／緊張性發作
191	事故、外傷：外傷
192	針羽出血／燒燙傷
193	中暑
194	絞扼
195	感電
197	緊急應變措施：可以在自家進行的應急處置：出血
198	卵阻塞／誤食／痙攣
199	呼吸困難／外傷、燒燙傷
200	感電／泄殖腔脫垂、輸卵管脫垂／骨折
201	誤吞、窒息／健康狀況欠佳
203	看漫畫笑一笑！與鳥的生活及醫療

專欄 Column

16	陪伴鳥活得長壽的祕訣
35	野外的生活
74	當心意外事故
91	不能施行的民間療法
109	人類鸚鵡熱

獸醫師專欄 Column

120	鳥類的獸醫學與文鳥
137	關於食物
155	勾玉狀的貴金屬？
182	掌握正常狀態的重要性
196	當心烏鴉！
202	您的保溫措施合宜嗎？
207	參考文獻

鸚鵡的家庭醫學書

Chapter 1

陪伴鳥的
健康與疾病預防

CHAPTER 1

陪伴鳥的健康與疾病預防

就像我們人類一樣，陪伴鳥也有機會罹患各種疾病。身為一個飼主，事先了解有哪些疾病隱憂至關重要。

顧及陪伴鳥的健康

要把陪伴鳥養得健健康康，無所節制地寵愛是不夠的，還要下功夫深入了解牠們的大小事。光憑毫無知識根基的盲目愛意，很難讓鳥活得健康長壽。

事先了解自己飼養的鳥、牠們可能罹患的疾病、萬一不幸受傷的狀況等等，有助於預防疾病及創傷。即使愛鳥真的染病，早期發現、早期治療也對後續恢復頗有幫助，試著與愛鳥共築更健康充實的生活吧。

重點在於「用心觀察」

以雀形目及鳳頭鸚鵡目為代表的陪伴鳥不怎麼耐寒。

這是因為鳥類必須時刻維持40～43℃左右的極高體溫。雖然飼養陪伴鳥的時候必須考慮合適的環境溫度，但是相同鳥種也會有所謂的個體差異，有時候沒辦法一概而論。

不妨每天用心觀察寵物鳥的羽毛蓬起狀況、行為的表現等等。然後從中推敲能讓牠們享有舒適生活的溫度，以此為基準進行溫度控管較為理想。

如果對象是老鳥、羽毛未豐的雛鳥、健康欠佳的鳥，最好將其置於30℃左右的籠內保溫，而且飼主要用自己的眼睛勤加確認愛鳥的狀態，留意該溫度會不會對鳥太熱或太冷，適時調整環境溫度。

如果是健康狀況無可挑剔的鳥，即使遇到連日嚴寒或酷暑，大多時候應該不至於發生身體突然變差的情況。

話雖如此，連續幾天身處在嚴苛環境的壓力，對愛鳥來說當然稱不上好事。就算強壯到足以挺過嚴寒或酷暑，陪伴鳥還是經常會因為一些微不足道的事情而生病，或是健康狀況突然變差。

愛鳥的體內發生異變時，倘若我們飼主認為牠們發出的求救訊號應該和人類生病時的表現及症狀相去無幾，無疑是自以為是的錯誤認知。

在所有鳥類當中，陪伴鳥亦屬於被捕食的一方。也因此，身為獵物的動物為了避免遭到掠食者鎖定，會極力隱藏自己衰弱的一面，可以說是十分擅長忍受病痛「假裝自己很健康」的一群鳥。

既然同在一個屋簷下，可不能忽略愛鳥異於平常的模樣。

不要被鳥假裝有活力的樣子給騙了，也要重視自己身為飼主的「直覺」。嚴禁抱持著乍看之下「感覺沒什麼問題」的想法。

事先了解棲息地的環境

鳥的種類、健康狀況、生命階段再加上個體差異，使得陪伴鳥會感到舒適的溫濕度條件各有不同。

要打造和棲息地如出一轍的環境太強人所難，也沒有必要為陪伴鳥做到那種地步，不過了解飼養的愛鳥生活在何種棲息地，或許有利於得到一些改善飼養條件的提示。

::: CHAPTER 1 ::: 陪伴鳥的健康與疾病預防

考量環境差異及個體差異

舉例來說，如果是虎皮鸚鵡、玄鳳鸚鵡、斑胸草雀、牡丹鸚鵡類等原產於乾燥地帶的鳥禽，可能難以忍受過高的濕度。

至於野外環境中棲息在高地的鳥，比如橫斑鸚鵡、緋胸鸚鵡等雖然可以忍受某種程度的寒冷，但是可以推測牠們應該不太擅長應付暑熱。

再來，原產於東南亞的紅領綠鸚鵡、文鳥、紅梅花雀等，已經順應了異於原產棲息地的各種地區。一般認為這些鳥對環境的適應力很高。

了解這些知識以後，還有必須納入考量的事情。

就像同為日本人，有些人怕熱、有些人比較不能忍受寒冷一樣，同一種鳥也存在所謂的「個體差異」。

如今，人為飼養的陪伴鳥大多是在日本出生長大的鳥。即使想要原封不動地依循野外生活的模式，那也未必會是最佳選擇。

盡心考量每隻鳥的個體差異，進行最適合那隻鳥的溫濕度控管吧。

季節變化與健康管理

就像我們人類遇到季節更迭的時候，會感到倦怠、健康容易出問題一樣，對陪伴鳥來說季節交替之際也是容易生病的時期。

溫濕度的管理

氣候在秋、春這類季節交替之際容易變得不穩定,如今地球暖化導致氣候變遷更為顯著,相較於以往,對飼養環境進行溫濕度控管可以說是越發困難了。

因為早晨清爽舒適,所以沒有設定冷氣就出門,未料白天的溫度熱到可能會中暑,又或是白天明明是暖洋洋的好天氣,日落及清晨以後卻急遽降溫,諸如此類的情景在近年已經見怪不怪了。

急遽的溫度變化頻繁發生,會對鳥的身體帶來巨大負擔,如果對象是幼鳥、病鳥、老鳥那就更不用說了。尤其必須嚴加留意可能中暑的隱患。

待在門窗緊閉的透天厝或是集合住宅的一室空間,因此中暑的陪伴鳥被送往動物醫院急救的案例層出不窮,而且不限於夏季才會發生。

天氣預報的精準度年年都在提升,身為一個飼主,不妨把確認居住地區當天天氣及氣溫變化納入每天早上的例行公事。

飼主不在家的期間,也別忘了幫愛鳥營造能舒適生活的環境。

也要留意氣壓的變動

就像溫度變化及濕度變化一樣,氣壓變化也會對陪伴鳥的健康造成很大的影響,甚至有過之無不及。

當氣壓受到雨勢或颱風影響而變低,鳥禽就跟人類一樣可能因此生病。

尤其天候容易變動的春季、連日低氣壓的梅雨時節、多颱的秋季,更要仔細觀察愛鳥的健康狀況有無任何異狀。

體內恆定與健康

無論是鳥禽還是我們人類,生來就擁有「體內恆定(homeostasis,或稱內環境穩定)」的生理機制,可以幫助自己的身體適應環境、趨於穩定。這個體內恆定是透過三個系統維持平衡。

其一是調整身體運作的「自律神經系統」,其二是控制激素分泌的「內分泌系統」,其三是阻擋異物入侵體內的「免疫系統」。

炎熱及寒冷、氣壓變動、聲音、震動、光線、其他刺激等產生的壓力,可能會導致這三個系統失調。無論是鳥還是人,一旦持續受到壓力所苦,都會因為體內恆定失衡而容易罹患各種疾病。

過度保護會導致免疫力低下

與人類共同生活的陪伴鳥如果持續配合飼主不固定的生活節奏,比如作息時不時地日夜顛倒等等,自律神經就會逐漸失去規律。

再來,當鳥一直在空調開24小時的完美環境中生活,乍看之下過得很好,其實暗藏著很大的問題。

相較於野鳥,陪伴鳥是在溫度變化較小的環境中生活。也因為這樣,牠們很容易逐漸失去對環境變化的免疫力,對急遽溫度變化的適應力也會減弱。

換句話說,無論置身於哪種情境,都很容易讓調節重要自律神經、維持免疫力的身體機能低下

::: CHAPTER 1 ::: 陪伴鳥的健康與疾病預防

而難以維持體內恆定。

　飼養陪伴鳥的時候必須謹記在心，儘管極端的生活節奏變化會對鳥體造成負擔，還是要讓其身體強壯到足以抵抗些許的冷暖差及氣壓變動。

　不要讓飼養環境太過極端或太過穩定、給予營養均衡的飲食、提供適度運動的機會、提供能夠放鬆的時間、營造優質的睡眠環境。這些可以說是日常生活中守護愛鳥健康應盡的責任。

　最好銘記在心，了解對愛鳥來說什麼狀態最舒適、在某種程度的範圍內保留稍熱稍冷的季節冷暖變化，是維持愛鳥環境適應力的必要條件。

什麼溫度對愛鳥來說最舒適

　不妨檢視在寒冷時期愛鳥蓬起羽毛的程度（蓬羽），在炎熱時期愛鳥有無出現張開嘴喙、試圖抬起腋下，想要驅散蓄積在體內的熱能的行為。倘若並未觀察到這類行為，表示愛鳥正處於適應當下環境的狀態。

　勤於觀察寵物鳥每天的模樣，才能掌握何種溫濕度會讓牠們覺得冷或熱。飼主需要時刻牢記，切勿使溫度大幅偏離對愛鳥來說最舒適的溫度，與愛鳥同居時要積極地營造四季輪轉的氛圍。

鸚鵡的家庭醫學書

陪伴鳥活得
長壽的祕訣

每個飼主無不希望可人的愛鳥能常伴左右，多活一天是一天。本篇採訪了各式各樣的鳥飼主，將諸多內容編撰成「讓愛鳥長壽的祕訣」供大家參考。

◆切勿過度觸摸

如果對象是自己親手拉拔長大、當作心肝寶貝疼愛的上手鳥，想必很難克制想要萬般溺愛的衝動。可一旦進行過多的親密接觸，恐會招來頻繁發情的問題，造成公鳥罹患睪丸腫瘤、母鳥罹患卵阻塞等危及性命的疾病風險提高。

會有「親人鳥短命」一說的原因似乎就出在這裡。

不同於人類，鳥禽很快就會邁入成鳥階段。以親密接觸的名義過度觸摸鳥體是大忌。想讓愛鳥健康長壽的話，與之互動最好有所節制。

◆每次的放風時間不要太長

放風時間對上手鳥來說是最大的樂趣之一。

話雖如此，放風時間拉得越長，人類的注意力就越容易中斷。

即便所處環境是愛鳥再熟悉不過的房間，還是有可能在飼主短暫移開目光的一瞬之間，遭遇到難以預料的意外。

放風最好主要在短時間內進行，如果遊玩的時間不夠充裕，不妨先將愛鳥暫時放回鳥籠，等處理完要事以後再繼續進行放風。

◆不要餵食多餘的食物

想讓可人的愛鳥多嚐些美食是身為父母的人之常情。話雖如此，平常餵牠們吃為人類改良過的高糖分水果、宣稱鳥用的餅乾等點心，又會發生什麼事呢？容易肥胖自不用說，還會埋下容易罹患脂肪肝等疾病的禍根。

大多數陪伴鳥在野外都是吃低劣的粗食維生。

想讓愛鳥健康長壽的話，最好極力避免餵食滋養丸、穀物種子、青菜等身體所需食物以外的東西。

◆仔細觀察，定期接受健康檢查

陪伴鳥的壽命得到了飛躍性的延長，其背景無疑與鳥類醫療的進步有著很大的關聯性。

鳥是會隱藏身體抱恙的生物，所以每天仔細觀察、定期帶去動物醫院接受健康檢查以預防疾病，早期發現、早期治療才能讓愛鳥活得更長壽。

鸚鵡的家庭醫學書

Chapter 2

每天的
健康管理

每天的健康管理

營造富有變化的生活

在野外生活的眾多陪伴鳥在接近日出時分醒來,與配偶及鳥群結伴飛往覓食場所找東西吃。白天過著梳理羽毛、曬日光浴或是照顧雛鳥的生活,日落以前再度與同伴相偕出外覓食,之後各自返回巢內休息。另一方面,與人類共同生活的陪伴鳥似乎多在下午時段享受悠哉的生活。飼主早上起床以後,首要工作就是移除鳥籠上的罩布,更換飼料及飲水。隨即愛鳥跟著轉醒,迎來熱鬧的早餐時光。之後讓牠們充分活動身體,入夜以後比飼主提早一些在靜謐的環境獲得優質睡眠,藉此整頓生活節奏吧。

睡眠

原本鸚鵡及雀鳥的活動時段在日出到日落之間,除此之外的時間幾乎都在睡覺。可以說牠們的睡眠時間比人類還要長。野鳥必須無時無刻慎防外敵以保護自己,或許是因為這樣而比較淺眠,睡眠時間拉得比較長。

在大型鸚鵡及鳳頭鸚鵡當中,甚至有些鳥會只閉單眼讓半邊腦休息,一邊警戒周遭一邊輪替這種淺眠模式。

如果愛鳥總是在入睡時段於籠內表現出焦躁不安的模樣,不妨確認一下周遭有無聲響、震動等會妨礙愛鳥睡眠的亂源。

對上手鳥來說,可以清楚聽見附近有人類說話聲的場所也會激發玩心、令其躁動,說是充滿誘惑而靜不下來的地方也不為過。

入夜以後,請將鳥籠置於睡眠不會被打斷的場

所，讓牠們好好地休息。

明暗的節律

整頓一天當中的明暗平衡至關重要。

大多數家庭會把愛鳥的鳥籠置於客廳等能感知人類在附近的地方。這類場所通常會點亮照明，對鳥來說算是明亮時間過長的地方。

日照時間一旦過長，恐會導致陪伴鳥面臨睡眠不足、過度發情的問題。如果不方便關掉客廳的照明，不妨在夜間將鳥籠移置他處、將鳥移至位於其他場所的就寢專用鳥籠，或是蓋上專用罩布、遮光窗簾等物來調整，以免明亮時間過長。

日光浴

為了保持陪伴鳥的健康，室內的通風措施與日光浴必不可少。

晒日光浴可以整頓生理時鐘，在體內有效率地合成生成強健骨骼所需的維生素D_3，紫外線產生的殺菌效果也值得期待。

在避免陽光直射的情況下，每天讓鳥進行日光浴吧。玻璃具有阻隔紫外線的效果，所以隔著玻璃晒日光浴沒什麼效果。讓愛鳥進行日光浴的時候務必要打開窗戶。

進行日光浴以前要採取安全對策，不只要防範其他鳥類來襲，也要排除老鷹、貓咪、蛇類等生物進犯的威脅。如果早上忙到擠不出時間陪愛鳥晒日光浴，不需要勉強為之，安全才是第一優先。

維生素D_3也可以透過鳥類用維生素劑來補充，不妨適時地靈活運用。

通風

要讓陪伴鳥活得健健康康，飼養環境的通風措施非常重要。

原因在於鳥類的呼吸器官構造比哺乳類更加複雜且細緻，通常比較容易罹患呼吸器官疾病或中毒。

最好在窗戶上安裝紗窗以防愛鳥脫逃,基於空氣對流的考量打開對角線上的窗戶,有助於提高房間的通風效率。

如果於附近正在進行施工或噴灑藥劑的日子開窗,有時會對愛鳥的生命造成威脅,所以身為一個飼主也要對這類周邊公告有所警覺。

無法隨心所欲地實施通風措施時,不妨使用空氣清淨機。

在飼養陪伴鳥的房間內,脫落的羽毛、飼料、排泄物、脂屑等物容易沾附濾網,所以要勤於清洗、更換濾網。

水浴

水浴具有洗去身上髒污等物及調整脂屑量的功效。積極地誘使愛鳥洗澡吧。

尤其文鳥、斑胸草雀等雀鳥類特別喜歡水浴。凱克鸚鵡及派翁尼斯鸚鵡類、小錐尾鸚鵡類、吸蜜鸚鵡類、折衷鸚鵡類、鳳頭鸚鵡類、金剛鸚鵡類等棲息在熱帶雨林氣候的鳥禽也很喜歡水浴。

進行水浴的時候,若對象為小鳥就使用鳥用澡盆,若對象為中大型鳥禽則以噴霧瓶、蓮蓬頭、臉盆等工具為主。

容器內注滿水後便擱置不管的話,細菌在裡面繁殖恐令水質腐壞。使用髒水進行水浴反而會讓鳥暴露在染病的風險當中。

使用噴霧瓶、鳥用澡盆等物供鳥進行水浴之前,最好充分洗淨盛水容器、確實晾乾以後,再盛裝乾淨的水並且定時更換。

以熱水進行水浴的話會使羽毛失去防水性,所以即便天冷還是只能使用常溫水洗澡。

安全環境

鳥的好奇心十分旺盛。用嘴巴去啄感興趣的物件,在遊玩過程中誤吞、誤食異物的案例時有所聞。

尤其必須留意可以放入嘴內的小零件及人類食物。甚至有時候在不知不覺之間,籠內的飼養用品就被鳥弄壞了。

清掃鳥籠內部的時候,一併清點、洗淨鳥籠及飼養用品比較好。

只要飼主多加留意,基本上都能預防誤吞、誤食的意外發生。

房間內危機四伏

以鳥類視角
全面檢視房間內部

　　即便是對人類來說安全舒適的房間內部，也有可能變成對愛鳥來說充滿危險、與死神為鄰的房間。鳥禽可能會用一些我們想像不到的古怪方式玩耍。試著建立「說不定會這樣」的危機管理意識，以鳥類視角重新審視房間內部吧。

放風時的注意事項

　　請養成把籠內的鳥放出室內以前，先確認房間是否安全的好習慣。把危險物品盡數撤離愛鳥放風的場所比較好。即便是直到昨天都還算安全的房間，也有可能發生意料之外的物品被帶入生活空間內的狀況。

　　鳥可能會趁飼主不注意的時候把異物放進口中。如果想延長愛鳥在籠外玩耍的時間，不妨先將愛鳥暫時放回鳥籠，等處理完要事以後再繼續進行放風，絕對不要在放風期間移開視線。

● **潛藏在房間內的危險物品**

▶陪伴鳥感興趣的物品（恐會誤吞、誤食的物品）
　美甲零件、橡皮擦、耳塞、耳機前端、遙控器的按鈕、保麗龍、珠子、鋁箔紙、鈕扣、鑰匙圈、鑰匙鍊、耳釘、耳環、吊飾、觀葉植物的肥料及土壤、藥品、人類食物……

▶揮發性物質、生煙物質（恐會引發中毒的物品）
　防蟲噴霧、酒精除菌噴霧、殺蟲劑、蚊香、薰香、油漆、稀釋劑、揮發性塗料及藥品、香氛精油……

▶容易纏身的物品（恐會引發纏繞事故、感電的物品）
　絲線、粗繩、尼龍線、繩索、橡膠、插座、緞帶、電線……

> 放風期間
> 視線最好
> 不要
> 離開愛鳥身上

▶會遮掩鳥體的物品（恐會引發踩踏事故的物品）
沙發、抱枕、翹起的地毯、報章雜誌、散亂的衣服、毛巾、窗簾、拖鞋……

▶鳥容易捲入意外的物品（恐會引發離奇事故的物品）
塑膠袋、電暖爐、鏡子、玻璃、浴缸、電風扇、瓦斯爐、鍋具、飯鍋、熱水瓶、門弓器（關門裝置）、衣櫃的縫隙……

▶對鳥來說有毒的植物
黃金葛、橡膠樹、愛心榕、孤挺花、杜鵑花、香豌豆、黃水仙、聖誕紅、牽牛花、馬蹄蓮、鳶尾花、鈴蘭、黃楊、柊、馬纓丹、夾竹桃、常綠杜鵑、東北紅豆杉、紫藤、櫻樹、番茄苗、水果種子……

放鳥出來玩之前

危險總是藏在意想不到的地方。鳥可能會鑽進家具之間的縫隙、電視櫃及冰箱後方、窗簾掛鉤、照明器具、空調上方等的狹窄縫隙。不僅髒汙及灰塵容易堆積在這些地方，亦有蟑螂藥等危害愛鳥健康之物掉落其中的風險存在。

為了防止愛鳥鑽進人類視線不及之處，不妨事先用一些東西塞住縫隙，或是把間距擴張到人手容易伸進去的程度將其打掃乾淨。

放鳥出來玩之後

放風結束以後，別忘了收拾排泄物、脫落的羽毛等，以防房間內部變得不衛生。用心維持人與鳥都會感到整潔舒適的居住環境吧。

飼主的衛生管理

照顧愛鳥、與愛鳥接觸以後，務必要充分洗淨雙手。養成照顧過後洗手的習慣，不僅是為了預防人畜共通傳染病，也是為了避免成為鳥與鳥之間傳播疾病的感染源。

衛生管理與清點飼養用品

鳥的排泄物當中有時候混有鳥禽之間會互相傳染，或是人畜共通傳染的病原體。脂屑及脫落的羽毛可能也會危害人體健康。切勿長時間擱置排泄物，一旦發現就要勤加打掃。

預防生物膜

生物膜（biofilm，或稱菌膜）是指附著在固體或液體表面上的微生物形成的薄膜。以身邊常見的事物為例，牙垢、廚房及供水區的水垢等都是生物膜。細菌附著在有水的環境中，以髒污為養分增殖就會形成水垢。

生物膜遍布於自然界中，存在於各式各樣的地方，是引發細菌感染的原因之一。此外，一旦有生物膜形成，消毒劑就會變得難以發揮效用，會造成衛生管理方面的各種問題。

為了防止鳥籠、水盆、裝菜瓶等飼養用品上有生物膜形成，充分洗淨這些用具並確實晾乾，常保整潔可謂至關重要。

鳥籠及飼養用品要「洗淨晾乾」

不妨趁著天氣晴朗的日子拆解鳥籠，對棲架、飼料盆、水盆、玩具等物進行熱水消毒。之後充分擦乾水分，在陽光下曝曬2小時左右晾乾，還可以期待紫外線產生的殺菌效果。一方面也是為了預防生物膜，洗淨以後最好完全乾了再使用。

謹慎確認過洗劑及藥品的用途再使用

打掃鳥籠及飼養用品的時候，使用稀釋的漂白劑、有殺菌效果的濃度70％以上的酒精液等也很有效果。不過，其中仍有藥品及熱水消毒無法消滅的菌種存在，所以也不能堅信萬無一失。仔細確認過這些產品的使用說明書上記載的用途及注意事項，再安全地使用比較好。

含氯藥液具有腐蝕作用，所以不能用於金屬製

產品。酒精的揮發性很高，使用酒精進行消毒以後，最好等揮發乾淨了再使用。

｜鳥籠周遭｜

勤於打掃骯髒的地方

洗淨整個鳥籠也很重要，不過不妨先養成一發現髒污就馬上清潔局部的好習慣。也要勤於執行房間的通風措施。要是任由鳥禽排泄物及食物殘渣等擱置，可能會孳生黴菌及蜱蟎。放置鳥籠的地方特別容易有脂屑及灰塵堆積，所以要移開鳥籠仔細地擦拭打掃。

有些市售的除菌濕紙巾含有強效殺菌成分，為了避免鳥禽舔舐危害健康，使用一般紙巾再擦過一遍比較保險。

鳥用帳篷

鳥用帳篷的造型容易讓鳥聯想到鳥巢，刺激牠們過度發情，所以放進鳥籠就擱置不管的做法並不恰當。再來，內部容易形成不衛生的環境，所以偶爾要拿出來清洗或是直接汰舊換新。鬆脫的布面及繩索會纏住腳趾，相當危險。一旦發現物件鬆脫，就要馬上修理或是更換新品。

飼料盆、水盆及副食盆

每天都要洗淨飼料盆及水盆再使用。尤其塑膠製餐具容易磨損引起壞菌從該處增殖，所以要充分洗淨、充分晾乾以後再使用。事先準備多個替換用備品會比較放心。備用容器還能在長時間外出等場合派上用場。

棲架、玩具

棲架一旦出現翹起的刺屑及發霉就要及早替換。玩具要定期更換，以熱水進行消毒。當鳥對特定的棲架及玩具吐料，該處容易變得極度不衛生，勤於洗淨為佳。

清洗飼養用品的時候，不妨一併檢查有無損壞或鬆弛的部分等。天然木頭製棲架出現刺屑翹起、樹皮剝落的情況時，就是應該更換的時機。

青菜水果、泡水飼料等

奶水及含水量高的食物非常容易腐壞，所以只需準備當下要吃的分量即可，吃完以後及早清理乾淨。也要趕快擦拭因為食物灑落而髒掉的地方。

●飼養多隻鳥禽時的照顧順序

飼養多隻陪伴鳥的時候，還要視狀況及狀態考慮照顧的順序。

先從健康狀況良好的鳥開始照顧，如果有健康狀況欠佳的鳥，將其留到最後再照顧比較好。放風時的順序也是一樣。家裡有病鳥的時候先分籠照顧，勿與其他鳥禽同居。不要重複使用同個飼養用品。

鸚鵡的家庭醫學書

Chapter 3

家庭的健康管理

= CHAPTER 3 =

家庭的健康管理

有別於人類、貓狗等哺乳類，鳥是一種很難看出病態的生物。了解鳥禽身體康健的狀態及健康欠佳的徵兆，有助於早期發現、早期治療疾病。

溫濕度管理

勿過度保護以培養耐受性

只要鳥沒有蓬起全身羽毛（蓬羽）這類看似寒冷的表現，基本上不需要進行保溫。對鳥來說，急遽的溫度變化可能成為致病的巨大壓力。另一方面，生活在有適度季節感與和緩溫度變化的環境中，反而可以提高待在房間內的陪伴鳥的生活品質（QOL），在不勉強的範圍內提高牠們的抗壓性。

除了溫度之外，也要留意過高、過低的濕度，以免變成染病的原因。

雖然舒適的濕度視鳥種而異，不過若是從抑制病毒及黴菌增殖的觀點來考量，濕度控管以50～60％為基準較為理想。

飲食管理

事先掌握「飲食的適量」

了解愛鳥平常的飲食分量很重要。事先掌握平均攝食分量，才能在緊急狀況發生時判斷愛鳥食用的分量與平常相差多少。

以倒入飼料盆的飼料量減去吃剩的飼料量，即可大致掌握愛鳥每日平均所食的飼料量。

如果對象是雛鳥，以餐後體重減去餐前體重，即可掌握該次喝了多少奶水。

尤其是健康欠佳時、正在練習自主進食、正在減肥、主食從穀物種子改為滋養丸的轉換期間，更要勤於記錄吃了什麼、吃了多少分量，確認愛鳥有沒有好好地進食。

尿異常時需檢查飲水量

如果覺得糞便看起來比平常還要水（多尿），不妨測量一下飲水量。只要鳥一天的飲水量介於該鳥體重的10～20％之間，幾乎都稱得上正常。餵食太多蔬果可能導致糞便偏水，但是這種情況下只要控制飲食，就會看到糞便逐漸恢復正常。飲水量超過鳥體重的20％時可能是疾病所致，最好前往動物醫院與獸醫師諮詢。

::: CHAPTER 3 ::: 家庭的健康管理

觀察健康狀況吧

鳥類大多是成群行動，所以即使身體衰弱也會「假裝有活力」、「假裝有在進食」，試圖隱藏身體欠佳的問題。這種習性也完全適用於人為飼養的陪伴鳥。

如果因為飼主知識不足而忽略了鳥類特有疾病的徵兆，有時候會發生來不及治療的憾事。

體重是健康的指標

健康管理當中最重要的事情之一就是測量體重。鳥類的代謝很快，健康一旦出狀況體重馬上會掉下來。

此外，身體狀況有所改善的話體重會馬上回升，所以體重變動可以作為健康的指標，由此了解病情的發展狀況。

雛鳥、病鳥以及剛接回家的鳥很容易生病。可以的話，盡量每天幫上述鳥禽量體重，如果是健康無虞的鳥則每週量一次體重，並且留存測量結果。前往動物醫院診療的時候，這份記錄了體重變化的資料將有助於獸醫師診斷及治療。

即便是同一種鳥，標準體重也會因為骨骼而有所不同。養成平常測量體重的習慣，掌握該鳥的完美體重比較好。

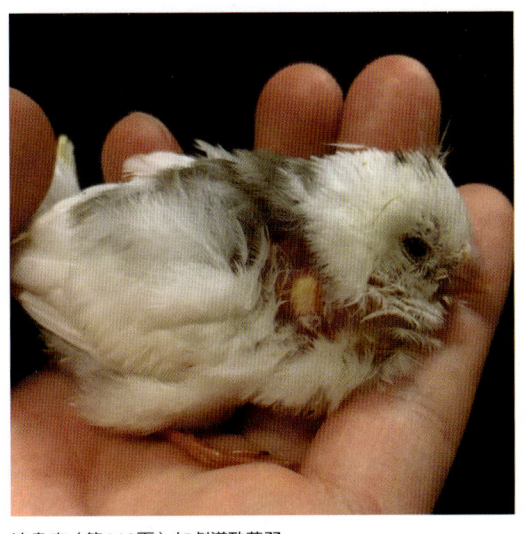

滴蟲症（第110頁）加劇導致蓬羽、沒有精神的斑胸草雀。

觀察鳥的狀態吧（行為、叫聲）

有沒有蓬起羽毛（蓬羽） ≫ 鳥感到寒冷及生病時會蓬起羽毛。如果進行保溫以後蓬羽行為仍未見消停，可能是健康欠佳所致。正在孵蛋的鳥即使身體健康還是會蓬羽，如果本身健康無虞，在進食、放風期間待在非孵蛋場所時不會蓬羽。

有沒有開口呼吸、展開翅膀、縮起身體（縮羽）
≫ 鳥感到炎熱時會出現縮起身體（縮羽）、張開

體重的基準（以虎皮鸚鵡為例）

- **40g 以上** ＝ 肥胖
- **30g～25g** ＝ 偏瘦
- **40g～35g** ＝ 稍胖
- **25g～20g** ＝ 過瘦（重度消瘦）
- **35g～30g** ＝ 標準體重
- **20g 以下** ＝ 命危

嘴喙及翅膀似在喘氣的動作，以便讓身體散熱。一旦發現這些行為，就要確認溫濕度是否過高並進行調整。

精神是否一如往常 » 鳥會假裝有活力，是一種很難發現病態的動物。有時候外表看似健康，實則已經疾病纏身。如果愛鳥一直在睡覺（嗜睡），很可能是疾病所致。當上手鳥不願意從籠內出來、出現討厭被摸的反應時，或許是身體發生異變，需要多加留意觀察。

有沒有食欲 » 就算身體孱弱，鳥還是會「假裝有活力」、「假裝有進食」。必須測量攝食分量，才能得知實際上到底有沒有吃下肚。還要確認糞便的狀態。

　　如果排出呈現深綠色且量少、腹瀉狀的絕食便，該鳥可能根本沒有進食。也要觀察排便次數、糞便的大小、顏色、形狀及氣味，留意是否與平常無異。

打哈欠 » 鳥在想睡覺、剛睡醒時，也會藉由打哈欠來轉換心情等。如果牠們頻繁做出一邊伸長脖子一邊大口打哈欠的動作，可能是罹患上呼吸

道疾病、有食物或異物誤入後鼻孔等情況所致。

嘔吐、吐食 ≫ 從胃裡吐出來稱為嘔吐，從口腔內及嗉囊吐出來稱為吐食。通常嘔吐物散落各處是嘔吐，吐在特定場所是吐食。
　一般認為對特定對象吐料是公鳥的求偶行為，屬於發情性吐食。

打噴嚏、咳嗽 ≫ 鳥打噴嚏可能是上呼吸道（鼻腔至喉頭等）出問題所致。鳥打噴嚏的動作看起來就像閉著嘴喙搖頭；鳥咳嗽的動作看起來就像張著嘴喙點頭。咳嗽可能是呼吸道（支氣管及肺泡等）疾病所致。
　當鳥出現這類動作（尤其是咳嗽），大多是身患重病的症狀。也要留意乍看之下很健康的鳥。再來，如果看到剛接回家的鳥多次咳嗽，應該儘快送往動物醫院接受診療。

呼吸困難 ≫ 出現開口呼吸、上下擺尾（上下擺動尾羽來輔助呼吸）、觀星症（喘不過氣的仰望姿勢）、凸頜、發紺等症狀是呼吸困難的徵兆。

發出呼吸聲 ≫ 可能是甲狀腺腫瘤、氣管炎導致發聲的鳴管有問題。

抬腳（舉起足部） ≫ 可能的原因有很多，包括骨折、劇烈衝撞、關節炎、外傷、腫瘤、卵巢腫瘤、骨肥大症、腎衰竭、痛風、中毒、發作等。即使身體健康，有時候為了保暖也會把腳抬起來。

神經症狀 ≫ 出現歪著脖子（斜頸）、腳趾蜷縮（吊腳）、翅膀打顫（顫抖）、頸部後仰反折（角弓反張）、抖動足部及翅膀（強直陣發性痙攣）等症狀時，可能是神經異常所致。

觸診檢查

　定期觸摸鳥來檢查有無異常，有助於及早發現許多疾病。透過親密接觸早期發現、早期治療疾

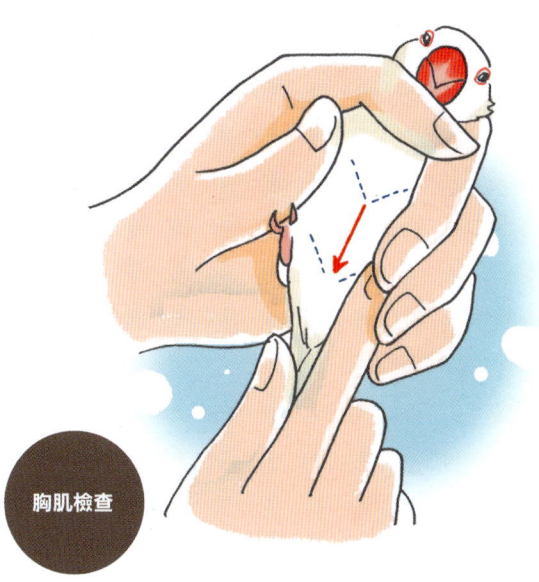

胸肌檢查

病吧。

腹部觸診 ≫ 腹部會鼓脹的疾病除了肥胖之外，還包括黃色瘤、疝氣、卵阻塞、輸卵管阻塞症、腹水、多囊性卵巢、腫瘤等。如果是熟習為鳥診察的獸醫師，還能藉由腹部觸診來掌握發情狀態。

胸肌觸診 ≫ 飢餓或疾病導致營養狀態變差時，胸肌在一天之內就會瘦下來，所以能夠直觀了解健康狀況的好壞。

體表腫瘤觸診 ≫ 鳥的全身幾乎都覆有羽毛，所以發現腫瘤時往往為時已晚。不妨定期進行體表腫瘤的檢查。如果愛鳥習慣平常被人觸摸，接受觸診的抗壓性也會變高。特別容易形成腫瘤的部位包括尾脂腺、翅膀端部、腹部及頸部。

外觀可見的症狀

　鳥與哺乳類的疾病徵候截然不同。充分掌握愛鳥的正常狀態，才能了解這些鳥類特有疾病的徵兆。

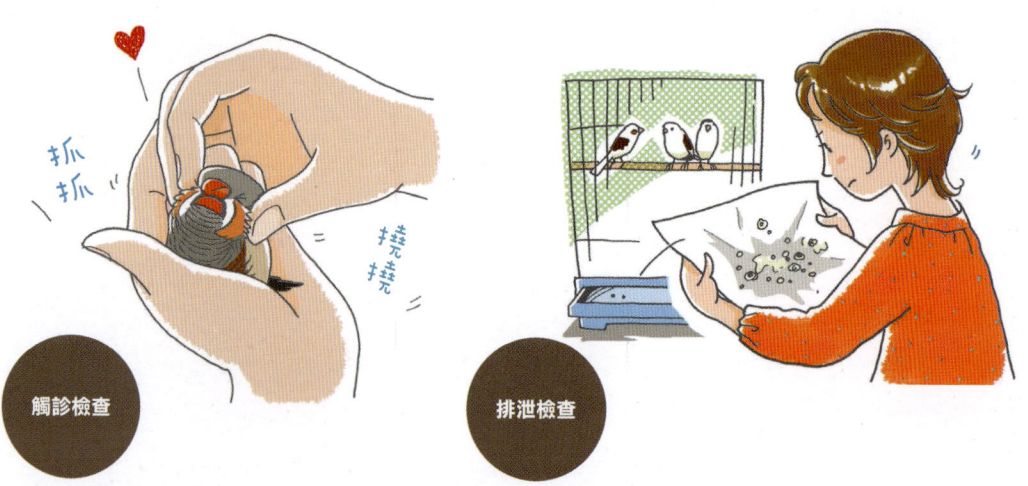

觸診檢查　　　排泄檢查

嘴喙過長 ≫ 病因包括肝功能障礙（第151頁）、疥癬症（第114頁）、鸚鵡喙羽症（第104頁）、營養性疾病等。

嘴喙有血斑 ≫ 除了肝臟疾病（脂肪肝、肝炎、肝腫瘤等）之外，營養性疾病、鸚鵡喙羽症等引發的感染性疾病也會導致嘴喙出現血斑。也有可能是劇烈衝撞導致內出血。

蠟膜褐化 ≫ 若為母鳥可能是發情所致，若為公鳥可能是睪丸腫瘤所致。

羽軸變形、出血 ≫ 可能是羽毛破壞行為、鸚鵡喙羽症、營養性羽毛形成不全等所致。

羽毛脫落 ≫ 可能是母鳥發情、啄羽、皮膚炎、甲狀腺功能低下症、鸚鵡喙羽症、小鸚哥病（第105頁）等所致。

羽毛變色 ≫ 出現脂肪肝症候群、甲狀腺功能低下症、營養性羽毛形成不全等症狀。

羽質低下 ≫ 羽毛發育期受到壓力（肝衰竭、營養不良、感染等）影響的話，會導致該期間生成的部分羽毛品質低下、形成壓力線。

結膜發紅、眼屎 ≫ 結膜炎會導致眼瞼紅腫，眼睛周圍泛淚、出現眼屎。

耳漏 ≫ 若為細菌性外耳炎，分泌液會導致耳部周圍濕潤。

嘴角、口腔內潰爛 ≫ 可能是灼傷、念珠菌（第117頁）、滴蟲（第110頁）、細菌、病毒、中毒所致。

臉部及頭部有髒汙 ≫ 臉部及頭部由於飼料、黏液而變髒時，可能是嘔吐所致。

視診檢查

糞便呈現的健康狀況

▶ **正常糞便**

由於膽綠素（血紅素等含有的血基質生物分解產物的中間物）與食物殘渣而呈現綠褐色（顏色會隨食物變化）。

▶ **腹瀉**

糞便不成形。罕見於原產自乾燥地區的鳥種。

▶ **多尿**

液體（尿）很多，糞便不成形。分成飲水量超過體重的20％等病理性原因（糖尿病、腎衰竭、肝衰竭、心因性多飲症等）與生理性原因（換羽、生蛋、發情、興奮、炎熱、吃太多蔬果或鹽土等）。

▶ **巨便**

母鳥在發情期間糞便會變大（築巢時為了維持巢內整潔而減少排便次數所致）。睪丸腫瘤及排便障礙也會形成巨便。

▶ **粒便**

食物會經由砂囊磨碎，出現粒便（消化不良）可能是胃癌、胃炎、胃蠕動異常所致。

▶ **綠色腹瀉便（絕食便）**

絕食時會出現。只有排泄膽綠素與腸黏膜，所以糞便呈現深綠色。

▶ **深綠色便**

重度溶血（鉛中毒等）導致溶解血液中的血紅素產生綠色的膽汁色素膽綠素，呈現深綠色。此外，持續食用脂質過多的飼料、吃了綠色飼料也會排出深綠色便。

▶ **黑色便**

可能是胃炎、胃癌、中毒、肝衰竭等導致胃出血所致。飼料量減少的時候，糞便可能也會變黑。

▶ **白色便**

胰臟無法分泌消化酶的時候，未消化的澱粉（白）及脂肪（白）隨糞便排泄，導致糞便變得又大又白。

▶ **紅色便**

吃了胡蘿蔔及滋養丸等紅色食物，有時候會排出紅色便。

▶ **血便**

如果有紅色物質沾附在糞便上，原因可能是泄殖腔出血、泄殖孔出血、生殖器出血、腎出血等等。

▶ **尿酸黃化**

可能是感染性肝炎、肝細胞損傷所致。

▶ **尿酸綠化**

可能是伴隨溶血症狀的急性感染性肝炎、敗血症所致。

▶ **尿酸紅化**

可能是鉛等中毒疾病、溶血性疾病所致。

CHAPTER 3

梳理保養（剪指甲、剪羽）

在家裡進行剪指甲、剪羽的時候，「在力所能及的範圍內循序漸進」是基本原則。處理完之後不妨給予一些獎勵，逐步降低愛鳥對梳理保養的抗拒心理吧。

修整腳爪（剪指甲）

腳爪過長的原因

鳥的腳爪會一輩子持續生長。生活在野外的鳥其腳爪經常磨損，故能維持在適當的長度，但是在飼養環境中腳爪沒有什麼磨損的機會，一不小心就會長得太長。

如果鳥爪疑似生長太快，最好調整一下棲架（塑膠製棲架太硬所以不合適）。

有時候是因為疾病導致腳爪太長。

CHECK POINT

- ●棲架的粗度及材質是否合適？
  →不合適的棲架很難讓腳爪磨損
- ●有無生病的可能性？
  →角蛋白形成異常（營養不良及肝衰竭等）、外傷、疥癬等

必須剪指甲的情況

與人類共同生活的期間，鳥爪容易鉤到衣服、毛巾、窗簾等纖維，甚至於造成韌帶損傷。

此外，愛鳥站在手上之際腳爪刺到肉的話，有時還會因此受傷。從預防意外與人畜共通傳染病的觀點來看，覺得鳥爪好像太長的時候修剪指甲會比較好。

剪指甲的好處

- ●預防在放風期間鳥爪鉤到衣服、窗簾、毛巾等纖維的意外（韌帶損傷等）
- ●預防腳爪劃傷鳥的腋下、顎下、眼瞼、眼球
- ●預防鳥爪劃傷人類、散布人畜共通傳染病

雛鳥的腳爪順其自然即可

不同於成鳥的腳爪，雛鳥的腳爪又細又長。一般認為這是為了避免從巢中摔落的構造。不妨考慮一下直到離巢以前都不要剪指甲，進入成鳥階段再視需求修剪的做法。

●剪指甲的方法

修剪鳥爪的工具除了人類用指甲剪，還有鳥或小動物專用的指甲剪、犬貓用指甲剪等。選擇用起來最順手的款式即可。剪過頭的話（指甲剪太深）會出血，事先備好市售止血藥物（比如Kwik Stop®）比較放心。

❶準備指甲剪、照明器具、止血藥物。
❷確實保定鳥禽，使用桌燈等光源確實照亮腳爪的同時，對準透出血管的近前段進行修剪（部分鳥種的腳爪為黑色，看不到血管透出

::: CHAPTER 3 ::: 家庭的健康管理

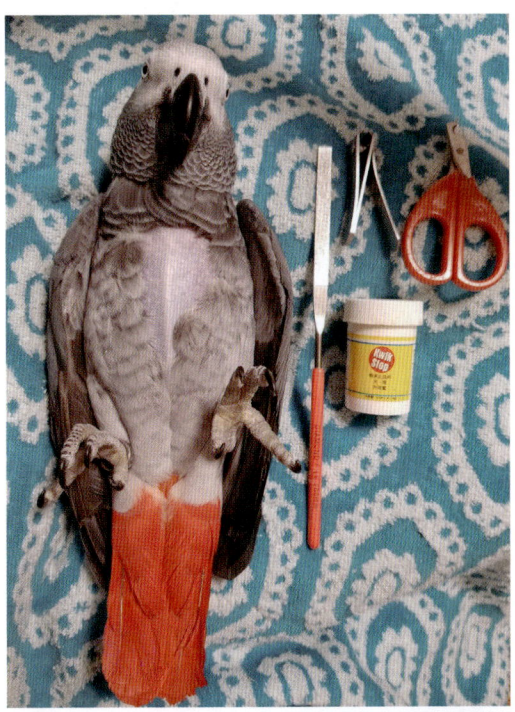

來）

❸如果不小心剪太深，需在出血處撒一些止血藥粉並加壓止血，出血馬上就會停止。此時，得小心不要讓粉末沾到鳥的嘴喙、眼睛、出血處以外的傷口等處。按壓塗抹止血藥物的患部5～10秒左右進行止血。處理完以後，抹掉腳爪上多餘的止血藥粉，打理成腳爪放到鳥嘴內也無傷大雅的狀態。

【不小心剪太深，手邊又沒有止血藥物時】
　　首先按壓出血腳趾10秒左右進行止血。之後，還有下列止血方法可以運用。
使用太白粉等：在出血處塗抹太白粉等。麵粉及太白粉的養分容易變成壞菌的溫床，塗抹完就擱置不管的做法並不恰當。送往動物醫院接受妥善的治療才是比較理想的方式。
以線香火來止血：容易灼傷，所以用火源碰觸腳爪的時候要謹慎為之。
　　非自願吸入線香煙霧（側流煙）也伴隨著損害鳥體健康、造成二次傷害的風險。

第一次切勿勉強為之

　　如果因為鳥不習慣保定及剪指甲而留下可怕或痛苦的回憶，恐會導致彼此的關係惡化。第一次

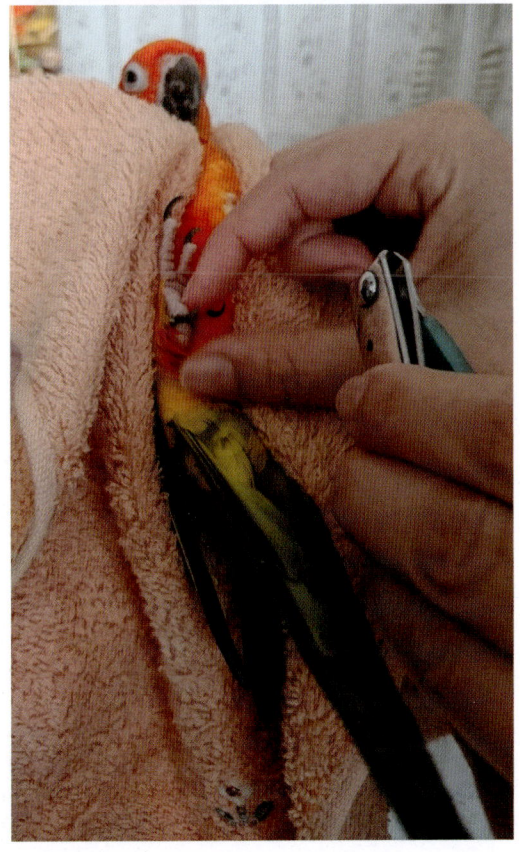

剪指甲不妨請動物醫院或寵物店協助處理，並在旁邊仔細觀察過程，先掌握訣竅比較好。

在自家進行剪指甲的時候，直到習慣以前都由兩個人分工合作，一人負責保定、另一人負責剪指甲，有助於更安全快速地完成整個流程。

★**關於磨爪棲架（沙棍）**：就和磨爪的原理一樣，恐會一併刮削腳底。此外，鳥用嘴喙磨蹭棲架梳理之際，也很容易受傷。如果鳥會啃咬磨爪棲架，不小心誤食也很危險，還是撤掉比較安全。

修整羽毛（剪羽）

剪掉飛羽的部分限制其飛翔能力稱為剪羽。

剪掉飛羽之後，下一次換羽又會長出新的羽毛，屆時需要再次進行修剪。

▶剪羽的好處
- 防止脫逃
- 預防劇烈衝撞窗戶玻璃及牆壁等
- 作為寵物鳥更方便照顧

▶剪羽的壞處
- 必須定期修剪
- 容易發生著陸失敗、摔落等意外
- 因為有剪羽而輕忽大意，鳥容易逃走
- 需要安全地剪除羽毛的技術
- 造成鳥本身自尊心低下
- 容易引發啄羽、自咬的行為
- 容易產生運動不足的問題
- 容易捲入踩踏事故

務必要剪除外側的羽毛

有時候基於美觀考量，剪羽時會故意留下外側的飛羽不剪。在失去飛羽、強度不足的狀態下不僅非常容易折斷，而且不用多久就會恢復飛行能力。不要保留外側羽毛比較好。

誤剪藏在底下的針羽可能會造成大量出血。小心翼翼地一片一片修剪羽毛比較保險。

再來，是否真的有必要剪掉愛鳥的翅膀，請充分考慮過優缺點再進行剪羽。

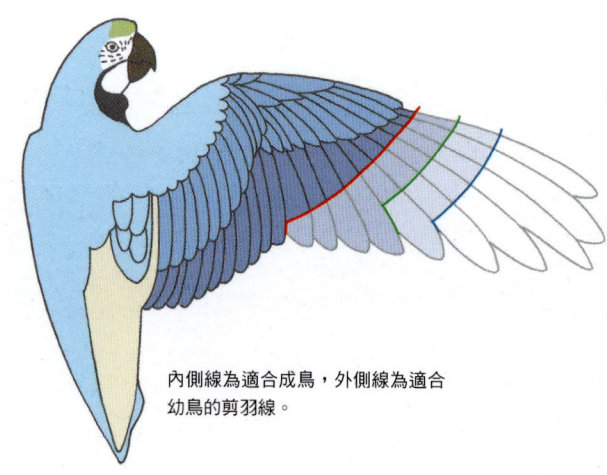

內側線為適合成鳥，外側線為適合幼鳥的剪羽線。

::: CHAPTER 3 ::: 家庭的健康管理

BIRDS Column
Health & Medical care
野外的生活

大家是否想過野生的鸚鵡、鳳頭鸚鵡或是文鳥等雀鳥，平常過著什麼樣的生活呢？來窺看一下棲息在大自然中的陪伴鳥的生活吧。

◆ **棲息在凱恩斯的鸚鵡及鳳頭鸚鵡**

從澳洲的凱恩斯港搭乘渡輪單程50分鐘，即可抵達世界遺產大堡礁的其中一座島嶼，有野生葵花鳳頭鸚鵡棲息的翡翠島（Fitzroy Island）。

這裡的白色海灘鋪滿了珊瑚殼而非沙子，走在上面會發出喀喀喀的聲音。此地並未發展成觀光勝地，也作為海龜的產卵地而聞名。

葵花鳳頭鸚鵡在天還沒亮時便轉醒，在蓊鬱的熱帶雨林中發出嘈雜的叫聲，飛降至海灘開始吃早餐。

造訪此地時值8月，恰好是澳洲的冬天，不過澳洲堅果（夏威夷果）樹結了許多直徑2公分左右的果實。葵花鳳頭鸚鵡與鳥群的同伴及配偶一起食用這種果實。

飽餐一頓過後，葵花鳳頭鸚鵡進入海灘沿岸的樹蔭躲避日晒，互相梳理羽毛、吊掛在纏繞於樹枝的地錦上享受盪鞦韆的樂趣，隨心所欲地打發時間。

在太陽高掛天空的正中午至傍晚期間，牠

在觀光客登陸以前，於海灘覓食的葵花鳳頭鸚鵡。

吊掛在棕櫚樹葉及地錦上，與同伴玩耍的葵花鳳頭鸚鵡。

們躲在熱帶雨林中安靜地睡午覺，避開搭船登島的觀光客。

當觀光船從島嶼駛離、太陽開始沉落，以同伴的信號為始，多達數十隻葵花鳳頭鸚鵡在刺耳的叫聲中再度飛回海灘，降至杳無人煙的海邊沿岸繼續覓食。

島內也有不少野生木瓜，各種當令食物似乎是牠們的主食。夕陽即將落入海中，吃飽的葵花鳳頭鸚鵡與同伴再次飛入熱帶雨林中，身影逐漸消失。

接著來看看從凱恩斯城鎮驅車前往東南內陸地區，開1.5小時左右即可抵達的阿瑟頓高原（Atherton Tablelands）。在昆士蘭州的熱帶濕潤地區，可以在這裡的叢林及香蕉田中觀察到成對的澳洲國王鸚鵡。此外，也有許多葵花鳳頭鸚鵡棲息在此，多達數百隻的巨大鳥群降至採收完畢的玉米田，以夕陽為背景撿食散落在地的玉米粒。

◆在異國土地上生活的文鳥

文鳥是原產於印尼的鳥。在夏威夷也經常可見，不過據說在約莫昭和時期，喜歡文鳥的日本人將其帶回國內，成為適應了當地氣候並定居下來的陪伴鳥。雖然日本也有不少脫逃走失的文鳥，不過或許是不習慣氣候的緣故，在日本尚未變成定居在外的外來種。

早晨時分，可以看到文鳥從行道樹的叢木及大樓間隙中現身，在威基基海灘附近的公園內啄食草實、在購物商場的噴泉裡水浴的模樣。

此外，在位處東南亞婆羅洲北部的汶萊王國，文鳥曾在王室御用五星飯店的泳池休憩區的西式涼亭（用於休息的無牆建築）築巢、養育後代。廣大腹地內種滿了植栽，由全年盛放的絕美花草、水岸及建築物交織而成的舒適空間，文鳥將其作為居所加以利用。

就像這樣，養作陪伴鳥的鳥禽也化為野外大自然的一分子適應了環境，時而靈活運用與人們為伍的日子，各自過著屬於自己的生活。

從稍遠的地方窺看此處的一對澳洲國王鸚鵡。

飛降至採收完畢的玉米田的葵花鳳頭鸚鵡群。

在汶萊的泳池休憩區築巢的文鳥。

保有豐饒自然環境的翡翠島的海灘。

鸚鵡的家庭醫學書

Chapter 4

營養管理

=== CHAPTER 4 ===

營養管理

鳥的食性根據種類稍有不同。請配合鳥的種類及生命階段提供相應的飲食。

了解鳥的食性

想讓愛鳥多吃一些美食是人之常情，可是為了滿足口腹之欲經常餵食改良過的高糖度水果、沾滿砂糖的果乾等食物，不僅會引發肥胖問題還會變成萬病的根源，甚至於縮短愛鳥的壽命。

話雖如此，也無需為此在鳥的飲食方面畏首畏尾。遇到食欲不振等緊急狀況時，事先掌握愛鳥喜歡吃的食物非常有幫助。久久餵一次水果當點心即可，最好控制在不會影響主食食用量的範圍內。

餵食的方法

關於主食

餵食陪伴鳥的方法，以盛裝定量的滋養丸或穀物種子至飼料盆內較為常見，但是可以的話分開供應比較好。

相較於難以均衡搭配副食的綜合穀物飼料，營養均衡的滋養丸作為主食更為理想。

::: CHAPTER 4 ::: 營養管理

●提供飼料的方法

雖然也會根據生命階段有所調整，不過每天平均所食為鳥禽體重的10％左右，通常是最適合寵物鳥的攝食分量。考慮到溢出的飼料、穀物種子的外殼，在飼料盆內盛裝體重20％左右的分量比較放心。

話雖如此，這種以飼料盆盛裝飼料的做法，僅是以飼主方便性為優先的一種餵食方法罷了。

飼料盆內隨時裝滿飼料的常態，除了可能招致愛鳥肥胖之外，考量到愛鳥的生活品質也算不上最理想的餵食方法。

倘若情況允許，不妨儘可能地少量、多次供應鳥食。主食分別在早、晚各餵一次，至於零嘴則偶爾餵食青菜等副食、作為獎勵的點心，不僅可以增加愛鳥進食的樂趣，也有預防肥胖的效果。

不過，還是有需要留意的地方。必須極力避免愛鳥為了配合飼主而長期絕食的狀況。

無論採用何種餵食方法，都要確認愛鳥是否每天都有乖乖吃下分量占其體重10％左右的飼料。

透過量體重檢查攝食分量

想要確認愛鳥有沒有乖乖吃飼料，可以使用以電子秤測量飼料量或量體重的方法。能每天量體重最好不過，再不然至少也要每週量一次體重。

選擇主食

常見的寵物鳥主食大致上分成兩種，一種是加工製成的全方位營養食品滋養丸，另一種是由多種種子混合而成的穀物種子（綜合穀物飼料）。

滋養丸有滋養丸的好處，穀物種子（綜合穀物飼料）有穀物種子的好處。因為各有優缺點，不妨妥善地區分使用。

考量到營養均衡，以加工製成的優質全方位營養食品滋養丸為主食，再搭配穀物種子、青菜作為副食點心，能夠同時得到雙邊的好處。

若能養出一隻遇到災害、疾病等緊急時刻，面對各種類型的飼料也不會挑三揀四、吃得津津有味的鳥，那是再好不過了。

●滋養丸（綜合加工營養食品）

雖然統稱為滋養丸，但是眾多製造商發售的產品顆粒大小、味道、營養價值等條件不盡相同，種類五花八門。

從中挑選營養均衡的優質滋養丸作為愛鳥的主食吧。偶爾會發生製造商停止生產、改變成分等

從各種類型的滋養丸當中挑選最適合愛鳥的產品。

大型鸚鵡及鳳頭鸚鵡用的滋養丸顆粒也偏大。

市售的綜合穀物飼料。 　　　　粟、稗、黍、加拿麗鷯草、鈣粉混合而成　　葵花籽。
　　　　　　　　　　　　　的穀物種子（綜合穀物飼料）。

燕麥。 　　　　　　　　　　　紅花籽。 　　　　　　　　　　　蕎麥粒。

狀況，一方面也是為了以備不時之需，不要執著於特定廠牌，把愛鳥訓練到願意吃數種滋養丸會比較放心。

滋養丸最好移到密閉容器內置於陰涼處保存，開封後及早使用完畢。

過往都吃穀物種子的鳥可能需要一段時間才能習慣改吃滋養丸。即使如此，早、晚各一次把穀物種子當點心餵食的同時控制好分量，白天只在飼料盆內盛裝滋養丸的話，大多可以訓練愛鳥逐漸接受滋養丸。

如果是以滋養丸為主食，不需要額外補充維生素劑及保健食品。尤其維生素A、維生素D等脂溶性維生素不同於維生素C等水溶性維生素，當多餘的營養素無法排出體外而累積在體內時，恐會危害健康。

如果經常食用滋養丸，務必要留意切勿重複攝取保健食品及維生素劑，以免引發營養過剩的問題。

●穀物種子（綜合穀物飼料）

對寵物鳥來說，吃穀物種子（綜合穀物飼料）可以隨喜好挑選種子剝皮食用，是滋養丸無法提供的樂趣。剝皮對鳥來說也有稍微紓解壓力的效果。穀物種子含有優質的蛋白質。

如果是以穀物種子為主食，最好選用標準比例（基本配方包括粟、稗、黍、加拿麗鷯草）、種子沒有經過上色、不含果乾等多餘食材的產品。

此外，還要避免愛鳥只挑喜歡的種子吃，儘可能地誘使牠們吃光所有種子至關重要。餵食的時候不要直接從飼料盆上方加滿，確認過少量都吃光了以後，再重新補充飼料比較好。

若為中小型鳥禽，葵花籽、紅花籽、麻籽、荏胡麻籽等高脂肪種子容易導致肥胖，所以不適合作為主食。

穀物種子需置於冰箱等陰涼處保存。如果飼料發出霉味或長蟲，必須趕快丟棄，切勿讓鳥吃下肚。

再來，有些秤重販售的穀物種子內含衛生條件欠佳的雜質。萬一疑似有老鼠糞便等物混在穀物

種子裡面，那就必須丟棄重買。

穀物種子當中除了帶殼飼料之外，也有販售已經剝除種子外殼的飼料（去殼飼料）。去殼飼料的營養價值遠低於帶殼飼料，品質很容易劣化，所以不適合作為主食。務必選用帶殼（帶皮）的飼料。

穀物種子必須搭配副食

如果是以穀物種子為主食，營養不夠均衡，所以除了穀物種子之外還需搭配數種食品作為副食。

蔬菜：提供富含胡蘿蔔素的綠黃色蔬菜。胡蘿蔔、甜椒也含有豐富的維生素A，不妨積極地從雛鳥階段訓練愛鳥食用。市售蔬菜有時候會有農藥殘留，最好先用流水充分洗淨。

十字花科植物（小松菜、青江菜、青花菜、高麗菜等）含有大量名為致甲狀腺腫物的物質，會對甲狀腺造成負擔。如果打算餵食，供應少量即可，而且最好併用含碘的維生素劑來保護甲狀腺。

據說菠菜所含的草酸與鈣結合會導致鈣的吸收效率變差，所以必須留意。餵給陪伴鳥吃的青菜以萵苣等菊科蔬菜為主。很難獲得蔬菜時，也可以用解凍至常溫的綜合蔬菜等暫時頂替。

維生素劑、保健食品：光靠蔬菜難以補足的維生素，需要透過維生素劑、保健食品來補充。請選用明確標示出成分、有效期限、適用鳥種的優質產品。

面對容易在換羽期生病的鳥禽，需要搭配換羽期專用的保健食品。補充含有脂溶性維生素的維生素劑及保健食品時，請留心避免攝取過量的問題。

放入維生素劑及保健食品的水容易變質，使用時最好將水盆置於陽光不會直射的地方。

鈣粉：與主食分開提供，以補充鈣質。市售鈣粉最好用水洗過，充分乾燥後再提供。也可以拿食用牡蠣殼製作鈣粉。

把充分洗掉鹽分的牡蠣殼放入袋中用鎚子敲成細末，充分乾燥過後，安全性高的手工鈣粉便大功告成。將成品與市售乾燥劑一起放進密閉容器中，置於冰箱冷凍庫保存。

萵苣。 　　　　紅葉萵苣。 　　　　橡葉萵苣。 　　　　點心用乾燥蔬菜。

鳥禽專用的各種維生素劑。

鈣粉與鹽土。小心不要給太多。　　墨魚骨（烏賊的殼）。　　蘋果。

滋養丸的顆粒顏色、形狀、大小、味道、成分不盡相同。　　橘子。　　香蕉。

礦物塊、鹽土：鳥類也需要補充鹽分。不過，這類產品的含鹽量不甚明確，所以僅限每週餵食一次左右，還要留意鹽分攝取過量的問題。

墨魚骨：烏賊的殼。難處在於不好調整供應量。愛鳥不吃鈣粉的時候，不妨提供墨魚骨以補充鈣質。※

水果：雖然愛吃水果的鳥很多，但是像虎皮鸚鵡、玄鳳鸚鵡、文鳥等鳥種的食性無法迅速消化糖分，可能會導致肥胖。

此外，橘子、葡萄柚等柑橘類水果富含維生素C，所以要留意吸收太多保健食品等所含的鐵質的問題。

市售水果不同於鳥在野生環境中取食的天然水果。這些水果經過人工改良提高了糖度，嘗起來甜美又好吃，但是吃太多無疑會導致肥胖。除了吸蜜鸚鵡等蜜食性鳥類，請注意餵食太多水果的問題。

選擇主食也要確認成分

請提供富含優質蛋白質的飲食作為每日主食。如果是以穀物種子為主食，均衡攝取含有維生素、礦物質、鈣質等的副食也很重要。

此外，據說就算是專家也很難搭配得宜。如果想要完全採用天然食材養鳥，不僅要學習鳥類營養學，還要具備根據鳥種、生命階段、鳥禽健康狀況去斟酌應該餵食何種飼料的知識。

如果覺得全年供應新鮮青菜有困難，併用維生素劑或是以綜合營養食品滋養丸作為主食比較保險。

滋養丸屬於營養均衡的優質飲食，即使沒有攝取各種副食，還是可以安心地養鳥。

吃滋養丸的話，偶爾餵食一些青菜即可，基本上不需要補充其他副食。選擇滋養丸的時候，最好詳加確認過營養成分、有效期限、適用鳥種，選用最適合當作愛鳥主食的產品。

※維生素D不足會導致無法充分吸收鈣質，一方面也是為了吸收鈣質，日光浴必不可少。（參照第19頁）

▶以滋養丸為主食的好處
- 不需要副食
- 容易保存
- 無需煩惱營養均衡的問題
- 不會產生外殼等垃圾

▶以滋養丸為主食的壞處
- 以外國產進口產品為主，單價較貴
- 適口性大多比穀物種子差
- 難以取得（雜貨店及超市等處幾乎都沒有販售）

▶以穀物種子為主食的好處
- 提供鳥剝皮食用的樂趣
- 適口性較高
- 單價比滋養丸低
- 可以在超市等處購得
- 作為寵物鳥主食的歷史悠久
- 帶殼飼料不易流失新鮮度

▶以穀物種子為主食的壞處
- 營養不均衡
- 必須補充青菜及鈣粉等副食
- 會產生種子外殼
- 難以看出飼料盆內的剩餘存量
- 可能會只挑喜歡的穀物種子吃

餵食滋養丸的注意事項

應該確認的重點

雖然滋養丸作為全方位營養食品的優點眾所皆知，可是當寵物鳥以適口性為首要擇食條件，可能就不適合作為主食了。最好避免使用未明確標示出原料、成分、有效期限、適用鳥種的商品，以及點心味太強烈的產品。

儘可能選用添加物少的產品

諸如人工色素、水果的香氣等，某些滋養丸所含的添加物令人心生疑慮。此外，為了維持品質，有時也會使用抗氧化劑、防腐劑等添加物。長期持續攝取添加物可能會影響到愛鳥的健康。

餵食彩色滋養丸的時候，有時候很難確認排泄物的顏色。盡量選用添加物少的滋養丸比較好。

用於滋養丸的添加物種類

用於滋養丸的添加物包括合成（人工）添加物與天然添加物。

從維生素C、維生素E、香料植物當中萃取天然成分製成的添加物比較不會傷害身體，但是作為防腐劑的效果較差。最好置於冰箱等陰涼處保存，開封後及早使用完畢才能維持品質。

▶留意重複攝取營養的問題

餵食滋養丸的同時還提供保健食品等，恐會因為營養過剩引發障礙。

▶偏好特定的顆粒大小、形狀及軟硬度等

鳥也有所謂的飲食偏好，比如不吃大顆粒滋養丸但是會吃小顆粒產品，或者明明口味相同卻對

酪梨及蔥類會引發中毒。　　　　　　　　　　黃瓜及大白菜不適合作為副食。

月形的滋養丸沒興趣，愛吃扁圓形的滋養丸等等。不妨多嘗試幾種不同的產品。

▶ 調配以後馬上使用完畢是基本原則

　　粉狀滋養丸及含水的滋養丸非常容易腐壞，沒吃完的廚餘最好馬上移除。

不能餵食的食物

　　有些食物人類吃了對身體無害，但是寵物鳥吃下肚的話會引發中毒。

　　不能因為愛鳥看起來很想吃，就隨便餵食安全性未經過確認的食品。

酪梨：雖然對人類無害，但是對鳥類及貓狗等人類以外的諸多動物來說，酪梨當中具有殺菌作用的毒素酪梨素（persin）有引發中毒的危險，所以不能餵食其果肉及種子。

韭菜、長蒴黃麻、洋蔥、大蔥等蔥類：蔥類含有毒素（二烯丙基硫化物），會引發急性貧血及血尿，所以不要拿來餵鳥。

菠菜：澀味的來源葉酸與鈣結合以後會妨礙鈣質吸收，所以必須多加留意。

十字花科植物（高麗菜、青花菜等）：含有致甲狀腺腫物。如果打算餵食，供應少量即可。

豆類：生豆類含有會引發中毒症狀的物質凝集素，所以無論人類還是鳥類都不能食用。加熱調理可以破壞凝集素，打算餵大型鸚鵡及鳳頭鸚鵡吃豆類的時候，最好先充分浸泡水中，接著用沸水煮10分鐘以上或清炒過後再進行餵食。

黃瓜及大白菜等：富含水分、口感良好的食物幾乎都沒有什麼營養價值。在不至於影響鳥禽主食食用量的前提下，作為點心少量餵食沒有大礙，但是將其視為有別於副食青菜的食品比較妥當。

人類食物：看到飼主吃得津津有味的模樣，有時候會勾起愛鳥想吃的欲望。

　　人類食物所含的鹽分、糖分、油分、添加物太多了。其中，加熱過的碳水化合物、高糖分點心及甜食、米飯及麵包類更是引發念珠菌症（第117頁）的病因之一，切勿隨便餵食。

也要充分洗淨有機蔬菜

　　供應鳥類的蔬菜不需要堅持選用有機栽培產品。因為生產有機肥料的過程中也會有病原菌混入其中，接著被有機蔬菜吸收的危險性存在。

　　有機肥料（堆肥）的原料為家畜糞便及廚餘，其中可能含有沙門氏菌、O157型病原性大腸桿菌等會引發食物中毒的病原菌。

　　供應愛鳥的時候，切勿因為是有機蔬菜就直接餵食，務必先用流水充分洗淨以後再進行餵食。

::: CHAPTER 4 ::: 營養管理

韭菜　　　洋蔥　　　大蔥　　　長蒴黃麻　　大豆

▶留意攝取過量的問題

礦物塊、鹽土、墨魚骨、鈣粉等副食容易過度滯積在砂囊中，恐會引發各種消化器官系統的疾病。最好定量且有計畫地供應。

保健食品、綜合維生素劑

保健食品及維生素劑可以在任何季節補充，輕鬆攝取光靠主食難以補足的營養素。最適合在換羽及築巢期間補充營養。

如果是以穀物種子為主食，不妨透過保健食品有效補充容易不足的維生素、礦物質等營養素。

▶開封後移到閉密容器，放進冰箱冷藏保存

劣化的飼料會對愛鳥身體造成負面影響。不管是滋養丸還是穀物種子，開封後都要和乾燥劑一起移到密閉容器、置於陰涼處保存，並且及早使用完畢。

不妨增加飲食菜單

習慣各種食物

如果老是供應相同的飲食，可能會令愛鳥對該飲食生厭、食欲因此衰退。此外，如果常吃的產品經過小幅改良、停止生產的時候，臨時要改變愛鳥吃慣的飲食會很困難，恐面臨沒辦法順利切換新飲食這類問題。

除了主要供應的主食之外，也別忘了少量餵食當令的水果及蔬果等。市售點心類食品的適口性高、脂肪含量也很多，日常餵食容易導致肥胖，所以必須多加留意。話雖如此，事先掌握愛鳥偏好的食物偶爾作為獎勵少量餵食，在牠們食欲衰退之際或許能作為開胃食品發揮奇效。

不妨多方嘗試，平常一點一滴地開發愛鳥能吃的食物菜單是再好不過了。

CHAPTER 4

顧及鳥禽食性提供副食的方法

對象是陪伴鳥的時候，通常會採用主食占整體的七～八成，其他副食占二～三成的餵食比例。根據愛鳥的食性、生命階段、肥胖程度等條件，配合愛鳥的狀態調整菜單內容吧。

◉亞馬遜鸚鵡及金剛鸚鵡類

在野外經常食用水果，所以即使提供加熱過的碳水化合物，通常也不太會吃壞肚子。

◉粉紅鳳頭鸚鵡、玄鳳鸚鵡及鳳頭鸚鵡類

在野外以穀物為主食。加熱過的碳水化合物及水果很難消化，應該極力避免餵食。

◉非洲灰鸚鵡、棕櫚鳳頭鸚鵡

棲息在熱帶雨林，以棕櫚樹及其果實、種子（含油種子）為主食，但是處在容易運動不足的飼養環境時，應當避免餵食高脂肪食物。

◉折衷鸚鵡

食性接近蜜食性的吸蜜鸚鵡。除了滋養丸之外，也多多餵食富含維生素A的蔬菜及水果吧。

◉錐尾鸚鵡（小錐尾鸚鵡類、太陽鸚鵡及藍冠錐尾鸚鵡等）及派翁尼斯鸚鵡（藍頭鸚鵡及青銅翅鸚鵡等）類

在野外以果實為主食。果食性鳥類經常食用高糖分食物，所以即使提供水果、加熱過的碳水化合物，通常也不太會吃壞肚子。

餵食比例為滋養丸占七成，作為副食的蔬菜、水果、穀物各占一成。

◉吸蜜鸚鵡（紅色吸蜜鸚鵡、虹彩吸蜜鸚鵡及喋喋吸蜜鸚鵡等）

以花蜜為主食。關於這些鳥的食性還有尚待查明的部分，所以要認清每

::: CHAPTER 4 ::: 營養管理

隻鳥的狀態，審慎地選用飼料。

蜜食性專用食物占主要的七成，作為其他副食的水果、蔬菜各占一成，剩下就是除了鈣粉、鹽土及礦物塊之外，還要定期補充維生素劑。水果類先剝皮，蔬菜也切成小段再餵食，似乎比較方便食用。

◉ 虎皮鸚鵡、桃面愛情鳥、牡丹鸚鵡、太平洋鸚鵡、公主鸚鵡、紅腰鸚鵡、淡頭玫瑰鸚鵡類

屬於穀食性鳥類，在野外會吃種子、禾本科穀物、果實、葉子及嫩芽等。消化糖分的能力較差，經常食用水果會導致肥胖。

◉ 塞內加爾鸚鵡等波瑟費勒斯鸚鵡類

塞內加爾鸚鵡大多棲息在莽原中散布的樹林。在野外會吃種子、穀物、果實、堅果、葉子及嫩芽等。處在容易運動不足的飼養環境時，最好避免餵食堅果等高脂肪食物。基本餵食比例為滋養丸占七成，蔬菜、水果、穀物各占一成。

◉ 緋胸鸚鵡、梅頭鸚鵡及紅領綠鸚鵡等鸚鵡類

食性介於穀食性與果食性之間，會吃種子、果汁、水果、花朵、花蜜、穀物、昆蟲等各種食物。消化能力也很強。不妨循序漸進地餵食各種食物。

◉ 斑胸草雀、胡錦鳥、十姊妹、文鳥等雀鳥類

屬於雜食性，在野外除了穀物、種子之外，還會吃花朵及小型昆蟲等各種食物。消化能力略強，但是仍屬於小型鳥，所以提供極微量的可食水果及點心類即可。

◉ 橫斑鸚鵡

棲息在霧濃的山岳地帶森林，主食可能是軟嫩的樹芽等含水量較高的食物。因此，餵食太多偏硬種子而難以消化，可能會引發腸阻塞。主食以供應滋養丸及蔬菜為主。

◉ 金絲雀

棲息在高海拔果樹園及雜木林，會吃穀物種子、葉子及果實等。

供金絲雀補充的揚色劑其原料為麵包粉與油，容易引發脂質過剩的問題，所以要避免餵食過量。

47

CHAPTER 4

預防肥胖吧

生活在籠內的寵物鳥容易產生運動不足的問題。鳥禽運動不足會變成肥胖、脂肪肝、肺活量減少等各種疾病的根源。

肥胖的原因

紓解運動不足

一般認為有好幾種原因都會導致肥胖,其中之一就是運動不足。雖然野鳥不需要運動,但是生活在籠內的陪伴鳥容易產生運動不足的問題。如果對象是上手鳥,不妨提供牠們在房間內放風、

透過手工玩具舒緩肥胖及壓力。

::: CHAPTER 4 ::: 營養管理

活動身體的機會。放風之前重新檢視一遍房間，打造能供愛鳥安全飛翔的空間配置也很重要。

多花心思在房間內設置鳥用鞦韆、鳥用遊樂場、水浴區等，誘使愛鳥快樂地活動筋骨吧。

就算不是上手鳥，一整天下來一直待在籠內這個相同場所，在糞便堆積如山的環境中生活也稱不上健康。難以提供放風機會時，將其養在盡量寬敞的籠內是理所當然的事情，也要調整鳥用玩具、棲架、飼料盆及水盆的配置來提高運動量，藉此預防肥胖的問題。

注意飲食內容

陪伴鳥無需自行覓食，都是吃飼主供應的食物過活，所以說飲食方面的所有責任都在飼主身上也不為過。

誘使愛鳥均衡地攝取必須營養素吧。過度攝取或缺乏特定的營養素，有時候也會導致肥胖。冷靜地回顧鳥禽的飲食生活，一旦發現有什麼營養素不夠，偶爾也需要刻意安排攝食機會。

雖然也會視鳥種而異，但是頻繁供應作為主食的滋養丸及穀物種子以外的高脂肪堅果、高糖分水果，可能會導致鳥在不知不覺之間體態肥胖。

此外，配合生命階段提供相應的飲食也很重要。面對代謝率下降的中年期以後的鳥，視情況調整飲食內容比較妥當。

肥胖是導致過度發情、慢性病等各種疾病的原因，所以一旦發現愛鳥體重有所增加，就要及早停止餵食點心的習慣，或是檢視飲食內容有無需要改善的地方。

不要讓鳥養成在任意時段隨興取食的習慣，移除飼料盆並將餵食次數設定為一天兩餐，控管飼料量來避免過食也是一個好方法。

檢查體格

可以觸摸鳥的胸部肌肉來判斷有無肥胖問題。胸肌的肌肉緊實最為理想。如果看得到位於胸骨的龍骨突出，那就是體態過瘦了。鳥的贅肉通常容易囤積在前胸部與下腹部附近。平常最好勤於檢查鳥的體重與胸肌狀況，掌握並維持愛鳥的最佳體態，及早發現體格有無發生異變。

鸚形目、雀形目的營養需求量

（根據美國國家科學研究委員會NRC 家畜的營養需求量（1994））

蛋白質	12.00%	氯	0.35%
脂　質	4.00%	鉀	0.40%
熱　量	30000.00Kal/kg	鎂	600.00ppm
維生素A	50000.00IU/kg	錳	75.00ppm
維生素D	10000.00IU/kg	鐵	8.00ppm
維生素E	50.00ppm	鋅	50.00ppm
維生素K	1.0ppm	銅	8.00ppm
硫胺素	5.00ppm	碘	0.30ppm
核黃素	10.00ppm	硒	0.10ppm
菸鹼酸	75.00ppm	離胺酸	0.60%
吡哆醇	10.00ppm	甲硫胺酸	0.25%
泛　酸	15.00ppm	色胺酸	0.12%
生物素	0.20ppm	精胺酸	0.06%
葉　酸	2.00ppm	蘇胺酸	0.40%
維生素B_{12}	0.001ppm		
膽　鹼	1000.00ppm		
維生素C	───		
鈣	0.5%		
磷	0.25%		
鈉	0.15%		

鸚鵡的家庭醫學書

Chapter 5

鳥的身體結構

CHAPTER 5

鳥的身體結構

鳥的身體與我們哺乳類的構造大相逕庭。了解鳥的身體結構，將其運用在健康管理方面吧。

鳥的身體特徵

卵生育雛

現生鳥類是從卵（蛋）中出生。以卵生繁衍後代的生物還有魚類、爬蟲類、兩生類等等，不過由親鳥負責孵蛋並養育孵化的雛鳥直到離巢，可以說是在其他類別的動物身上看不到的鳥類特有生殖行為。

一般認為，相對於哺乳類在體內培育受精卵，成長到某種程度再進行生產，鳥類是為了維持輕量化以利在空中飛翔，因而演化出受精後將卵產出體外進行保溫、孵化的方式。

長有羽毛

包覆全身的羽毛是鳥特有的構造，除了用來飛翔，其高度防水性與保溫性還可以保護鳥的身體。

具有嘴喙

鳥類只有嘴喙，牙齒及顎部已經退化了。

此外，失去前肢的鳥有時會利用嘴喙充當手部。嘴喙內側有血管及神經通過，因此也具有觸覺器官的功能。

嘴喙的形狀根據食性各有不同。

鸚鵡及鳳頭鸚鵡類的嘴喙。

雀鳥類的嘴喙。

::: CHAPTER 5 ::: 鳥的身體結構

正值發情期的虎皮鸚鵡母鳥。蠟膜呈現褐色且粗糙。

腳趾構造：鸚鵡及鳳頭鸚鵡類的腳趾為前兩根、後兩根的對趾足構造（左）；金絲雀及雀鳥類的腳趾為前三根、後一根的三前趾足構造（右）。

性成熟的虎皮鸚鵡公鳥。普通種的蠟膜會變成藍色。

文鳥的尾脂腺。

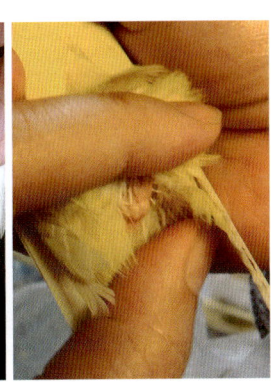

虎皮鸚鵡的尾脂腺。

具有翅膀

鳥類藉由翅膀獲得升力與推力，因而得以飛翔。不會飛的鳥原本也是從會飛的祖先演化而來。

外皮系統

腳爪

由蛋白質構成的角蛋白包覆著趾骨，形成腳爪。腳爪會一輩子持續生長，不過通常停駐在棲架上等場合會自然磨耗，幾乎維持一定的長度。

腳爪內有神經及血管通過，指甲剪過頭的話會出血。

蠟膜

虎皮鸚鵡、玄鳳鸚鵡、鴿子等部分鳥種在上嘴喙根部長有鼓起的柔軟蠟膜。蠟膜具有感覺器官的功能。

皮膚

擁有薄嫩、柔軟且容易乾燥的皮膚。

腺

鳥幾乎不具汗腺等皮膚腺，擁有尾脂腺、耵聹

腺、瞼腺以及泄殖腺。

　位於尾羽根部的尾脂腺會分泌皮脂。取這種油脂塗抹在嘴喙上梳理羽毛，似乎具有提高羽毛防水性及保溫性的效果。

　用來進行水浴的水必須使用常溫水而非熱水，以免洗掉這些油脂。尾脂腺容易發炎或形成腫瘤，可是該處被羽毛遮蔽，是很難察覺有異狀發生的部位。

骨骼

　為了方便飛翔，鳥的骨骼經過輕量化，呈現足以撐持激烈飛翔運動的構造。

骨質／為了讓身體更輕盈，骨質的結構很輕薄。人類的骨骼總重量占其體重的15〜20％，但是鳥類的骨骼重量僅占其體重的5％左右。骨骼內部呈現宛如吸管的中空狀，有多條細骨柱（骨小柱及絲狀骨）複雜地相互交錯，維繫細薄的骨質（桁架結構）。

　鳥很容易骨折，所以保定的時候必須小心謹慎。

含氣骨／為了方便飛翔，鳥的某些骨骼內部（相當於骨髓的部位）含有空氣。主要是椎骨、肋骨、肱骨、鳥喙骨、胸骨、髂骨、坐骨、恥骨等部位，這些骨頭稱為含氣骨。含氣骨與氣囊及肺臟相連，構成呼吸器官的一部分。

融合骨／由於骨質細薄的緣故，薦骨、胸椎、腰椎、薦椎、尾椎等數個骨頭，以及顱骨、鎖骨、腕掌骨等的骨頭相互融合（骨化），藉此維持強度。

髓質骨／髓質骨是母鳥特有的組織。據說一旦進入產卵期，就會出現在母鳥的股骨、脛骨等的骨髓腔內，具有暫時貯存形成產卵期蛋殼所需鈣質的功能。

　發情停止以後，髓質骨會逐漸消失。在蛋物質重

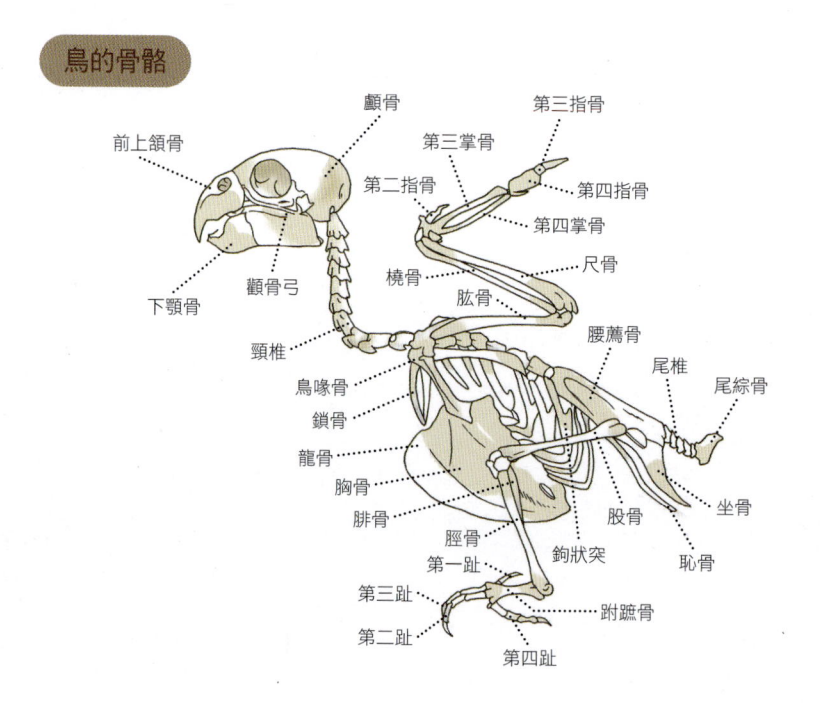

鳥的骨骼

（前上頜骨、顱骨、第三掌骨、第三指骨、第二指骨、第四指骨、第四掌骨、顴骨弓、橈骨、尺骨、下頷骨、肱骨、頸椎、腰薦骨、鳥喙骨、尾椎、尾綜骨、鎖骨、龍骨、胸骨、股骨、坐骨、腓骨、脛骨、恥骨、鉤狀突、第一趾、第三趾、跗蹠骨、第二趾、第四趾）

風箱式呼吸的原理

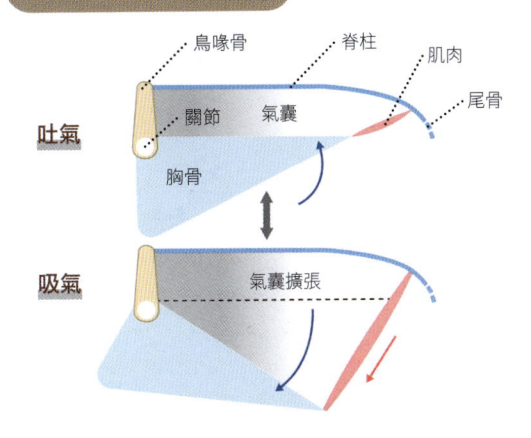

九個氣囊與肋骨及胸骨的活動連動，猶如風箱把空氣送入肺臟，進行呼吸。

量導致飛翔能力衰退的築巢期，多數鳥種的公鳥會保護母鳥。

頭部骨骼／哺乳類的顱骨只有上、下顎得以活動，不過鳥類的顱骨是由多塊骨頭構成，也擁有多個關節，可以進行剝開種子外殼這類複雜的動作。進食的時候也可以大幅張開上顎。

位於前上頜骨的鼻孔為了防止異物入侵而具有骨骼（蓋板）。

鳥類的顱骨具有哺乳類所沒有的環狀鞏膜環。具有巨大的眼窩（骨骼構成的空間），鞏膜環宛如圓環接在眼睛外側，保護碩大的眼睛。

脊椎

鳥的脊柱是由名為脊椎的諸多骨頭構成。形成脊椎分節的椎骨大多融合，可以自由活動的只有頸椎與尾椎。鳥類的頸部極其靈活，脖子也是鳥類關節當中最強健的部位，保定的時候要壓制脖子。

飛翔時很大的力會作用於胸椎，所以胸椎大多融合，形成高強度的結構。

部分胸椎與所有腰椎、所有薦椎、部分尾椎融合，形成複合薦骨（腰骨）。尾椎融合形成尾骨，撐持尾羽平行。

胸部～前肢骨骼

鳥的胸部是由肋骨與胸骨搭建出籠狀結構，保護重要的內臟器官。

肋骨／鳥類的肋骨包括透過關節與脊椎相連且偏長的椎肋骨，以及透過關節與胸骨相連且偏短的胸肋骨。肋骨的數量視鳥種而異。從肋骨後緣朝尾側突出的骨頭延伸部分稱為鉤狀突。這個鉤狀突可以加固肋骨壁，藉由增加肌肉附著面積來輔助肋骨、提高呼吸能力。

胸骨／鳥類骨骼特徵之一在於巨大的胸骨。鳥的胸骨是一塊巨大的骨頭，不像哺乳類那樣一個一個分開。在胸骨的腹側面有突出的骨頭（龍骨）。用於飛翔的厚實胸肌附著在龍骨上。胸骨的背側透過關節與肋骨相連，在吸氣或吐氣的時候皆能有效率地進行氣體交換，常保肺內有空氣流通。

翅膀的活動

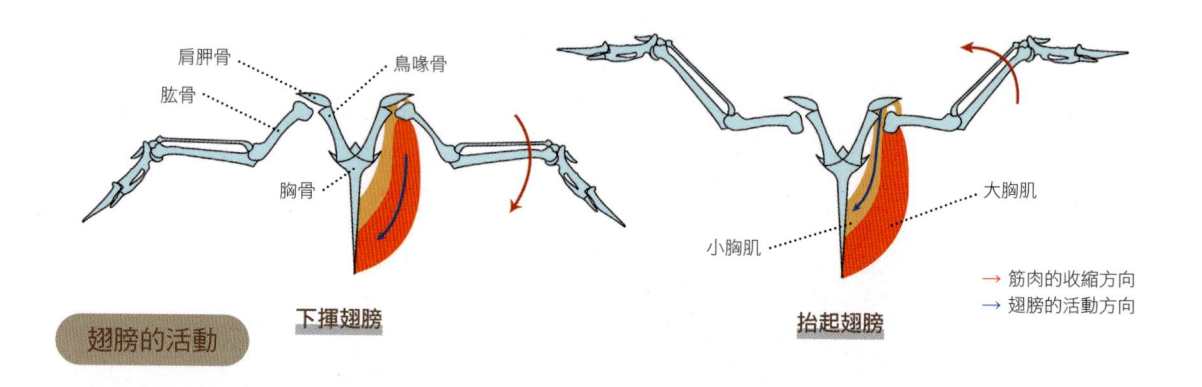

下揮翅膀　　　　　　　　　　　抬起翅膀

肩胛骨／肱骨／烏喙骨／胸骨／大胸肌／小胸肌

→ 筋肉的收縮方向
→ 翅膀的活動方向

翅膀的骨骼

　　翅膀的骨骼是由肱骨、橈骨、尺骨、腕骨及三塊指骨（第一指骨、第二指骨、第三指骨）構成。為了方便飛翔，數塊骨頭融合、減少，以達成輕量化的需求。此外，肱骨與前腕的尺骨明顯發達。

後肢帶～後肢骨骼

後肢帶／髂骨是巨大的板狀骨頭，背側為臀肌的附著部位，是構成容納前腎的髖骨骨頭之一。在坐骨與髂骨之間有坐骨神經通過的坐骨孔。恥骨透過複合薦骨來補強，不像哺乳類那樣連在一起。

後肢骨骼／股骨位於後肢最上部。修長的脛骨撐持著具有強壯肌腱的鳥足，使其更加堅韌。

　　另一方面，腓骨比較短。鳥足的指骨稱為趾骨。具有第一趾、第二趾、第三趾、第四趾，其中又以第三趾最長。鳥類的第五趾已經退化消失。

肌肉系統

鳥的胸肌很有特色。如果用於拍動翅膀的鳥類胸肌健康狀況良好，即可維持身體的最佳狀態。

胸部的肌肉

　　鳥得以翱翔空中的構造在於活動翅膀的強壯胸部肌肉。胸肌（淺胸肌、大胸肌）會在下揮翅膀時發揮作用，烏喙上肌（深胸肌、小胸肌）會在抬起翅膀時發揮作用。

　　為了飛翔，鳥的胸肌非常發達。據說人類的胸肌比例約占其體重的1％，但是鳥類的胸肌占其體重的15～25％。

　　當鳥生病而無法攝取所需的營養時，胸肌是最

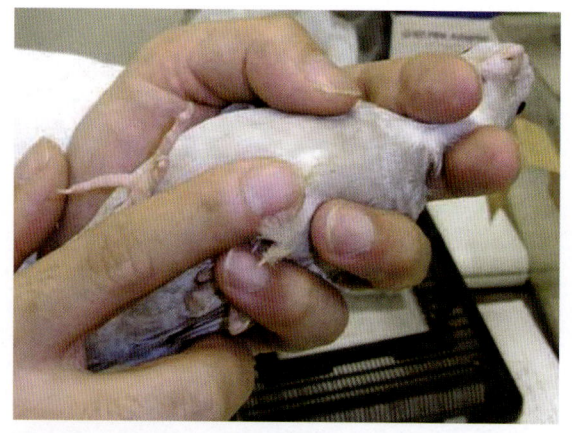

胸肌觸診：以龍骨為基準檢查左右胸肌的高度，藉此評判體型。

::: CHAPTER 5 ::: 鳥的身體結構

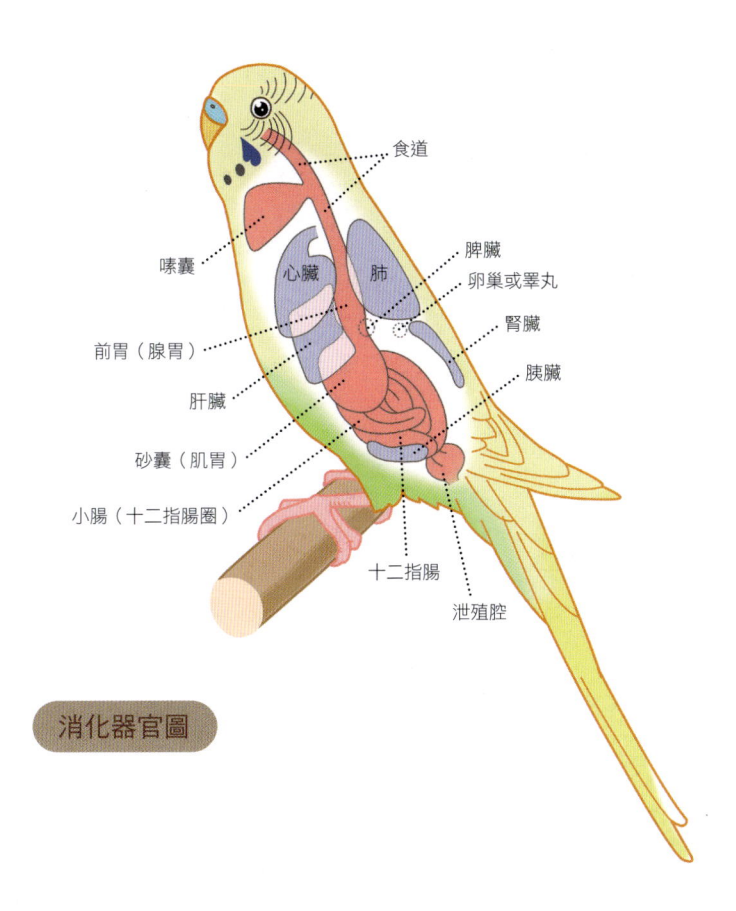

消化器官圖

- 食道
- 脾臟
- 心臟
- 肺
- 卵巢或睪丸
- 嗉囊
- 前胃（腺胃）
- 腎臟
- 肝臟
- 胰臟
- 砂囊（肌胃）
- 小腸（十二指腸圈）
- 十二指腸
- 泄殖腔

先萎縮的部位。身體逐漸恢復健康時，胸肌才會恢復如常。平常仔細檢查胸肌的豐滿程度，對於掌握愛鳥的健康狀況很有幫助。

消化器官系統

為了更輕巧、更有效率地攝取能量以便在空中飛翔，不具牙齒的鳥發展出了構造極其獨特的消化器官。

口腔

鳥類沒有牙齒。鳥會靈巧地使用嘴喙及舌頭來進食。圓潤且肌肉質的舌頭前端十分發達，內部含有骨頭。就鳳頭鸚鵡類來說，其唾液分泌量比較少。攝取的食物會直接從咽頭吞入食道。

食道、嗉囊

食道為肌肉性管道且具有黏液分泌腺，常保濕潤。上食道部分擴張，形成嗉囊。嗉囊的主要功能在於貯存食物，不過同時具有加溫食物、以攝取的水分來泡軟食物的功能。除此之外，一般認為唾液及細菌產生的酶在嗉囊內也有輔助食物消化的作用。

此外，對雛鳥來說，嗉囊也是暫時貯存親鳥哺餵食物的重要場所。

消化道逆蠕動、嗉囊急遽收縮、腹部肌肉活動會引發鳥禽嘔吐。嗉囊的大小及形狀視鳥種而異。

前胃、砂囊

鳥有兩個胃，分別是前胃（腺胃）與砂囊（肌胃、後胃）。

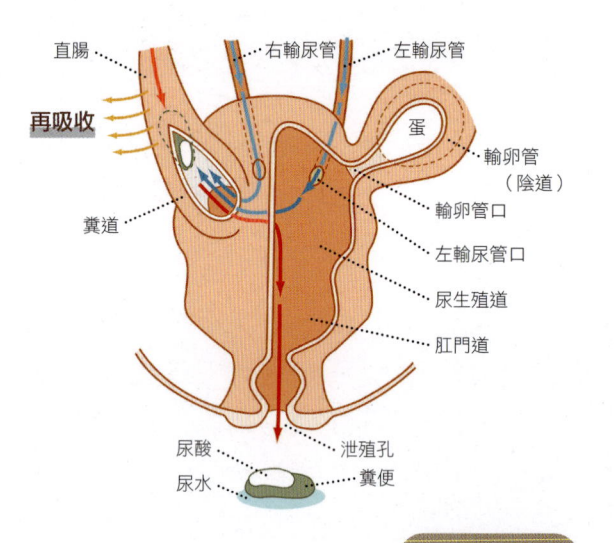

鳥的小腸黏膜表面覆有名為絨毛的細小黏膜突起。這種構造能夠增加表面積，更有效率地吸收攝入體內的營養素。鳥類絨毛高度為哺乳類的兩倍，會收集微血管床吸收的養分並輸送到門靜脈。杯狀細胞分泌的黏膜會保護絨毛不受來自胃酸、消化酶、消化物磨耗的傷害。脂肪會直接被微血管吸收。

大腸

盲腸／直腸／為了方便飛翔，鳥的大腸又細又短，由盲腸與直腸（或結直腸）構成。虎皮鸚鵡等部分鳥種沒有盲腸。大腸會接收來自肝臟的膽汁，以及來自胰臟的消化酶。大腸的主要功能是吸收水分與電解質。

泄殖腔

泄殖腔是魚類、兩生類、爬蟲類、鳥類及部分哺乳類擁有的器官，兼具直腸、排尿口、生殖口的功能。

位於消化道與泌尿生殖器官相連的共通末端部位的管道稱為泄殖腔。位於消化道（腸道）末端的糞管（肛門管）、泌尿器官的輸尿管、生殖器官的生殖輸管（輸卵管、輸精管）皆與共通腔部泄殖腔相接。

鳥的糞尿等排泄物、卵子、精子皆經由位於泄殖腔出口的泄殖孔排出。泄殖腔由糞道、尿生殖道、肛門道這三個管道構成，尿生殖道內除了輸尿管之外，也與公鳥的輸精管、母鳥的輸卵管相連。

幼亞成期的鳥在泄殖腔內側的背側有名為法氏囊的囊狀構造淋巴組織，但是之後會隨著性成熟而萎縮、消失。

剛出生的雛鳥消化道為無菌狀態，不過從環境中入侵的細菌會馬上依附在消化道上，逐漸形成腸道菌叢。

泄殖腔並未緊緊地固定在腹腔內，所以有時會由於卵阻塞等原因向外翻轉。

前胃／細長的胃，前胃有許多分泌腺，透過此處分泌的胃酸消化食物。

砂囊／砂囊具有厚實的肌肉層，砂囊內側覆有皺褶狀的膜。前胃分泌的消化液與食物會在砂囊攪拌、磨碎。

砂囊內有鳥吞下的碎砂及砂粒，可以發揮磨碎食物的效果。

小腸

十二指腸／空迴腸／在砂囊的作用下變成流質的食物會進入十二指腸。十二指腸在中途彎折（十二指腸圈）變成環狀，將大部分的胰臟收納在內。

經由砂囊磨碎的食物在小腸混入消化液之後，進一步促進消化、吸收。

送出十二指腸的食物會進入小腸內最長的空迴腸。

小腸內透過胰臟與腸道的分泌酶進行消化的同時，也會吸收養分。大部分的食物會被胰酶與腸酶分解。遭到分解的養分主要由小腸負責吸收。

泄殖腔圖

肝臟

鳥類的肝臟由左葉及右葉構成。左右的大小幾乎相等。人類的肝臟會分解酒精，將體內產生的有毒氨轉換成尿素與尿水一起排出，但是鳥類的肝臟是將氨轉換成尿酸這種半固形物排出。負責貯存肝臟製造的膽汁的膽囊通常位於肝臟右葉，不過鸚鵡、鴿子等部分鳥種不具膽囊，會直接分泌肝臟產生的膽汁。

肝臟會將多餘的碳水化合物合成脂肪貯存起來。因此，攝取高脂肪食物導致中性脂肪積聚在肝臟，恐會形成脂肪肝。

肝細胞分泌的膽汁可以中和消化道內因為胃酸而變低的pH值（酸鹼值）。在肝臟製造的膽汁成分之一膽汁酸，在脂肪的消化吸收方面具有重要功能。

胰臟

由腹葉、背葉及脾葉這三葉構成。會分泌激素及消化所需的消化酶。

呼吸器官系統

鼻、鼻腔、鼻竇

外鼻孔／在上嘴喙根部附近左右各有一個鼻孔，稱為外鼻孔。虎皮鸚鵡及小錐尾鸚鵡類的外鼻孔覆有蠟膜。外鼻孔吸入的空氣會流向後鼻孔。

鼻腔／鼻腔由骨性鼻中隔這塊骨頭分成兩道。鼻腺的分泌物、淚腺分泌的淚液也會流進鼻腔。

鼻竇／鼻竇（副鼻腔）屬於上呼吸道，位於左右眼睛的下方。

後鼻孔與後鼻孔乳突

鳥的呼吸原理

鳥的體內有數個位於肺臟前後且內部充滿空氣的袋狀器官——氣囊，牠們會利用這些氣囊進行呼吸。

氣囊的功能就像把空氣送入體內的泵浦。藉由氣囊的擴大、縮小，送往肺臟的吸氣、排氣過程會以朝相同方向輸送空氣的形式持續進行。因此，消耗掉氧氣的空氣不會停留在肺臟。

人類在吐氣的時候無法把氧氣吸入體內，可是鳥類具有不論吸氣還是吐氣都能吸取氧氣的生理構造。

因為鳥可以像這樣高效率地交換氧氣與二氧化碳，所以得以飛越如喜馬拉雅山那種海拔極高、空氣稀薄的地方，悠然地翱翔四方。

上呼吸道（外鼻孔、鼻腔、鼻竇、咽頭）及氣管上部

圖中標示：外鼻孔、眼窩下竇、後鼻孔、氣管、頸部氣囊、眼窩下竇、往肺臟

下呼吸道（氣管下部、鳴管、肺、氣囊）與內臟

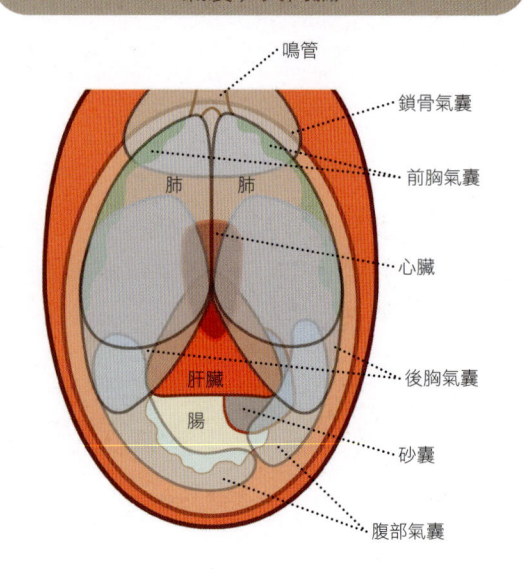

圖中標示：鳴管、鎖骨氣囊、前胸氣囊、肺、心臟、後胸氣囊、肝臟、腸、砂囊、腹部氣囊

後鼻孔／打開鳥嘴可以在咽頭上壁看到縱向的細溝狀裂口——後鼻孔（參照下圖）。後鼻孔是鼻腔道的開口部。該裂口的兩側有後鼻孔乳突，具有防止食物等異物入侵的作用。鼻孔吸取的空氣會流向後鼻孔，經過咽頭、喉頭進入呼吸道。

喉頭／喉頭位於舌頭基部，與舌頭連動。喉頭口呈現細溝狀，進食的時候會反射性閉闔。

氣管／不同於哺乳類，鳥的氣管附有完整的環狀軟骨（氣管環骨）而能維持形狀，只要未受到物理性壓迫就不會發生氣管狹窄的問題，可謂相當強韌。

鳴管／鳥類的發聲器官，相當於哺乳類的喉頭，但是形態及位置皆不相同。大多數鳥的氣管分為左右兩支，而鳴管位於分岔成支氣管的位置。該處的氣管、支氣管、軟骨、膜及肌肉等相互連結，形成發聲器官。鳴管在內側及外側各有鼓狀膜，當空氣流經這些部位使其震動即可發出聲音。

支氣管／鳥的支氣管有兩種，包括位於肺外的幹性支氣管（肺外支氣管）以及位於肺內的膜性支氣管（肺內支氣管）。伸出鳴管的肺外支氣管進

氣管與鳴管

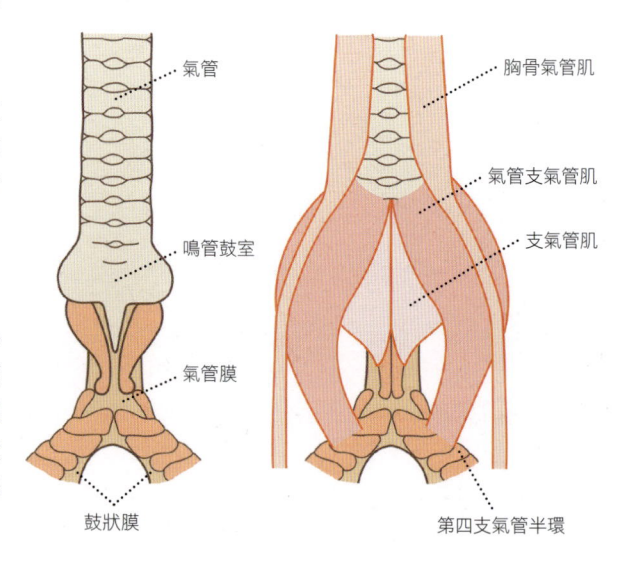

圖中標示：氣管、鳴管鼓室、氣管膜、鼓狀膜、胸骨氣管肌、氣管支氣管肌、支氣管肌、第四支氣管半環

CHAPTER 5 鳥的身體結構

入肺臟的內側面，變成膜性支氣管與後側方相接，連向腹部氣囊。

幹性支氣管進入肺內以後，在內側面長出膜性支氣管，連向各個氣囊或是長出旁支氣管。其末端與末端之間相互接合，形成迴路。

肺／鳥的肺臟偏小且呈現筒狀，肺臟前後與袋狀氣囊相接。哺乳類的肺臟主要靠橫膈膜上下活動來吸取外部空氣或吐氣，但是鳥類有氣囊輔助肺臟呼吸，進行氣體交換的效率及機能比哺乳類還要高，故得以在氧氣稀薄的高空飛翔。

氣囊／大多數鳥種都擁有九個氣囊（雀形目為七個），可以概分為前氣囊與後氣囊。氣囊具有許多功能，包括將空氣貯存在體內、呼吸時像泵浦那樣輸送空氣、減輕體重、降低體溫等等。

除了透過肺臟，鳥也會膨脹、縮小氣囊來進行呼吸運動。

循環器官系統

心臟／鳥類的心臟跟哺乳類一樣為兩心室兩心房。為了進行飛翔這種劇烈運動而偏大，右心室與左心室的大小差異很明顯。透過肝臟撐持。

動靜脈／動脈具有彈性，靜脈的靜脈瓣較少。不只有動脈負責供給血液，後軀及後肢也會把血液送至腎臟（腎門脈系統）。

胸腺／法氏囊／法氏囊是位於泄殖腔背側盲囊狀突出部的小囊。是進行B細胞（體液性免疫相關的淋巴球之一）生成與增大的鳥類特有器官。會在雛鳥階段長到最大，之後隨著年齡增長而萎縮。

胸腺位於頸部，掌管T細胞（細胞性免疫相關）的成熟與分化。會隨著年齡增長而退化。

末梢淋巴組織／末梢淋巴組織除了脾臟、骨髓之

行水分等物質的再吸收與濃縮。接著，排泄至泄殖腔的尿在逆蠕動作用下回到直腸，進行水分等物質的再回收。

將氨分解成尿酸排泄

利用分解蛋白質得到的胺基酸時，會產生有害的副產物氨。該過程會在無法排泄水分的蛋殼內發生，所以轉為固形尿酸而非會溶於水的尿素排出，才能確保蛋內的衛生條件。尿酸是在肝臟或腎臟生成。

排泄的原理

泌尿器官排泄物分成尿水與固形尿酸送至泄殖腔，在該處與消化器官排泄物糞便混合。這些物質在逆蠕動作用下暫時返回大腸，進行水分的再吸收。

重新推送至泄殖腔的糞便與尿酸，會與再次排泄的尿一起排出體外。

外，還包括瞬膜腺（哈得氏腺）、淋巴結等。

泌尿器官系統

腎臟

鳥的腎臟偏大，包夾著脊椎於左右分成前葉、中葉、後葉這三葉。腎臟位於背側的複合薦骨及髂骨的凹陷處。

腎臟會將體內的老舊廢物轉換成半固形的白色尿酸及尿水排出體外。

人類是將老舊廢物溶於水轉為尿液排泄，不過鳥類是將其轉為尿酸排泄，所以能在幾乎不需要水分的情況下排出老舊廢物。

尿的形成與濃縮

過濾、再吸收、排泄

腎絲球微血管（在腎臟腎元內的微血管團塊）的血液經由腎絲球膜過濾，進入鮑氏囊（腎小球囊）作為尿流出。鳥類沒有膀胱。進入鮑氏囊經過過濾的尿會在腎小管、集尿細管、集尿管內進

生殖器官系統

為了保持身體輕盈，母鳥會在短時間內讓覆有硬殼的卵成熟並排卵（生蛋）。即使沒有交配也會排卵。公鳥的睪丸收納在體內，以免對飛翔造成妨礙。

公鳥的生殖器官

公鳥看似不具生殖器官，其實擁有兩個睪丸、副睪、輸精卵。

睪丸／睪丸位於體腔內，進入繁殖期就會變成數十倍至數百倍大以製造精子。

精子／精子由睪丸製造，在副睪成熟，經由輸精管儲存並射出。精漿（精液當中精子以外的部分）由細精管製造。

一般認為，黃體成長激素（LH）及促濾泡素

（FSH）對睪丸功能造成的影響幾乎與哺乳類相同。

鳥的發情與交配

睪丸的大小與發情

鳥的睪丸左邊稍大一些，進入發情期以後會變得非常大。

雖然在非發情期會變小，不過到了下一次發情期又會脹大。

睪丸的熱暴露與腫瘤化

精子及睪丸很不耐熱，所以哺乳類將其收納在體腔外的陰囊，以免在成長過程中受到腹腔內的熱度影響。

鳥類的睪丸收納在腹腔內，精子的製造過程應是在高溫環境下進行。

話雖如此，人為飼養的鳥禽很容易因為過度親密接觸，導致睪丸肥大且持續暴露在腹腔內的高溫之中而形成腫瘤。睪丸腫瘤多為女性激素引發的功能性腫瘤，女性激素大量分泌可能導致患鳥雌性化。

鳥的交配

公鳥與母鳥會在彼此發情的狀態下摩擦擴張的泄殖腔，進行交配。交配過程中，母鳥會將輸卵管口向外翻轉，公鳥使用陰莖或輸精管乳頭對準輸卵管射出精子。

在鸚鵡類當中，馬島鸚鵡及馬島小鸚鵡的公鳥會從泄殖腔向外翻出腫脹的袋狀突起，將其插入母鳥的泄殖腔。

母鳥的生殖器官

卵巢與輸卵管的構造

母鳥的生殖器官由卵巢、輸卵管、泄殖腔構成。蛋黃在卵巢內形成，蛋白、蛋殼膜、蛋殼在輸卵管形成。大小不一的卵泡宛如葡萄結果附於卵巢表面。

卵巢的成熟

一般的季節性繁殖鳥需要一年左右才會成熟。通常十姊妹需要3～4個月，文鳥需要7～8個月，虎皮鸚鵡需要大約12個月卵巢才會成熟，不過實際上也有更早熟的鳥。長壽的大型鳥種需要更多時間才能達到性成熟，比如白色系鳳頭鸚鵡需要3～4年，金剛鸚鵡則需要5年以上。

光週期與發情

鳥成熟以後，受到氣溫、氣壓、溫度、日照時

間的變化及親密接觸等刺激，便會分泌促性腺激素進入發情期。如果是在春季繁殖的鳥，明亮時間較長有促進卵泡成長的效果，反之則會抑制卵泡的成長與發育。文鳥正好相反，光週期（白天的長度）較短時會刺激發情，開始進入繁殖期（短日照繁殖）。

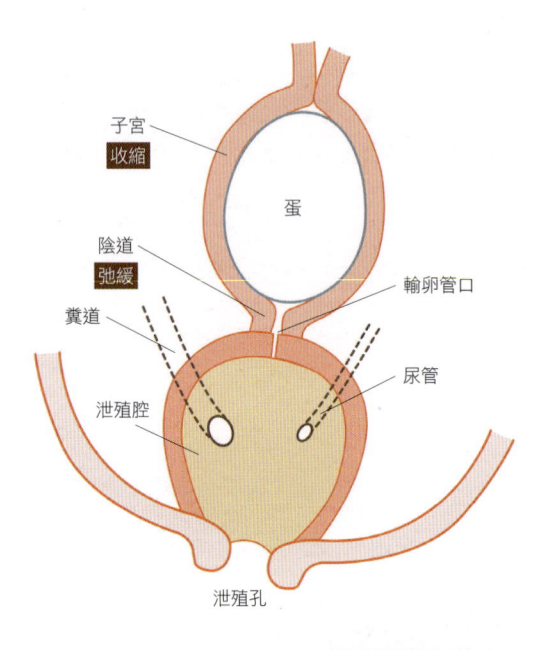

產卵的機制

母鳥能在自身體內保存公鳥的精子一段時間，等到卵巢排出卵子時再進行受精，生出受精卵。蛋進入子宮以後，激素及鈣質的作用會引發子宮收縮、陰道弛緩、腹肌收縮，將蛋推出子宮經由輸卵管口產卵。

蛋不會進到泄殖腔內，所以沒有與排泄物接觸的問題。一旦缺乏維生素D3及鈣質，子宮將會無法收縮、無法順利形成蛋殼，進而容易引發卵阻塞。

產卵的循環

母鳥得到公鳥的精子之後，會在一週至一個月左右（視鳥種而異）生出受精卵。

母鳥從卵巢排出成熟的蛋黃至輸卵管內，排出的卵需24～26個小時形成蛋殼、蛋殼膜、蛋白。不會同時形成2個以上的卵。24小時內生不出蛋即為卵阻塞（卡蛋）。也有像雞那樣會不定期生蛋，取走後還會繼續生蛋的補充產卵性鳥禽，不過包含陪伴鳥在內的一般鳥禽都屬於「非補充產卵性」，會在一定期間內生出一定數量的蛋。

產卵週期：連續生蛋的個數或天數稱為窩（clutch），窩的重複頻率稱為產卵週期。一般的鳥每年會生出一窩蛋。雀鳥類為每天生蛋，不過鳳頭鸚鵡類通常隔一天才會再度生蛋。如果產卵週期紊亂，可能是卵阻塞等問題所致。

一窩的產卵數與孵蛋天數

- 斑胸草雀：6顆，12天
- 金絲雀：4顆，13～14天
- 虎皮鸚鵡：4～6顆，16～18天
- 玄鳳鸚鵡：5顆，19天
- 金剛鸚鵡：2～4顆，24～27天
- 白鳳頭鸚鵡：1～3顆，27～30天
- 文鳥：4～6顆，17天
- 十姊妹：4～7顆，14天

產卵的機制

蛋的重量幾乎與身體大小成正比，約占體重的2～3%。通常同一窩的蛋會同時孵化。

孵蛋行為

當腦垂腺前葉激素的催乳素開始分泌，就會引發孵蛋（抱卵）行為。

孵蛋期間，部分具有高度隔熱效果的羽毛會脫落，部分皮膚增厚形成充血狀態（抱卵斑），以便更有效率地幫蛋加溫。

母鳥看到人手伸進籠內開始出現激烈的攻擊行為，減少排便次數以免弄髒巢內，排出巨大糞便（第31頁）。孵蛋期間經常縮在巢（籠）內不出來，端坐在蛋上並蓬起羽毛，持續幫蛋進行加溫。

內分泌器官系統

內分泌器官分泌激素以後，主要透過血液循環送至全身的目標器官及細胞發揮作用，調節代謝、免疫、生殖等生物的正常機能。

神經系統與感覺器官

神經系統是由中樞神經與末梢神經構成。感覺器官是接收刺激的器官。鳥的神經及感覺器官已經演化到足以適應三維空間的生活。

中樞神經

包括鳥類在內的脊椎動物皆以腦與脊髓為中樞

主要激素的功能

《腦垂腺前葉》
●黃體成長激素（LH）：與蛋黃的發育及產卵相關。促進使卵形成的激素分泌
●促濾泡素（FSH）：與卵泡的成長及精子形成相關
●催乳素（PRL）：誘發孵蛋行為（就巢）、育雛行為
●促甲狀腺激素（TSH）：刺激甲狀腺，促進甲狀腺激素分泌
●促腎上腺皮質激素（ACTH）：作用於腎上腺皮質，調整皮質醇的分泌
●生長激素（GH）：促進生長。在肝臟產生胰島素樣細胞增殖因子

《腦垂腺後葉》
●精催產素（AVT）：一種後葉激素。與促進子宮運動、誘發產卵的作用、水分的保持及吸收等相關

《甲狀腺》
●甲狀腺激素（T3、T4）：促進換羽等新陳代謝、調整自律神經的運作等
《腎上腺》
●醛固酮：鈉的再吸收、水分保持、血壓上升、排出鉀及氫離子等
●腎上腺皮質類固醇（皮質酮）：增加血糖濃度等，提高對壓力的耐受性
《副甲狀腺》
●副甲狀腺素（PTH）：具有提升血液中鈣離子濃度的作用
《後鰓腺》
●降鈣素（CT）：具有降低鈣質的作用
《其他》
松果體（褪黑激素）、消化道（胃泌素、膽囊收縮素、胰泌素）、胰臟（胰島素、升糖素、體抑素）、卵巢（助孕酮、雄激素、雌激素／動情素）、睪丸（雄激素）、免疫細胞（細胞介素）等

神經。鳥腦當中又以小腦特別發達。

前腦（端腦）／由左、右的平滑大腦半球與位於前方的細長嗅球構成。

嗅球是嗅覺資訊處理相關的組織。大多數鳥種的嗅球並不發達。大腦皮質具有粗大的紋狀體（主掌意志決策與運動功能的部位）。

間腦／上視丘（松果體）與下視丘（腦垂體）位於間腦。腦垂體由腺垂體（前葉）與神經垂體（後葉）構成。

中腦／鳥為了方便飛翔，主要接收視覺資訊的視葉所在的中腦特別巨大發達。

小腦／負責運動及平衡感覺的部位。相較於其他動物，飛翔所需的空間認知能力對鳥來說更為重要。也因為這樣，牠們的小腦發達且平衡感覺優異。

延腦／延腦涵蓋許多負責控制生存機能的重要中樞。

末梢神經

鳥類的腦神經有十二對，包括嗅神經、視神經、動眼神經、滑車神經、三叉神經、外旋神經、顏面神經、聽神經（前庭耳蝸神經）、舌咽神經、迷走神經、副神經、舌下神經。

脊髓神經是從脊髓延伸出來的末稍神經，從腦部延續的細神經幹。脊髓神經包括運動纖維、知覺纖維、自律神經纖維。

自律神經

自律神經由交感神經與副交感神經構成。不受大腦意志控制，負責調節內臟的運作、掌管維持生命所需的機能，比如維持體溫及呼吸、消化食物等等。

知覺末端、感覺器官

味覺

味蕾／鳥用於感知味道的味蕾細胞不怎麼發達，不過仍具有辨識甜味、酸味、苦味、鹹味等的能力。此外，味蕾位於舌頭基部、咽頭等處而非舌頭。據說相對於人類有9000個味蕾、狗有1700味蕾，鴿子有27～56個味蕾、鸚鵡類有大約400個味蕾。

嗅覺

陪伴鳥的嗅覺不怎麼發達。還是有部分仰賴氣味覓食的鳥類嗅覺發達，比如康多兀鷲。

聽覺與平衡感覺

耳朵是聽覺與平衡感覺的器官。為了減少空氣阻力，鳥的耳道藏在羽毛下，不像哺乳類那樣具有耳殼。

中耳／中耳是比鼓膜更深的部分，透過鼓膜接收聲音的振動，再透過中耳內僅有一塊的聽小骨把振動傳給內耳。

內耳／內耳是聲音與平衡感覺的感覺受器，由耳蝸、前庭、三半規管構成。半規管的內部充滿了淋巴液，具有測量身體傾斜度的功能。

從中耳聽小骨傳來的振動會傳給聽覺神經。

視覺

●**動態視力與視野廣度**

鳥為了飛翔需要高超的視力。也因此，鳥類的視覺遠比哺乳類發達許多。

眼球又大又平。重量不輕，能夠將寬廣的視野盡收眼底。需要急速觀看近處的時候，平扁的眼球會變圓以調節焦點。鳥的眼睛各有兩個中央窩（敏感度最高，成像焦點的視網膜的一部分），所以甚至能用其中一個中央窩聚焦遠方的物體，同時用另一個中央窩辨識眼前物體的細節。

眼睛的構造

鳥的眼睛很大，眼球幾乎與腦等大，絕大部分藏在鞏膜環（固定眼球的環狀相連小骨板）後方。主要透過活動下眼瞼來閉闔眼瞼（覆於眼球之上，保護角膜的皮膚）。

在眼球與眼瞼之間，有一層朝水平方向活動來保護眼球的瞬膜（第三眼瞼）。瞬膜呈現半透明，鳥可以隔著薄膜觀看外界。瞬膜具有護目鏡的功能。

眼球的前內側有瞬膜腺，後側有淚腺，會分泌淚液幫眼球保濕。

淚腺分泌的淚液藉由鼻淚管連通到鼻孔外，可以洗掉誤入眼睛的雜質等。

鳥的眼睛功能

識別顏色、明暗／鳥能夠辨識由四原色構成的所有色彩，甚至能夠辨識人類看不見的紫外線。日本將夜盲症俗稱為鳥目，正是因為入夜以後鳥的視力一落千丈，不過貓頭鷹等部分鳥種仍可以在夜間進行捕食。

優異的動態視力／調節焦點的能力十分優異。即使一邊戒備猛禽一邊飛翔，還是可以在空中瞬間捕獲突然飛近的昆蟲。

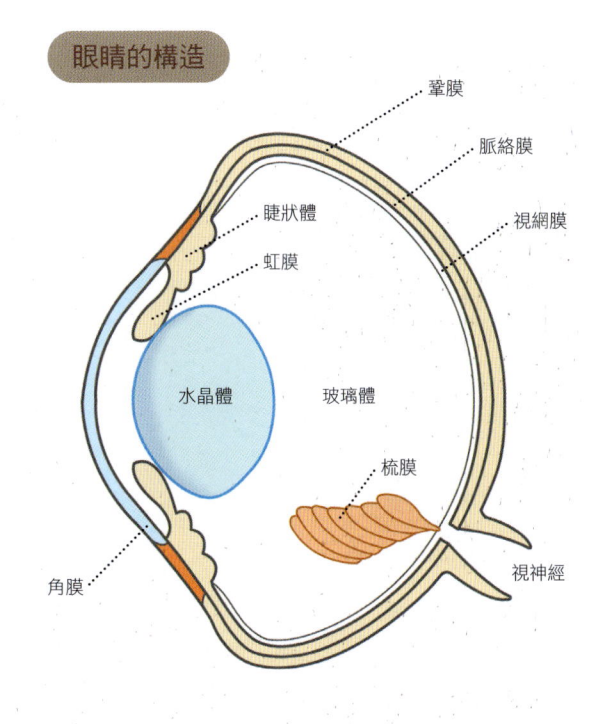

眼睛的構造

鞏膜
脈絡膜
睫狀體
視網膜
虹膜
水晶體
玻璃體
梳膜
角膜
視神經

寬廣的視野／位於頭部兩側的眼球擁有極度寬廣的視野，範圍廣達330度。

血液

為了在空中飛翔，鳥禽血液搬運氧氣的效率極佳。

血液

鳥的血液量約占其體重的10%。健康鳥禽的安全出血量約為全身血液量的10%（約為其體重的1%）。

紅血球

鳥類的紅血球比哺乳類還要大，屬於呈現橢圓形且中央有蛋形細胞核的有核紅血球，搬運氧氣的能力較高。雖然也會根據鳥種而異，不過紅血球的半衰期（血液濃度減半的時間）比哺乳類更短，約為28～45天，這代表容易貧血。

白血球

白血球是由屬於顆粒球的嗜中性球（異嗜球）、嗜酸性球、嗜鹼性球，以及單核的淋巴球、單核球構成。白血球數的增減可以作為評斷感染症、發炎性疾病及壓力等的指標。

抽血檢查的方法

進行抽血檢查的時候，需在安全出血量（體重的1%）以內的範圍採血。通常會從比左側血管更粗的右側頸靜脈進行抽血。如果對象是大型鳥種，有時候也會從肱靜脈或小腿的脛骨靜脈進行抽血。

面對針頭插進血管伴隨著風險的鳥、凝血功能看似不佳的鳥，可能會用指甲剪深一點的方式從

::: CHAPTER 5 ::: 鳥的身體結構

流經內部的血管採集少量血液，但是腳爪也有神經通過所以會產生疼痛感（剪指甲採血）。

體溫

大多數鳥類和哺乳類一樣同屬於體溫恆定的恆溫動物。鳥為了飛翔，需要維持高體溫。

鳥的體溫

暫且不論夜晚會化身為變溫動物的蜂鳥等特

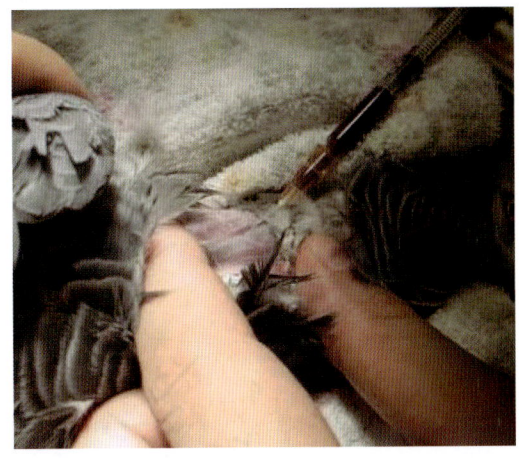

從右頸靜脈進行抽血的模樣（非洲灰鸚鵡）。

炎熱時

寒冷時

69

例，鳥類和哺乳類一樣同屬於恆溫動物。話雖如此，鸚鵡及鳳頭鸚鵡類、雀鳥等雀形目的雛鳥其體溫調節機制尚未成熟，仍需要進行嚴密的溫度控管。

鳥的體溫之所以高是為了促進新陳代謝，藉此獲得飛翔這種劇烈運動所需的巨大能量。高體溫能夠驅動從靜止狀態進行劇烈運動的過程。

鳥的體溫原本就很高，所以生病時幾乎不會發燒。鳥在健康狀況欠佳的時候會蓬羽以維持體溫。

體溫調節

炎熱時：鳥沒有汗腺，所以無法藉由流汗來散熱。相對地，牠們會擴張血管，促使熱能從體表（足部及腋下等無羽部位）散逸出去。貼平羽毛（縮羽）、減少絨羽容積有助於排散體溫。

除此之外，採取展開翅膀的姿勢讓腋下羽毛較薄的部位吹風，也是降低代謝以防熱能積聚的動作。出現因為熱緊迫而過度呼吸（喘息式呼吸）的症狀，試圖從氣囊及肺臟散熱。

當體溫高到瀕臨極限，淺快的呼吸變得更加急促時，呼吸運動導致代謝加快而產生熱能，使體溫急遽上升恐會致死。

尤其在脫水時、濕度較高的狀況下，即使處於低溫環境仍需要留意。此外，水分具有調節體溫的功能，最好不要讓水盆的水源斷絕。

鳥的內臟直接與氣囊相接，所以能夠有效率地進行散熱。再來，液體從氣囊及肺臟蒸發（蒸散）也有散熱效果。

寒冷時：處於低溫環境時，大多數鳥禽會震動大胸肌來產生熱能，藉此提高體溫。從足部往上的涼冷靜脈血會因為從軀幹向下流往足部的動脈血而升溫（逆流熱交換系統）。熱能經由動脈傳給靜脈，不易散失到外界。蓬起羽毛，在皮膚與外部空氣之間相隔一段距離，製造空氣層（蓬羽）以增加絨羽容積，如此一來便不易流失體溫。在鳥禽受傷、生病的期間為其保溫，有時無法消除蓬羽的行為，所以必須留意過度保溫的問題。

CHAPTER 5

關於鳥的羽毛

鳥的身體覆有羽毛。除了用於飛翔之外，羽毛還能發揮保溫、育雛、改變方向等各式各樣的功能。

羽毛的功能

鳥的羽毛是在其他動物身上看不到的獨特構造。鳥羽相當於哺乳類的被毛，鳥禽每年都會經歷一次汰換全身羽毛的過程。

像虎皮鸚鵡、麻雀這種體型的鳥大約有3000根，像烏鴉這種體型的鳥則有1萬根左右，其中也有羽毛數多達2萬根的鳥種。

羽毛具有各式各樣的功用，不過最重要的功能之一在於維持體溫，保護身體不受外部空氣侵襲，除此之外還包括防水、求偶、用來宣示地盤、在飛翔過程中改變方向、發揮煞車功能、當作育雛的巢材等作用。

羽毛的種類

鳥的羽毛可以概分成正羽、絨羽、毛羽這三大類。

正羽：形似樹葉，有羽軸（羽幹），板狀羽毛稱為正羽（體羽）。正羽包括飛羽、尾羽、覆羽，以及軀幹、頭部、頸部、足部等處的羽毛。

絨羽：絨羽幾乎沒有羽軸，只有形似蒲公英的絨毛狀小羽枝。

絨羽是保溫及防水性優異的羽毛，雛鳥時期身體表面覆滿了絨羽。進入成鳥階段以後，正羽下方會長出絨羽。

絨羽包括有羽軸的半絨羽，以及粉狀的粉絨羽。

粉絨羽的羽毛端部碎裂會變成角蛋白質的粉末。一般認為粉絨羽就像從尾羽根部尾腺分泌的皮脂，具有梳整羽毛、防水、讓羽毛產生光澤等功能。包含玄鳳鸚鵡在內的鳳頭鸚鵡類會產生大量粉絨羽，吸入這些物質可能會引發雛鳥及鳥禽出現宛如氣喘的症狀。

毛羽：只在羽軸或羽軸前端覆有串狀羽枝的羽毛（纖羽）稱為毛羽或髮羽。纖羽位於體表，分布在嘴喙及眼睛周圍，應該具有感覺器官的功能。

翅膀的功能

飛羽：初級飛羽會提供飛翔時前進的力，次級飛羽會產生上升的力（升力）。

尾羽：具有在飛翔期間改變方向、煞車、把舵、繁殖期求偶展示等功能。

覆羽：在飛翔期間整飭整個翅膀。

何謂羽囊

鳥羽長出來的根部有羽囊（相當於人類的毛囊）。

後鼻孔與後鼻孔乳突。

羽毛是在這個呈現管狀構造的羽囊內形成。羽囊附有平滑肌，該自律神經的不隨意運動會讓鳥禽在寒冷時豎起羽毛以提高保溫性，或是在興奮時豎起冠羽達到表露情感的效果等。

羽毛的特性

被角蛋白質羽鞘包覆的新生羽毛有血管通過。也因此，當新生羽毛受損該處就會出血，需要多加留意。羽毛完全長好之後，血液供給也會隨之停止。殘存的羽鞘由鳥自行移除，或是待其自然脫落而消失。

停止生長的羽毛即使被剪斷也不會出血。直到下一次換羽長出新的羽毛以前，剪除羽毛的部分都不會重新生長。剪斷的羽毛會維持既有的狀態。

關於換羽

換羽是指從舊羽毛脫落到長出新羽毛的過程。

換羽的頻率與時期各有不同。也會受到鳥的種類、年齡、身體狀況、營養狀態、繁殖、季節、溫度、日照時間影響。

從雛鳥長為成鳥的期間，羽毛會汰換好幾次，進入成鳥階段以後每年大約會換羽一次，於繁殖季過後汰舊換新。

如果是人為飼養的陪伴鳥，根據飼養環境及飲食內容等條件，每年會換羽一至兩次，甚至於持續汰舊換新的案例似乎也不算罕見。

換羽所需的期間為1～3個月左右，視鳥種而

翅膀的部位名稱

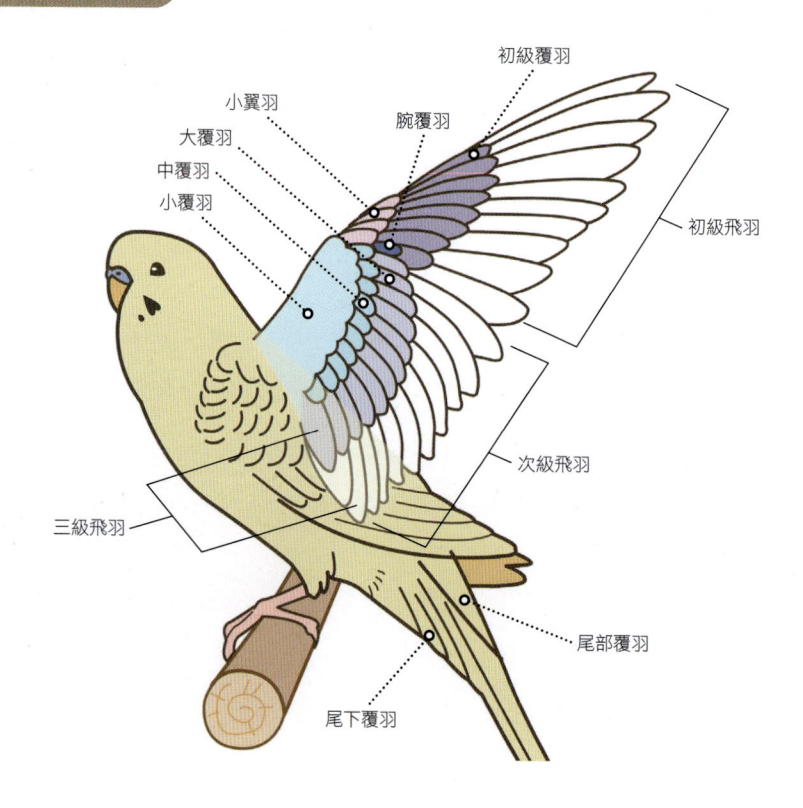

::: CHAPTER 5 ::: 鳥的身體結構

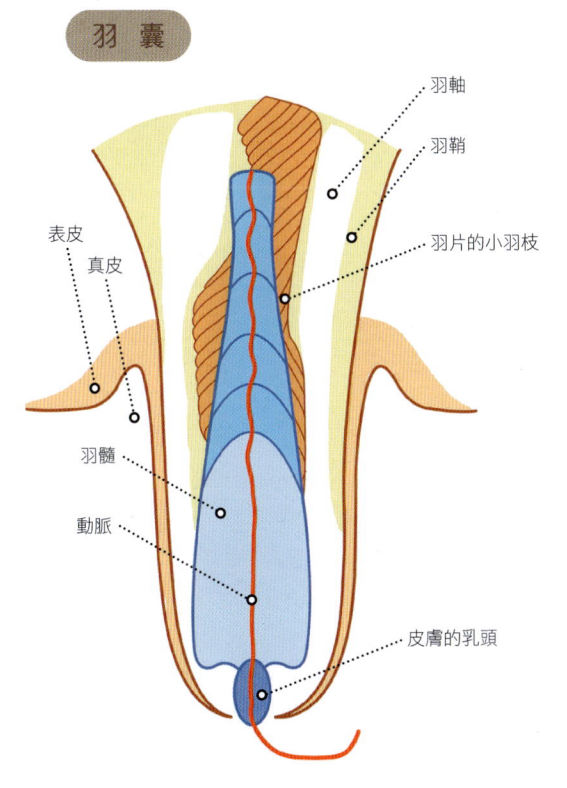

羽 囊

- 羽軸
- 羽鞘
- 表皮
- 真皮
- 羽片的小羽枝
- 羽髓
- 動脈
- 皮膚的乳頭

異。一般的陪伴鳥需要4～6週左右才會結束換羽期。這段期間必須營養素的攝取量會增加，對疾病的抵抗力會下降，所以也是一段對鳥來說壓力較大的時期。

倘若換羽的過程不順利，換羽時間可能會拖沓冗長，或是羽色發生變化、長出扭曲的不完全羽毛，有時候會導致啄羽行為。

除了營養均衡的飲食，也要根據需求搭配相應的保健食品等，幫助愛鳥順利度過換羽期。

BIRD'S Column — Health & Medical care
當心意外事故

即使處處留心避免愛鳥受傷，有時候仍會發生意料之外的事故。為了讓愛鳥可以在家中安心健康地生活，我們作為飼主不可輕忽潛藏在日常中的危險。

◆事先填補各種縫隙

野鳥棲息的大自然中，幾乎不存在一旦進去就出不來的縫隙。

但是家中環境又是如何呢？像是餐具櫃、電視、冰箱、沙發背面等處，有好幾個一旦墜入其中便難以憑一己之力爬出來的危險縫隙。

其中的問題不是只有積滿了掃不到的髒污及灰塵等。包括驅蟲劑在內，昆蟲的屍骸及糞便、食物殘渣、過期藥品等誤入鳥口會很危險的物品，可能長期擱置在這些地方。

最好把空間配置成家具及牆壁之間沒有間隔，儘可能地消除鳥會卡住的縫隙，或是事先裝設護欄、防護網等把縫隙補起來。

◆鑽進布料、毛毯、衣服內發生意外的事件層出不窮

雛鳥喜歡宛如待在親鳥身下那種陰暗又溫暖的地方。當牠們發現布料及毛毯等物，就會興致勃勃地試圖鑽進裡面。這種行為不限於雛鳥。相較於虎皮鸚鵡、玄鳳鸚鵡這種停在樹上睡覺的鳥，愛情鳥等以樹洞為家的鳥、以樹枝及樹葉搭建的巢為家的雀鳥類等諸多上手鳥，更愛鑽到有柔軟布料等物遮蓋的陰暗縫隙中，可能因此成了足部或臀部踩踏事故的犧牲者。尤其特別需要注意衣服的口袋、拖鞋的孔洞、沙發抱枕及面紙盒等處。

◆體認鳥的天性就是會飛向戶外

想讓空氣稍微流通而打開窗戶的瞬間，或是宅配送達而匆忙地開門的瞬間，可能是鳥趁機溜出家門飛向天空的空檔。

鳥不會因為喜歡飼主及住家而乖乖待在屋內，牠們本來就有飛往開闊明亮場所的習性。以日本來說，幾乎不可能發生飛出家門的鳥成為野鳥存活下來的狀況。大多數情況下，寵物鳥會變成烏鴉及貓咪狩獵的對象，或是因為無法自行覓食而逐漸衰弱，最終葬身戶外。

鳥在冷靜的狀態下幾乎不會朝漆黑的方向飛去。不妨事先把不想讓鳥進去的房間燈光關上。此外，人的注意力會逐漸鬆懈，所以要避免長時間進行放風，可以頻頻將鳥放回鳥籠，等到處理完手邊要事以後再次進行放風，視線不要離開愛鳥身上比較好。

鸚鵡的家庭醫學書

Chapter 6

接受治療以前

=== CHAPTER 6 ===

接受治療以前

雖然專門診療鳥類的動物醫院年年都在增加，但是縱觀全國數量依舊稀少，仍是無可否認的事實。緊急時刻切莫慌張，及早找到值得信賴的家庭醫師為佳。

如何尋找能夠
為鳥看診的動物醫院

如果想要請值得信賴的獸醫師為鳥看診，最好早在決定養鳥的階段起，就儘可能地趕快開始尋找動物醫院。

不知道該怎麼尋找動物醫院的時候，試著詢問在地的獸醫師或獸醫師協會也是一種方法。

借助電話簿（黃頁）等工具尋找動物醫院之際，不可以光憑院所有將鳥類納入診療對象，就決定要去該動物醫院看診。縱使是標榜「也有診療鳥」的動物醫院，也不見得擁有專治鳥類的醫療知識，類似案例可謂比比皆是。

既然是將愛鳥的性命交付他人之手，當然要找研究鳥類醫療知識、能夠進行精確「診斷」的專業獸醫師。由於某些地區的鳥類專業獸醫師依舊稀少，可能也會遇到不得不從自家奔波到路途遙遠的地區看診的狀況。

緊急時刻切莫慌張，一旦發現值得帶愛鳥過去看看的動物醫院，最好及早確認該院所是否確為能夠精確地為鳥診療的動物醫院。也要確認能否在該處接受嗉囊檢查這類在鳥類醫療當中較基礎的健康檢查項目。

網路上的資訊
良莠不齊

時至今日，透過網路搜尋引擎挑選動物醫院已然變成人們的習慣。

甚至可以經由動物醫院的官方網站，確認該院所提供診療的鳥禽種類、預約方法、人潮狀況、健康檢查的項目等資訊。

話雖如此，要是評論留言區完全沒有刊登任何負評，或是資訊過於陳舊、過於偏頗的話，全然採信可謂有風險存在。為了掌握動物醫院的正確資訊，身為一個飼主也要靜下心來審慎判斷才是。

畢竟利用網路搜尋寵物鳥的症狀，光憑道聽塗說的知識自己妄下診斷，因為看法與獸醫師的診斷有所出入就萌生不信任感，濫用匿名功能在網路上留下負評的類似案例依舊層出不窮，令人不勝唏噓。

或是診察過程本身並沒有問題，飼主與獸醫師之間卻溝通不良，因而產生誤解的案例也時有所聞。

調查動物醫院與飼主之間可能演變成訴訟的案件即可發現，因為常去的動物醫院剛好休診而轉往其他院所求助的案例，或是平常並未接受健康檢查，幾乎不會走進動物醫院的飼主突然帶著已經回天乏術的急重症寵物登門，因為療程無法令其滿意而引發糾紛，類似的情景似乎一再上演。

一方面也是為了可人的愛鳥著想，避免自己變成那種飼主至關重要。希望得到言必有據的說明及最妥善的治療，或是想在平時與獸醫師建立良善的溝通模式，自己也要努力維繫雙方的正向關

::: CHAPTER 6 ::: 接受治療以前

係。

不妨以健康檢查等為契機，趁愛鳥身體康健的時候接受診察，事先找到適合作為家庭醫師長久往來的動物醫院，以免在緊急時刻煩惱得不知如何是好。

有家庭醫師比較安心

對愛鳥的健康狀況及動作稍感擔憂或不安之際，如果有可以立即進行診察、諮詢的家庭醫師會比較放心。

接愛鳥回家以後，最好綜合評估診療方針及距離遠近等條件，選一間各方面還算精良的動物醫院，趁身體康健的時候兼做健康檢查及早接受診察。

經常有人希望我回答「請告訴我最好的動物醫院是哪間」。雖然以最好的動物醫院一詞概括描述，可是飼主對於動物醫院及獸醫師抱有什麼期待因人而異，用千差萬別來形容也不為過。

比如距離很遠卻專門診治鳥類的醫院、最新醫療設備完善的醫院、擅長溝通的獸醫師、主治醫師看診制、門診時間及星期較有彈性的醫院、可以在網路上進行預約、離車站很近、有停車場等便民設施、等候室的空間與貓狗分隔開來、費用方面經濟實惠等等，條件可以說是五花八門。

即便是有在診察鳥類的動物醫院，也未必專精於鳥類診療。有時候每位獸醫師各有所長，專業領域不盡相同。此外還有設備、人手等問題需要納入考量，如果獸醫師綜合評估的結論是在該院所難以進行治療，可能也會轉而介紹合作的大學醫院、有專業醫師任職的動物醫院。

為了培養挑選理想獸醫師的好眼光，飼主本身也要具備與時俱進的鳥類相關基礎知識才行。

將自己重視的要點銘記於心，多方評估能否安心地把寶貴的愛鳥性命託付給該間動物醫院。

找到對愛鳥來說最好的動物醫院，除了飼主本身要具備正確的飼養知識，某種程度上也要擁有判斷眼前獸醫師言行是否合宜的能力。

嚴禁四處求醫

至少醫師要能淺顯易懂地說明診斷結果及治療方針等，迅速回答飼主提出的相關疑問，這些可以說是家庭醫師應該具備的條件之一。

雖說獸醫師也很繁忙，無法期待他們鉅細靡遺地說明狀況，不過想到什麼疑問的話，還是要當場馬上提出比較重要。

把疑問憋在心裡、抱著不信任感進出醫院，只會在溝通上產生誤會而疏遠該間動物醫院，一次又一次地四處求醫對愛鳥來說也絕對不是好事。

在某些情況下，甚至會面臨多次接受相同的檢查，或是換了好幾次用藥的窘境。如此一來，可能會對愛鳥孱弱的身體帶來更沉重的負擔。

為了尋求更好的診療而轉院未必是錯誤的決定，不過對愛鳥來說是否當真有益，需要飼主本人冷靜地做出判斷。

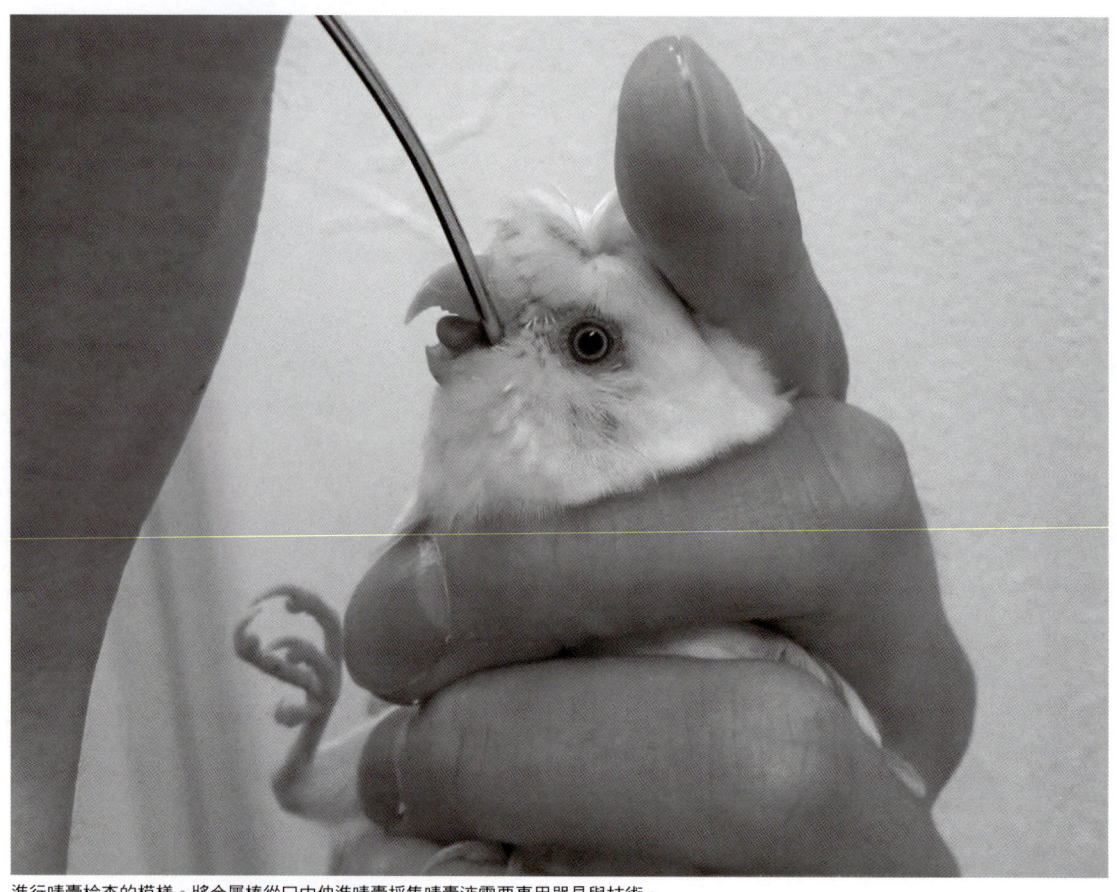

進行嗉囊檢查的模樣。將金屬棒從口中伸進嗉囊採集嗉囊液需要專用器具與技術，所以嗉囊檢查被視為用於判斷該動物醫院能否為鳥診察的依據之一。

更好的治療也需要飼主盡心努力

進行醫療行為也代表伴隨著風險及副作用。飼主餵藥及家庭照護不可或缺。縱使進行診治的名醫再怎麼名聞遐邇，要是飼主無法理解或不能提供協助，還是很難成功治療。

身為飼主對醫師敞開心胸、共築彼此的信賴關係，才是獲得最完善治療的關鍵所在。

無法信任獸醫師的飼主，當然也很難得到獸醫師的信賴。

向養鳥的鄰居實際打聽也是尋找動物醫院的好方法，也推薦從定期舉辦病例研討會等的鳥類醫學相關單位 當中，挑選離家較近、方便前往的動物醫院。

▶鳥類臨床研究會
官方網站　https://jacam.ne.jp/

請飼主負起責任挑選令人滿意的動物醫院。

前往動物醫院以前
需要事先確認的事情

納入診療對象的鳥禽種類

雖然一言以蔽之叫陪伴鳥，不過鳥種形形色色，從十姊妹這種能完全納入掌中的小鳥，到金剛鸚鵡這種展開雙翼長達女性平均身高的超大型鳥都有。

違論對象是中大型鸚鵡及鳳頭鸚鵡類的時候，必須事先預約才能進行診療，或是根本無法診療

關於寵物保險

人類的健康保險制度為向醫院出示保險證，即可享有自己只需負擔一～三成醫療費用的福利（此為日本的全民健保制度）。

但是寵物鳥並沒有健康保險制度，所以醫療費需由飼主自費負擔全額。根據疾病及創傷的種類，治療期間可能是一場長期抗戰，或是所需的醫療費用極其高昂。

寵物醫療保險近年來逐漸普及，雖然廣稱為寵物，大多數情況下仍是以貓狗為主要適用對象。至於陪伴鳥的部分，還是有一些寵物保險有將鳥類納入適用對象。

正式加入寵物保險以前，除了保險費之外，也要一併確認理賠內容以及加保的適用年齡等資訊。加保的適用年齡視商品而異。

此外，即使有將陪伴鳥納入適用對象，能夠加保的鳥禽種類似乎大多有所限制。

理賠內容主要為看診、住院、手術的給付，基本上不包括健康檢查、剪指甲等在身體健康時實施的醫療處置行為。

假設每月的保險支出為2500日圓，加入自行負擔50％的保險好了。

每年的保險支出為3萬日圓，愛鳥活到十歲的話支出總額會變成30萬日圓。無論有無醫療方面的開銷，這筆金額都是必須繳納的保險費。再來，除此之外還有自行負擔金額50％的部分，所以愛鳥此生的醫療費總額為「30萬日圓加上自行負擔金額50％」。這筆金額算高還是不高，看法因人而異。

此外，加入寵物保險時需要注意契約更新的部分。如果是人類的醫療保險，在理賠給付完以後，大多是採用只要受保者還活著就會續存，或是只要繼續支付保險金就會續存的制度，但是寵物保險通常是每年更新契約。

屆時，可能會遇到視鳥禽健康狀況及保險使用需求拒絕更新契約的情形，或是翌年度以後的保險費有所調升的狀況。

最好充分研究過寵物保險的理賠內容及保險費，再來考慮要不要在自己能夠負擔的範圍內加保。

的動物醫院更不在少數。事先透過動物醫院的官方網站或致電確認能否進行診療,再帶愛鳥前往比較妥當。

診療時間及休診日

接受診察以前,最好事先確認該院所是否需要預約、休診日以及診療時間。除此之外,事先設想如果愛鳥在休診日、深夜等非診療時間病情加劇,這類緊急時刻應該如何應對會比較放心。

各地區的狀況有所不同,某些院所在休假日的急診是採用輪班制,也有在夜間及假日等看診的專門動物醫院。

基本上已經選定家庭醫師的話,照理說所有診療都要交由該位獸醫師進行才對。話雖如此,倘若常去的動物醫院離自家有段距離,遇到迫在眉睫的狀況,比如受傷、灼傷等刻不容緩急需治療的時候,比起帶去給較遠的家庭醫師看診,有時候先行前往附近的動物醫院進行急救處理或許更為妥當。

設想各種情況以備不時之需吧。

CHAPTER 6

先行了解檢查的種類

關於檢查與診斷

無法得知小型鳥出現症狀的原因時，獸醫師會根據鳥的病態、症狀及排泄物狀態等，在假定罹患特定疾病的狀況下進行治療。

並於後續觀察鳥的狀態，一邊確認治療效果一邊進行診斷（治療性診斷）。如果鳥的病況加劇、已經進入慢性化的階段，或是面對比小型鳥更能承受檢查負擔的大型鳥等，也有可能一開始就進行檢查。

檢查的好處與風險

並不是進行檢查就能全面釐清致病的原因等，各式各樣的檢查皆是如此。面對檢查結果，獸醫師會憑藉自身經驗及知識加以推測，一步步確立治療方針。

在鳥身體狀況不甚理想的時候接受檢查，風險當然會比在健康狀態下進行來得高。考慮到檢查也有預防疾病的效果，趁愛鳥狀態絕佳時接受檢查可謂最理想的狀況，不過有時總會面臨到因病而不得不進行檢查的時刻。根據愛鳥的狀態，可能也有不應實施的檢查項目。與獸醫師充分討論過後再接受檢查吧。

鳥類觸診、視診檢查的項目

- 體型（肥胖、消瘦、肌肉量等）
- 發情（腹圍變化、卵阻塞等）
- 嗉囊（嗉囊內的食物量、異物等）
- 腹部（腹部疝氣、腹水、有無腫瘤等）
- 尾脂腺（有無腫瘤等）
- 四肢（骨骼、關節障礙、麻痺等）
- 頭部〜頸部（有無腫瘤等）

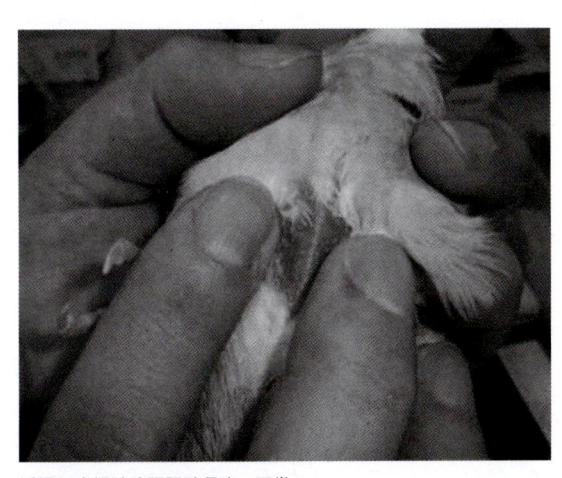

透過保定觸診確認肥胖程度：正常。

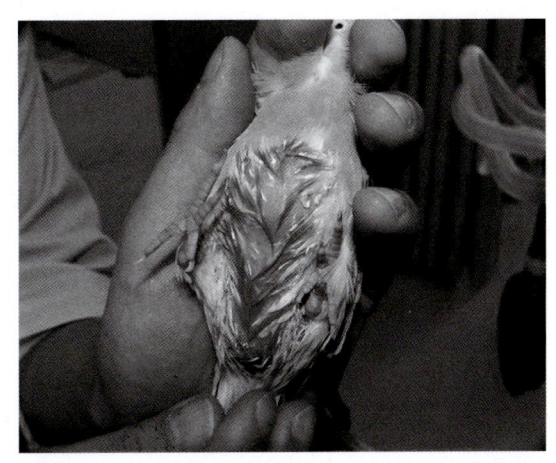

肥胖。

檢查的種類

●嗉囊檢查

把安裝在注射器前端的金屬探針（細棒狀醫療器材）插入鳥的口腔內。接著將生理食鹽水注入嗉囊內，採集嗉囊液。嗉囊檢查需要高超的保定技術，所以被視為用於判斷動物醫院能否進行鳥類診療的依據之一。

獸醫師會檢視經由嗉囊檢查採集的嗉囊液顏色、黏性及味道等狀態，接著進行顯微鏡檢查，輔助以下診斷。

過度角化：缺乏維生素A
滴蟲：滴蟲原蟲（第110頁）引發的感染症
念珠菌（第117頁）：屬於健康鳥禽身上也有的常在菌，但是免疫力低下、過度攝取糖分、抗生藥物引發重複感染導致菌群增殖時，就會引發病原性感染。
細菌：嗉囊內原本就有細菌常在，但必須進行革蘭氏染色檢查及培養檢測才能判斷是否為壞菌。

●抽血檢查

血液在運送養分至全身細胞的同時也會接收老舊廢物。如果內臟器官發生異常，由此產生的成分會流入血液中。換句話說，當身體某處發生異常，其影響會馬上反映在血液上，故能作為評估健康狀況的指標。

健康鳥禽的血液量約占其體重的10％。一般認為，安全的出血量應為其全身血液量的10％左右（順帶一提，鳥的骨骼重量占其全身體重的5％左右）。

應該有不少飼主對於讓嬌弱的小鳥進行抽血檢查抱有疑慮，不過鳥類抽血的風險其實並不算高。

鳥類對失血的耐受性比哺乳類更強，即使抽血過程導致鳥禽進入休克狀態，通常是保定造成過度興奮等引發的精神性休克，而非缺血性（局部貧血）休克的表現。

隨著近年在醫療方面的進步，已經可以從抽血檢查取得的極微量血液獲得更多資訊。透過抽血檢查進行更精確的診斷，鳥禽痊癒的機率也會因此變高，這也是獸醫師推崇的原因所在。不妨將這件事謹記在心，充分討論過後再決定。

▶抽血檢查獲得的資料有限

根據抽血檢查的結果，有時候可以在症狀顯現以前發現染病的事實。也就是說可以藉此預防疾病發作。

此外，根據抽血檢查的結果，可以更準確地預測鳥禽染病的預後狀況。相較於從外部審視、觸摸鳥的視診及觸診，進行抽血檢查可以獲得更多治療所需的有利資訊。

【抽血檢查的種類】

PCV檢查（packed cell volume 血球容積比檢查）

調查紅血球成分占整體血液的容積比。當紅血球占整體血液的數值下降導致貧血或數值上升導致脫水等，可能會造成血液濃縮、紅血球增加等。

CBC（全血細胞計數）檢查

包括血球容積比、血漿蛋白濃度、白血球數、血球形態及比例的檢查、計算各種細胞等等。有助於診斷感染症、炎症、貧血、有無寄生蟲等。

血液生化學檢查

將血液放入離心機，分離出有形成分（紅血球、白血球等）與無形成分（血漿），分析血漿內物質，進行疾病的診斷、治療以及觀察病程。進行血液生化學檢查的目的在於找出器官衰竭的可能性、特定血液成分失衡的問題等。

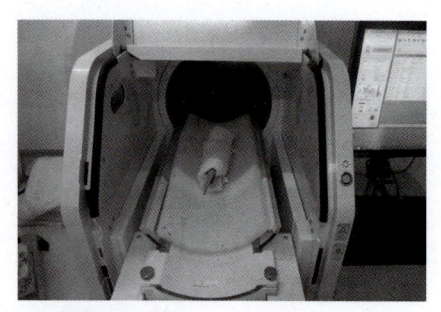

進行電腦斷層掃描的模樣。用毛巾裹住拍攝。

::: CHAPTER 6 ::: 接受治療以前

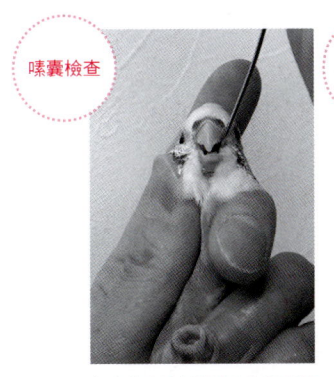

嗉囊檢查
把安裝在注射器前端的細管插入口腔內,採集嗉囊液。

抽血檢查
透過少量血液測定溶血、脂肪血症、黃疸等。

顯微鏡檢查
使用顯微鏡確認排泄物、嗉囊液中的寄生蟲及細菌。

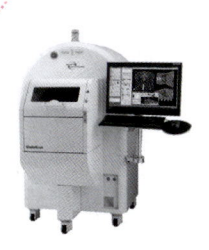

CT檢查 Computed Tomography 電腦斷層掃描法
使用X光從多種角度拍攝身體截面,診斷腫瘤、出血、炎症及骨折等。

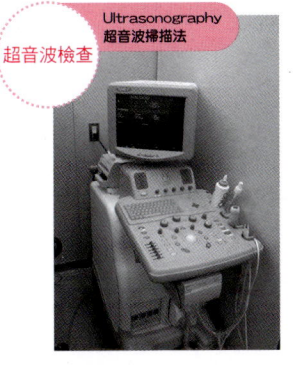

超音波檢查 Ultrasonography 超音波掃描法
將探頭貼在鳥的身體上,將反射結果變成影像,調查有無疾病。

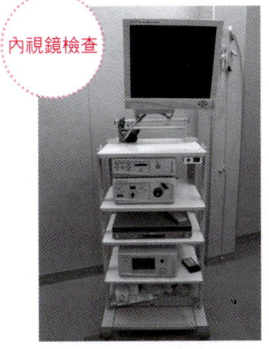

內視鏡檢查
透過裝設在軟管前端的小型攝影機確認消化器官的狀態、病變及異物阻塞等。

【其他檢查的種類】

●病原體檢測（微生物檢測）

病原體是指引發疾病的病毒、細菌、真菌及寄生蟲等微生物。病原體檢測是從疑似罹患感染症的鳥禽身上採集檢體（血液、尿、部分組織等）,檢測有無病原體。

●PCR（polymerase chain reaction／聚合酶連鎖反應）檢測

PCR檢測是利用耐熱性DNA聚合酶,使具有特定鹼基序列的DNA斷片迅速增幅。讓在顯微鏡下看不到的病原體DNA增幅,藉此確認有無病原體存在。敏感度很高,即便是極微量的病毒也能檢測出來。診斷鳥類的鸚鵡喙羽症（PBFD,第104頁）時特別有幫助。

●培養檢測

使用棉花棒等工具從口腔內、泄殖腔、眼睛、鼻子及皮膚等處採集檢體,檢查其中的細菌及真菌。

檢驗寄生蟲時,需將檢體放到顯微鏡下檢查,直接確認蟲體及蟲卵。可用於檢測有無感染症、鑑別病菌及選定治療方針。有助於診斷麴菌症（第117頁）、鉛或鋅中毒、披衣菌症（第149頁）等各種疾病。

●排泄物檢測

透過顯微鏡檢查排泄物中的糞便及尿酸狀態,

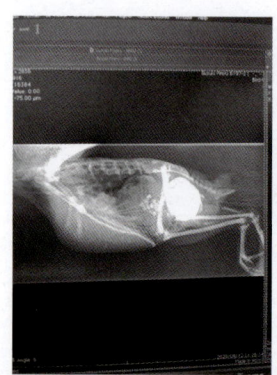

腹部X光片。 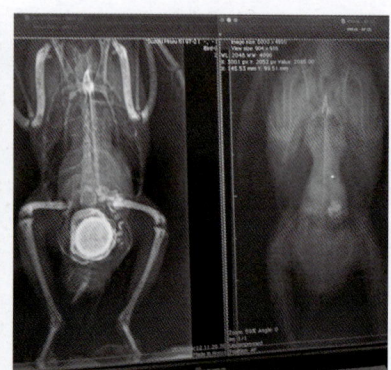　　　　　　了解卵阻塞的狀況。 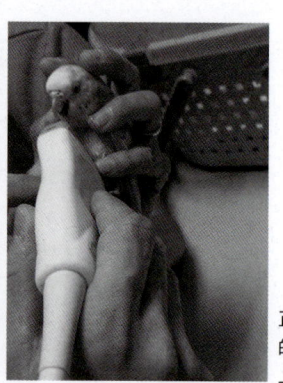　　　　　　　　　　　正在將超音波儀器的探頭貼在腹部上。

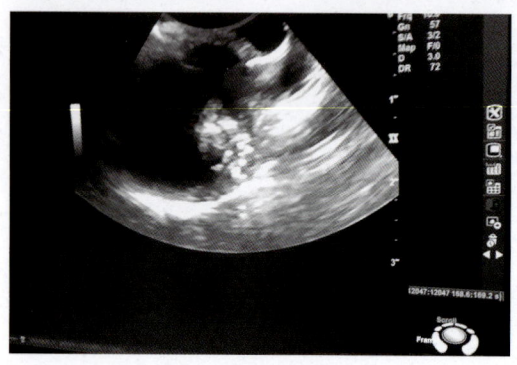

攝得的超音波影像（卵及蛋物質呈現白色）。

以及糞便內有無寄生蟲、真菌及細菌等。

●**直接觀察**

　　使用麻醉，透過氣管內視鏡直接觀察氣管內部。也可以在過程中採集檢體。直接觀察法在診斷鳴管麴菌症及異物阻塞時特別有幫助。

影像診斷的種類

●**X光檢查**

　　單純的X光攝影是藉由通過體內的X光調查有無疾病及骨折。X光攝影採用負片。骨骼等處呈現白色，肺臟等處呈現黑色。有時候可以確認氣管的異常狀況。再來，也能從X光片推估心臟的形狀及大小有無異常等。除此之外，還可以調查骨骼異常、胃內異物、腫瘤、內臟的大小及狀態

等各種狀況。不過，對有呼吸困難症狀的個體進行X光檢查有其風險，需要審慎地判斷。

●**CT檢查（Computed Tomography／電腦斷層掃描法）**

　　對身體照射X光，將通過的X光量差異化為數據資料，經過電腦處理把身體內部轉成影像。

●**超音波檢查（Ultrasonography／超音波掃描法）**

　　照射超音波並接收反射能量，把內臟狀態轉成影像進行確認的檢查。相對於X光檢查只能確認內臟的大小及形狀，超音波檢查除了大小及形狀之外，還可以用來診斷內臟器官的內部狀態、X光檢查無法探測的小型腫瘤及腹水等。

●**內視鏡檢查**

　　將內裝鏡頭的細管插入鳥禽體內，就近確認內部的影像。內視鏡有兩種，分別是軟式鏡與硬式鏡，相對於以光纖鏡為代表的軟式鏡，光傳至體外的部分不會彎曲的內視鏡稱為硬式鏡。可以透過高畫質影像進行診斷，用於摘除異物等療程。

●**MRI檢查（Magnetic Resonance Imaging／磁振造影掃描法）**

　　利用磁力線將生物體內部的狀況轉成影像，透過對比突顯病變部位。現今將磁振造影運用在鳥類醫療的情形並不常見。

CHAPTER 6

關於保定與麻醉

進行手術及檢查時，保定鳥禽的方法包括以手壓制、使用膠帶等物固定、施行全身麻醉等。

透過麻醉鎮靜

我們人類可以理解進行診察或檢查的目的，在接受檢查的過程中不會無緣無故地感到懼怕，但是鳥類無法理解施加在自己身上的檢查有何意義。面對前所未見的房間內沒看過的一群人、刺眼的照明、巨大的儀器設備、不習慣的聲音等刺激，又怎麼有辦法冷靜安分地忍耐呢？當恐懼使過度興奮狀態持續下去，也會提高牠們掙扎受傷的風險。

在這種情況下，能在短時間內令鳥無法動彈的方式就是麻醉。進行麻醉可以讓鳥在幾乎感覺不到痛楚及恐懼的入眠狀態下，乖乖地接受檢查及治療。

全身麻醉

全身麻醉保定杜絕了鳥禽掙扎受傷的問題，但是鳥可能會因為麻醉而嘔吐，有嘔吐物堵塞呼吸道的風險，所以進行麻醉以前可能需要絕食絕水一段時間。

一般來說，面對虎皮鸚鵡等小型鳥，會使用在鳥禽頭部覆上面罩的吸入性麻醉法。面對中大型鳥禽則會將醫療用軟管插入鳥的氣管內，輸送麻醉藥物並調整劑量。難以進行插管或吸入麻醉的話，也有可能罕見地施行注射麻醉。

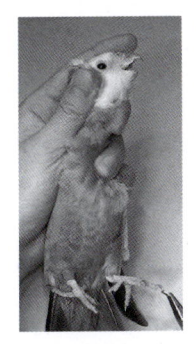

局部麻醉

局部麻醉對鳥體造成的負擔會比全身麻醉來得小，還可以消除進行手術時感到的局部疼痛。不過，光靠局部麻醉還是無法消除鳥在治療過程中可能產生的強烈恐懼感。

用手保定的方法

不使用麻醉以手壓制的方法，可以一邊確認鳥的全身狀態一邊進行診療，所以對鳥的負擔較小，但是仍有所謂的個體差異。

當鳥被人手壓制而陷入極度恐慌的暴走狀態，也有可能因此在過程中受傷。

再來，壓制鳥的人擁有的知識及技術差異，使得用手保定的安全性存在落差也是事實。在保定期間對鳥施加過重的力量，可能會引發致命的傷害。最好在相當熟習為鳥診察的動物醫院接受治療。

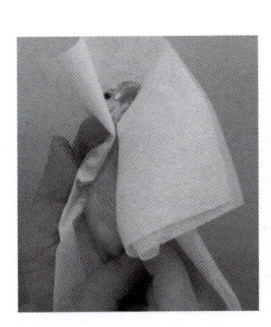

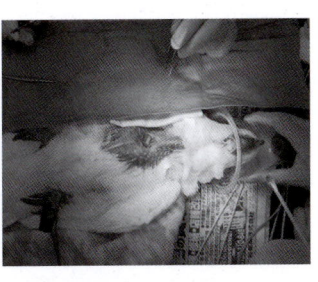

在壓制鳥喙骨、拉長脖子的狀態下進行保定。

小型鳥的保定。

進行吸入麻醉，縫合嗉囊裂傷（白鳳頭鸚鵡）。

CHAPTER 6
藥物相關基礎知識

何謂醫藥品

醫藥品是指用於診斷、治療、預防人類及動物疾病的藥物。

鳥也具有「自癒力」，但是這種力量偶爾會由於某些原因沒辦法充分運作。在這種情況下，獸醫師會針對鳥的症狀使用相應的醫藥品，藉此幫助恢復、排除致病的原因。

藥物種類

鳥禽用藥的使用形態包括口服型（內服藥）、塗抹型（外用藥）、注射型（注射藥）等。

●內服藥

是指從嘴巴吞餵的經口投藥。包括錠劑、膠囊、粉劑及糖漿劑等，不過用在鳥類身上的主要有兩種，一種是將粉狀藥物溶於飲水中使其飲用的飲水投藥，另一種是利用眼藥水瓶直接使其飲服液狀藥物的經口投藥。請遵從獸醫師的指示，嚴守藥量及用法。

●外用藥

包括直接塗抹在患部的軟膏，以及點眼藥、點耳藥這種滴在患部上使用的類型。用於治療鳥類的外用藥基本上並不多。

●注射藥

使用注射器將針頭刺進身體並注入體內的藥劑。包括靜脈注射、肌肉注射等，但是用於治療鳥類的注射幾乎都是皮下注射。

採用人類注射胰島素那種極細的針頭，所以幫鳥打針時應該幾乎不會產生痛感。

鳥禽用藥的種類

●抗生藥物

抗生藥物的種類非常多，具有消滅細菌的效果。如果病因是病毒感染，有時候為了預防細菌感染併發也會使用抗生藥物。

●抗真菌藥物

具有阻礙真菌增殖的作用。不同於抗生藥物，抗真菌藥物的種類很少。

●驅蟲藥物

用於驅除寄生蟲。

●其他

諸如激素類藥物、抗癌藥物或是以治療解毒、嘔吐、腹瀉等症狀為目的，種類五花八門，也有各種用於治療鳥類的藥物。

疼痛的管理與藥物

我們很難準確判斷鳥究竟會不會感到疼痛。獸醫師會根據鳥躁動不安的表現、行為上的變化（不再梳理羽毛、從棲架上降至地面蜷縮著、左搖右晃等）、食欲不振、便祕、呼吸困難、咬傷口等狀態進行綜合評估，倘若認為會對生活造成障礙則投用止痛藥物等。

當止痛手段有效地控制住疼痛，病情通常會恢復得比未控制疼痛時更快。

::: CHAPTER 6 ::: 接受治療以前

止痛用藥

●NSAIDs
正式名稱為「非類固醇抗發炎藥」（Non-Steroidal Anti-Inflammatory Drugs）。屬於具有抗發炎作用、止痛作用、解熱作用的藥物，用於在麻醉前、進行醫療處置前產生止痛效果。特色是作用比類固醇還要弱，但是副作用比較少。不過，光靠這種藥沒辦法完全控制住疼痛。

●局部麻醉
局部麻醉是在有意識的狀態下消除疼痛的麻醉法。對鳥施行伴隨著疼痛的手術等處置之前，可能會透過注射進行局部麻醉。

●類鴉片
是指包含部分醫療用麻藥的止痛藥物。除了控制疼痛之外，也會用於將手術過程的麻醉降到最低限度、達到使鳥禽穩定的效果。

●抗發炎藥物
泛指用於抑制炎症的醫藥品。抗發炎藥物具有防止發炎、緩和疼痛的效果。用於皮膚炎、過敏、癌症等。

關於藥物的副作用

除了帶來以治療為目的的效果，藥物可能也會產生其他作用。這類作用統稱為副作用。

治療鳥禽時大多會選用幾乎沒有副作用的藥物，不需要對這個部分抱持過多的疑慮。副作用的顯現方式與鳥的種類、年齡、身體狀態、體質、與其他藥物併用等條件有關。

即便是同一種藥物，鳥會出現的症狀可能與人類的副作用完全不同，所以一旦察覺愛鳥出現不太對勁的症狀，最好趕快向獸醫師進行確認。

切勿擅自增減藥物用量

因為今天的身體狀況看似不錯，又或是覺得症狀加重了，而沒有洽詢獸醫師就自行調整餵藥用量是大忌。因為顧忌副作用而擅自停藥或減少藥量，反而會讓鳥置身險境。

副作用的問題不僅僅與藥量多寡有關。遵從獸醫師指示的用法，嚴守藥袋標示的適當用量與次數，才能減少副作用並得到期望的治療效果。

倘若愛鳥出現不太對勁的症狀等，應該先與獸醫師討論，切勿自行判斷需要減藥或停藥。

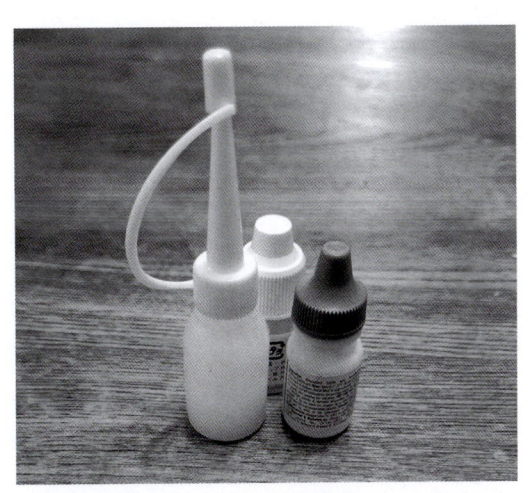

糖漿藥物容易沉澱，需充分搖勻再進行餵藥。

安全的餵藥方法（保定）

保定是指基於健康管理的目的，在鳥不會亂動、掙扎的狀態下進行剪指甲及餵藥等行為。

安全地進行保定

若是採用將藥物溶於飲水使其服用的飲水投藥，則不需要保定鳥禽，但是必須進行經口投藥、灌食時就需要進行保定了。

保定方式不夠確實，使鳥心生恐懼陷入暴走狀態的話，不光是鳥連人都有可能因此受傷。應避免使用過於強勁的力氣抓握，並持續掌控出手的力道，牢牢地壓制住鳥禽封鎖其動作。

進行保定的時候，需要注意的重點在於切勿強壓鳥的腹部及胸部。壓迫到胸部將會導致鳥禽無法呼吸，甚至於令其急速死亡。

此外，強行對身體孱弱的鳥進行保定也是生死攸關的問題。必須極力避免強行保定導致鳥受傷的狀況，迅速且正確地進行保定為佳。

保定的重點

關鍵在於儘可能地減輕保定對愛鳥造成的身心負擔，盡量在短時間內迅速結束以免破壞彼此的信賴關係。讓房間暫時變暗可以遮蔽鳥的視野，抑制牠們的活動。拉長鳥的頸部，使其維持顎部微抬的姿勢壓制住脖子，鳥的身體就會難以出力。

使用毛巾保定的時候，最好使用纖維較短的平織毛巾，以免鳥的腳爪鉤到而受傷。

保定時根據需求使用相應的工具，對虎皮鸚鵡、文鳥等小型鳥使用數張面紙；對桃面愛情鳥、牡丹鸚鵡這種體型的鳥使用手巾；對小錐尾鸚鵡、玄鳳鸚鵡這種體型的鳥使用洗臉毛巾；對大型鸚鵡及鳳頭鸚鵡使用較厚的浴巾。

進行保定的時候不妨溫柔地對愛鳥說話，透過沉穩的表情及言語，傳達接下來絕對沒有任何想加害牠們的意圖。

一開始先輕柔地用上述物品裹住愛鳥，隨即迅速地解開束縛。平常使用保定用面紙或毛巾陪牠們玩耍，或是在毛巾上餵食點心，或許有助於在保定過程中稍微緩和愛鳥的恐懼。

▶ 保定小型鳥的重點

如果對象是小型鳥，單手伸進籠內迅速捕捉即可。如果是上手鳥，放出籠外後使其暫時停在手上，接著用另一隻手迅速進行保定。

保定的基本方法為用大拇指及中指牢牢夾住鳥的頭部進行固定，接著用食指撐住頭部的姿勢進行壓制。

用手指固定住頭部也不會影響到呼吸。剩下的無名指及小指抵在足以包裹鳥體的位置。

如果沒有牢牢固定住頭部、尚有可動範圍的話，鳥可能會做出啃咬手指的抵抗行為。試著稍微拉長脖子以固定頭部。

▶ 保定中大型鳥的重點

如果是中大型鸚鵡及鳳頭鸚鵡類、九官鳥等體型較大的鳥種，將鳥暫時放出籠外以後，趕到房間的角落等處迅速用大毛巾裹住即可。

相較於鳥容易抓握的棲架及金屬網上，在地面進行會比較順暢。

如果鳥緊緊抓住棲架或網子不肯離開，切勿強行拉扯，看準鳥不經意鬆開的時機將毛巾塞到腳邊，輕柔地包捲起來即可。

保定後準備進行醫療處置，此時需要兩個人分別負責保定與餵藥工作。

使用毛巾等物纏捲鳥的身體限制其活動以後，以慣用手的掌心撐持頭部及頸部，以另一隻手的掌心撐持身體。

運用自己的腹部及胸部，以包捲鳥體的面而非點的概念進一步保定，將會更加穩定。

一邊勤於確認鳥的狀態一邊進行保定

進行保定的過程中務必要露出鳥的頭部，時刻確認其呼吸是否急促、有無出現雙眼逐漸無神的狀況、是否變得越來越虛弱等等。保定期間讓鳥

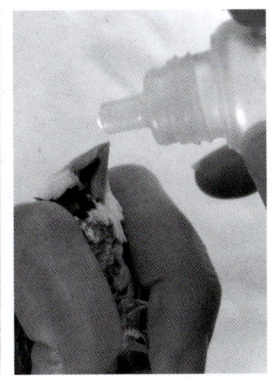

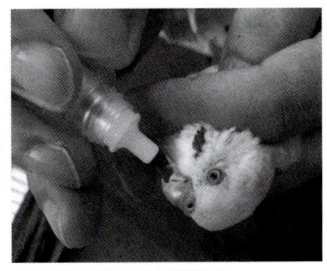

保定時需留意切勿壓迫胸部。

咬住包在身上的毛巾一角，可以讓鳥的注意力集中在該處，更安全地進行處置。

為了方便飛翔，鳥的骨骼經過輕量化而容易斷裂。請留意過於投入而用力過猛的問題。尤其要注意切勿強壓胸部，以免鳥的呼吸停止。

灌飲藥物的方法

飲水投藥時：當獸醫師開立的藥物屬於混在鳥禽飲水中使其吞飲的類型，必須嚴守所需的水量。餵藥期間極力避免愛鳥攝取含水量高的蔬果等也很重要。

添藥的飲水容易變質，最好避免陽光直射，也不要在獸醫師沒有指示的情況下將維生素劑及保健食品加進含藥飲水當中。

經口投藥時：將含藥的滴管或眼藥水瓶尖端靠近鳥的嘴邊、嘴角附近。接著用一次擠一滴的方式把藥餵進鳥的嘴裡使其吞飲。

保定投藥的時候，稍微傾斜鳥的身體而非採取完全仰躺的姿勢，從嘴邊流入口中使其吞飲，可以降低誤嚥（誤入氣管）的風險。餵藥時不妨準備幾片沾濕的紗布等，輕輕擦拭沾到臉上等處的藥物。

平常將鮮榨果汁等裝進乾淨的滴管或眼藥水瓶內當作點心餵食，鳥對餵藥的抗拒感會變低，比較能接受吞飲藥物的過程。

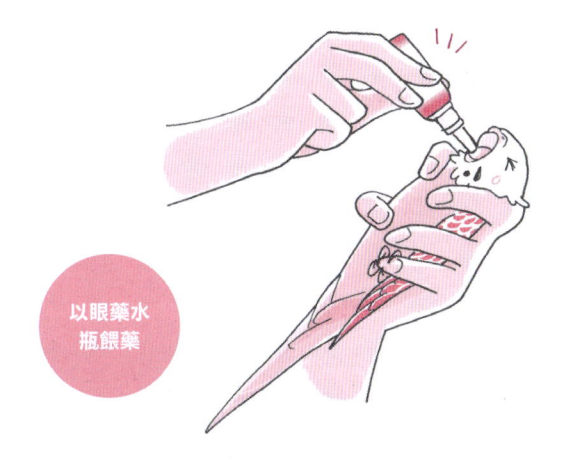

以眼藥水瓶餵藥

=== CHAPTER 6 ===

關於輔助及另類醫療（整合照護）

　　本單元將西方醫學未涵蓋的療法稱為整合（另類）療法。

　　Holistic（整合）一詞源自於希臘語「holos」（整體、整合的、全面性），從相同語源衍生出來的詞彙還包括「whole」（整體）、「heal」（治癒）、「health」（健康）、「holy」（神聖的）等等。

　　「整合」這個詞涵蓋了「整體」、「相關」、「連結」、「平衡」等意義，整合醫療注重肉體的健康、心靈的療癒、均衡及全面性等概念。

　　輔助及另類醫療除了西方醫學之外，以輔助性提高寵物免疫力為目的結合了整合照護，藉此達成發揮生物天生自癒力的目標。

　　近年來，整合療法發展出各式各樣的照護形式，包括西洋藥草、中藥、針灸治療、巴哈花精療法、芳香療法、飲食療法等等。

　　如果要施行這些療法，交由熟知該領域的獸醫師進行治療較為理想。

　　舉例來說，就算使用的藥物其來源為天然的藥草葉等，應用在人類及貓狗身上的安全性已經得到證實，也完全不足以證明應用在鳥禽身上的安全性很高。

　　再來，有時候含有強烈毒性的花草也會作為醫用藥草運用在治療方面。

　　我們必須謹記在心，這些另類療法基本上就跟西方醫學一樣，一旦使用方法稍有差池，可能會引發生死攸關的問題。

　　其實現今也有很多尚不清楚對鳥有什麼功效或副作用的產品在市面上流通。不能因為看起來適用於人類及貓狗，就覺得該產品也同樣適合鳥禽，用家鳥來實驗效用未經證實的療法是完全不可取的行為。

　　如果是以愛鳥的身心健康為考量，希望採用整合療法，最好與經常往來的獸醫師充分討論、相互合作，跟西方醫學一樣嚴守使用方法、用途及分量，安全地進行整合照護比較妥當。

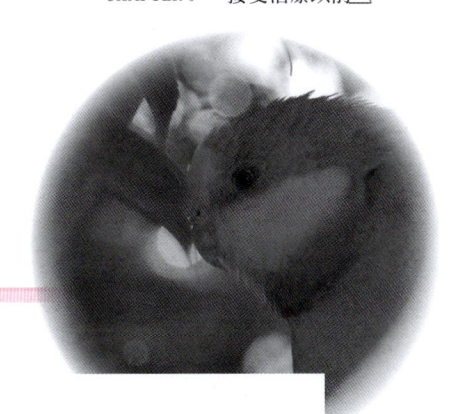

BIRD'S Column Health & Medical care — 不能施行的民間療法

愛鳥人士的圈內流傳著一些似是而非的古早民間療法。

日本的鳥類獸醫療在昭和時期尚處於過渡期，也幾乎沒有可以為鳥診療的獸醫師，所以當時人們遇到愛鳥受傷、生病的問題，會去找街坊的鳥店老闆或愛鳥同好討論以尋求建議。在這些資訊當中，有些聽起來言之有理，有些聽起來毫無根據。

因此，就來檢驗一下至今仍家喻戶曉的民間療法吧。

◆卵阻塞

● 把橄欖油當作潤滑油對泄殖腔進行浣腸

蛋通過的產道未充分弛緩，是蛋生不出來的主要原因之一。

對泄殖孔進行浣腸，油也不會進到輸卵管內，反而會導致腹瀉。無法期待用這種方式讓蛋從輸卵管內跑出來。

● 讓鳥待在廁所聞聞氨的味道

找不到足以證實氨臭味會刺激生蛋的學術性根據。

● 讓鳥喝下葡萄酒等酒精

可能是來自於溫熱身體的想法，但是在身體變暖之前會先出現急性酒精中毒的反應，有致命的危險。

● 用棉花棒挖出來
● 壓迫腹部擠出來

不具知識的外行人試圖強行擠出蛋，可能會導致蛋在鳥腹中破裂，相當危險。迅速進行保溫，送往動物醫院接受治療為佳。

◆骨折

● 以夾板固定骨折部位，用繃帶纏捲起來
● 用OK繃或膠帶纏捲骨折部位來補強

恐會把腳固定在錯誤的方向。

把鳥放進較小的籠子限制其活動，以免傷口進一步惡化，接著迅速地送往醫院接受治療。

◆咳嗽及噴嚏

● 餵飲較淡的葛根湯
● 讓鳥啃咬蒲公英根

根據日本對醫藥品的分級，葛根湯屬於第二類醫藥品，蒲公英根屬於第三類醫藥品。

兩者皆為草率餵食恐危及愛鳥性命的醫藥品。此外，鳥禽的呼吸器官異常有別於人類的感冒，在症狀方面可謂相當嚴重。最好迅速送往醫院就診。

● 雛鳥的食滯
● 餵飲蓖麻油或葡萄酒

讓鳥吞飲人類的藥物、酒類、調味料顯然是極度危險的行為。

BIRD'S Column — Health & Medical care

● 為了維持健康而餵鳥吃土

　　金剛鸚鵡等部分鳥種會吃土來消解所食樹果的毒性（生物鹼），但是人為飼養的鳥都是吃穀物種子及滋養丸，沒有機會吞食毒性強烈的樹果，所以不需要刻意讓牠們吃土。

● 餵食碾碎的蛋殼來代替鈣粉及墨魚骨

　　蛋殼雖然可以補充鈣質，卻不含碘及礦物質，認清蛋殼無法用來取代鈣粉比較實際。

　　此外，在罕見的情況下可能有沙門氏菌附著在蛋殼上。如果要餵食蛋殼，必須先經過1分鐘以上超過75℃的加熱處理。

● 餵食花蛤及文蛤等的貝殼來代替鈣粉

　　不同於鈣粉，碾碎這些貝類得到的碎片很尖銳，恐會傷害消化器官，並不適合作為餵給陪伴鳥的食材。

● 如果指甲剪過頭，用菸頭或熱鐵進行燒灼止血

　　恐會吸入香菸的煙霧或是徒增燒燙傷，造成無法挽回的二次傷害。剪指甲的過程很容易出血，最好事先備好止血藥物。

● 灼傷時塗抹軟膏

　　在鳥身上塗抹軟膏等物的話，牠們會因為在意該處而試圖舔舐。不僅藥效會減半，經口攝取軟膏成分（消毒藥等）也很危險。送往動物醫院接受治療比較好。

● 吞食異物時，餵飲食鹽水或調淡的醬油催吐

　　恐會因為過度攝取鹽分導致食鹽中毒，千萬不能這樣做。

● 餵雛鳥吃泡過牛奶的麵包

　　營養不足的問題自不用說，非哺乳類的鳥禽吃了乳製品容易消化不良而腹瀉，麵包在體內也很容易腐壞，切勿效仿。

　　儘管昭和時期已經在距今三十多年前落幕，至今仍有一些不可思議的資訊在網路上流傳。

　　可以理解飼主在無法前往動物醫院的時段目睹愛鳥突然受傷或發病而一時慌亂，覺得自己必須做點什麼才行的心情，但還是要先保持冷靜確認狀況，確實進行保溫再帶去給熟習鳥類的獸醫師看診。

看漫畫與鳥的笑一笑！生活及醫療

『小肥仔①』

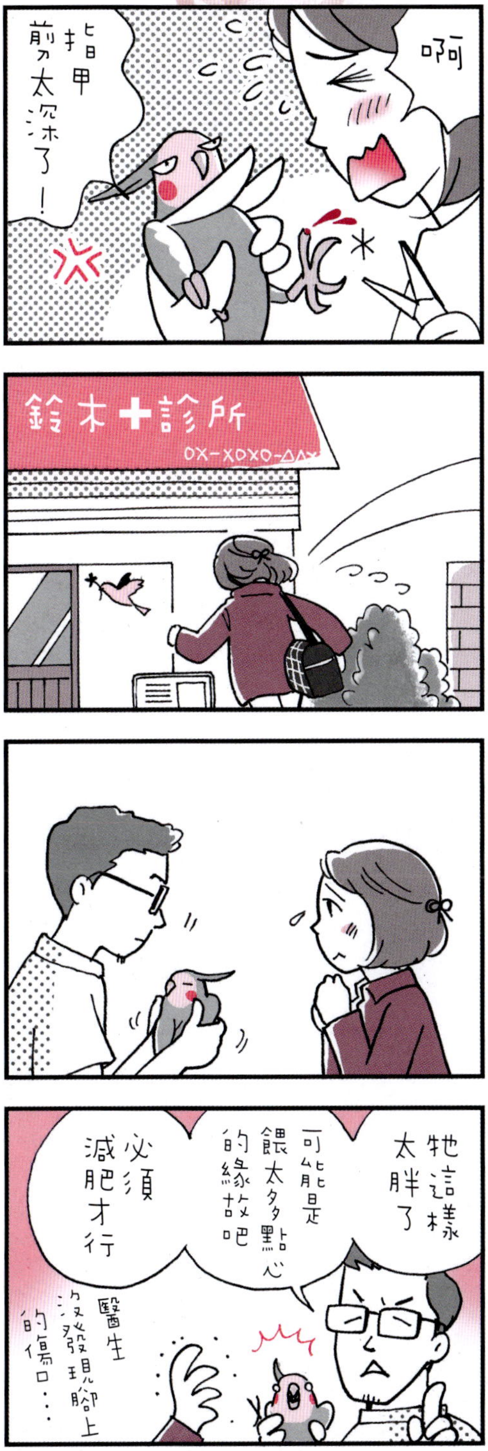

看漫畫與鳥的笑一笑！生活及醫療

『小肥仔②』

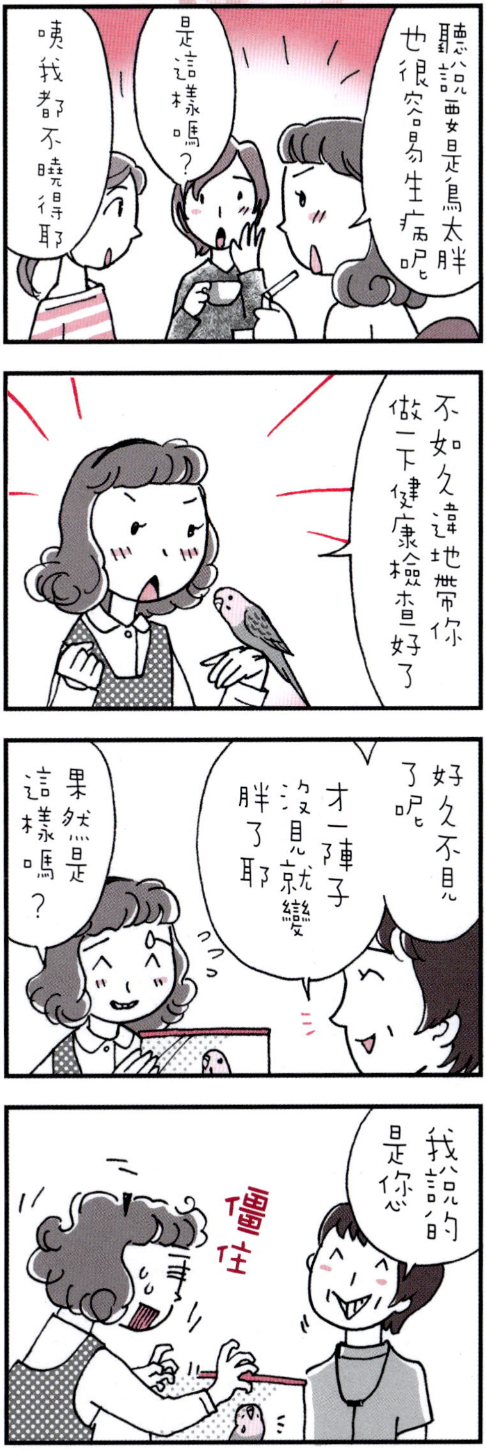

看漫畫笑一笑！與鳥的生活及醫療

『省空間？』

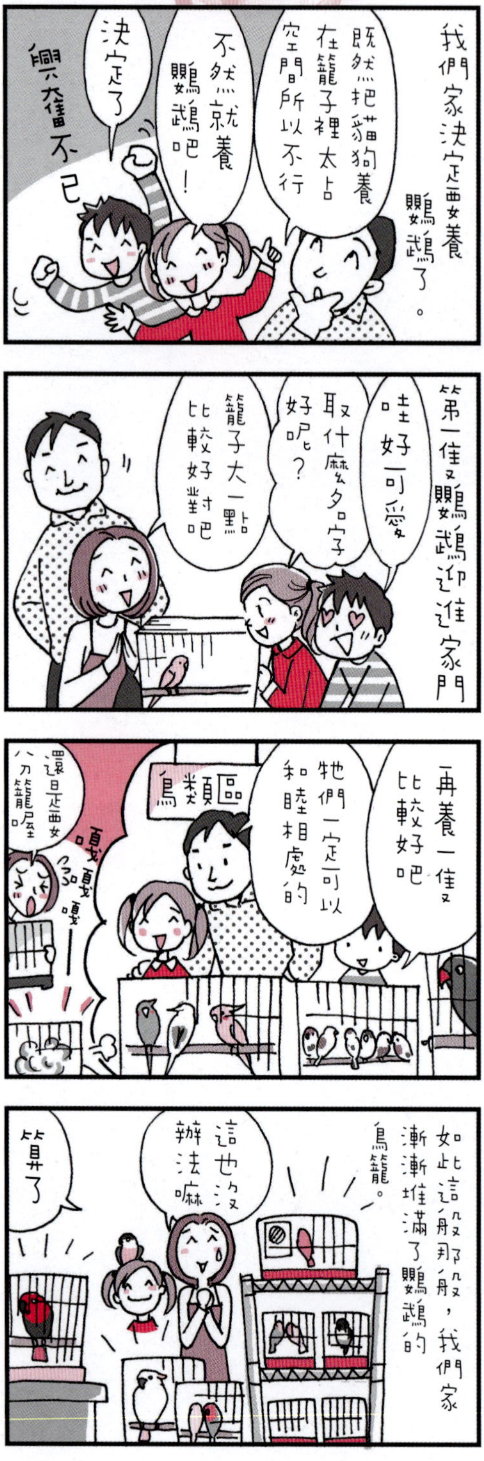

看漫畫笑一笑！與鳥的生活及醫療

『當心翅膀』

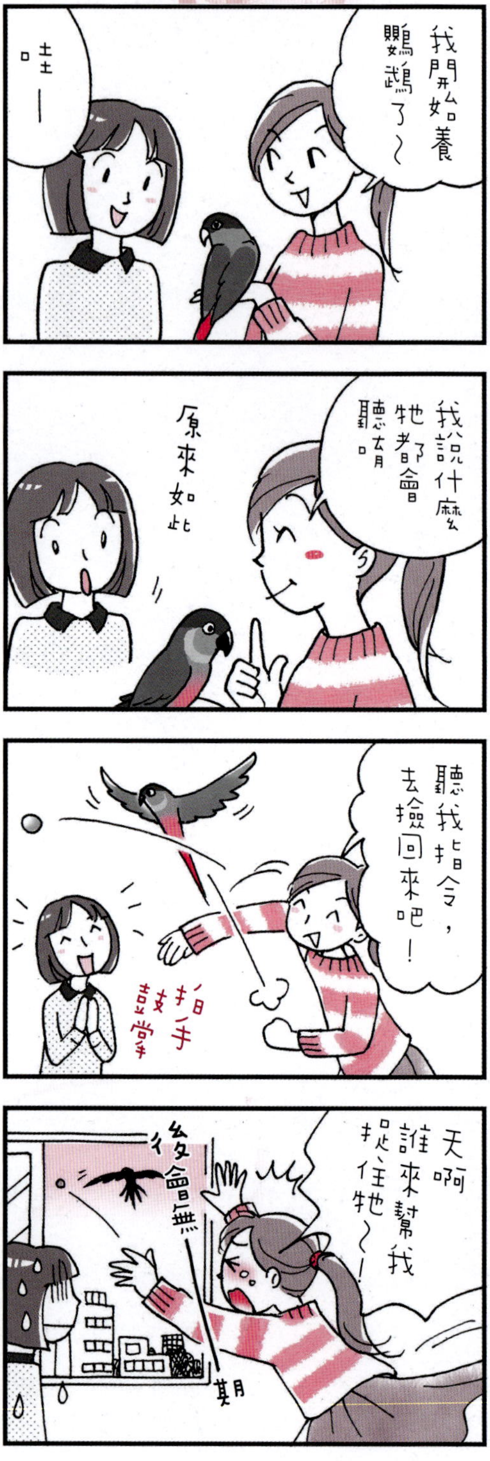

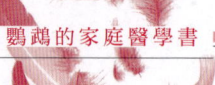

看漫畫與鳥的笑一笑！生活及醫療

『禁用熱水！』

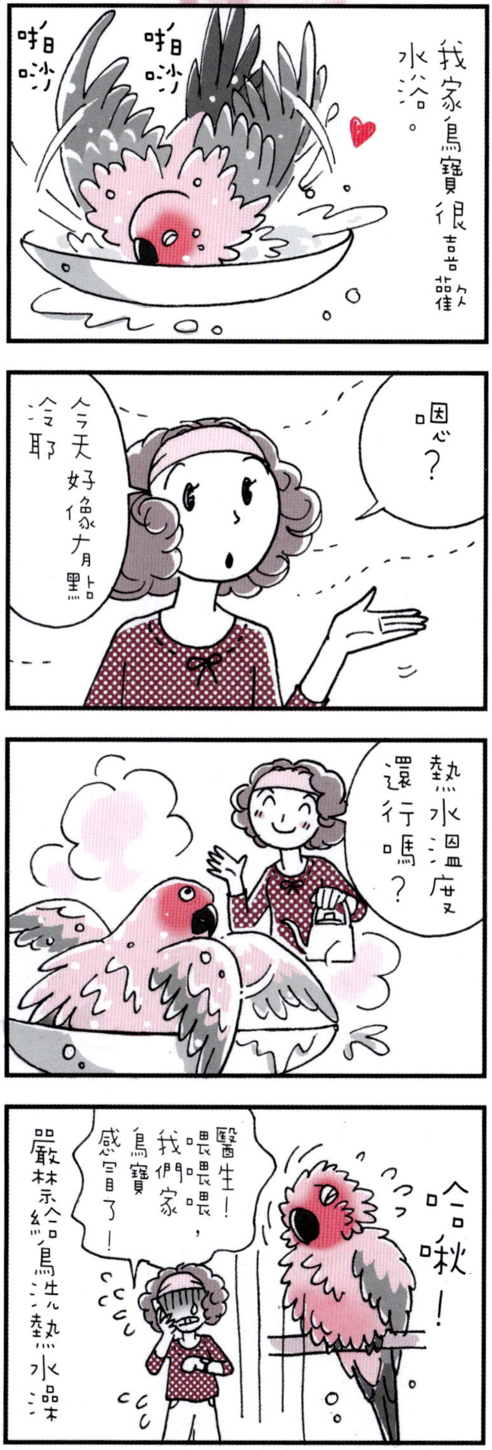

看漫畫與鳥的笑一笑！生活及醫療

『讓我加入吧』

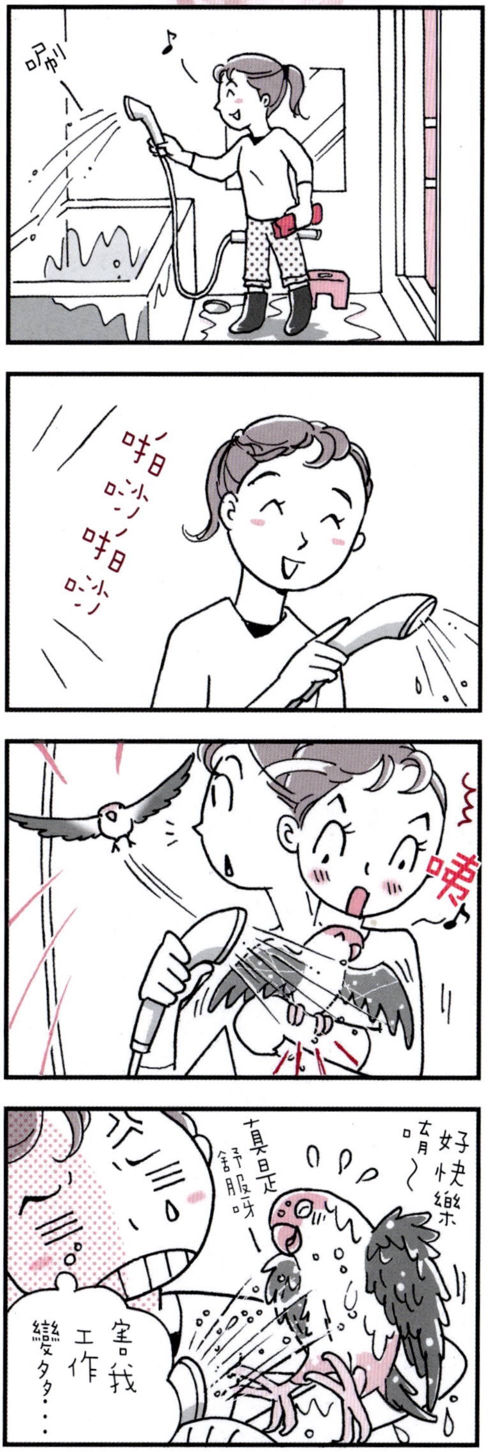

鸚鵡的家庭醫學書

看漫畫笑一笑！與鳥的生活及醫療
『鈣粉』

- 補充鈣質不可或缺的鈣粉
- 市售的鈣粉產品俯拾即是
- 推薦煮蛋里手工製作 鏗鏗鏘鏘
- 經過淨化處理的養殖牡蠣殼亦女王性也值得信賴！ 好吃！

看漫畫笑一笑！與鳥的生活及醫療
『嘮叨的鳥』

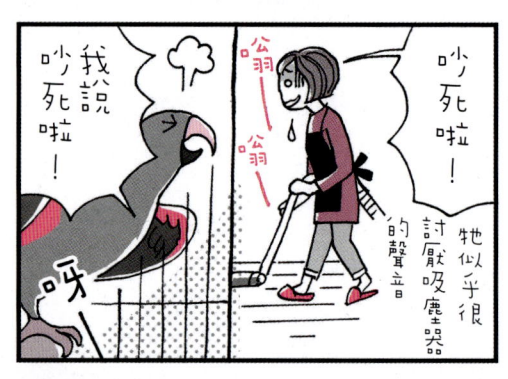

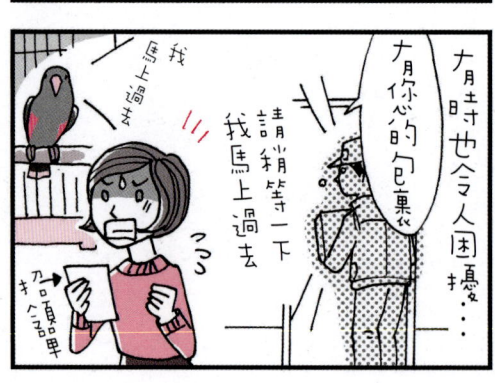

- 我們家的折衷鸚鵡很會說話呢 蘋果真好吃 我好喜歡
- 呀—！怎麼了!? 沒事吧!? 呵呵呵
- 吵死啦！我說吵死啦！ 嗡—嗡— 牠似乎很討厭吸塵器的聲音
- 有時也令人困擾… 有你的包裹 請稍等一下 我馬上過去 我馬上過去

96

:::COMICS::: 鸚鵡的家庭醫學書【漫畫】

看漫畫笑一笑！與鳥的生活及醫療
『 常伴左右 』

> 喔～工作好累
>
> 稍微睡一下好了
>
> 咦？
>
> 這什麼麻……太可愛了吧 我醉了 等等、相機咧相機

看漫畫笑一笑！與鳥的生活及醫療
『 當心破壞狂 』

> 啊～我拼好的模型！
>
> 我的熊熊～
>
> 誰叫你們東西都不收好，要放在嘴巴助碰得到的地方呢
>
> 我珍貴的項鍊啊～ 討厭！這很貴耶 放風期間視線最好不要離開愛鳥身上。

97

看漫畫笑一笑！與鳥的生活及醫療

『基本上就是鳥巢』

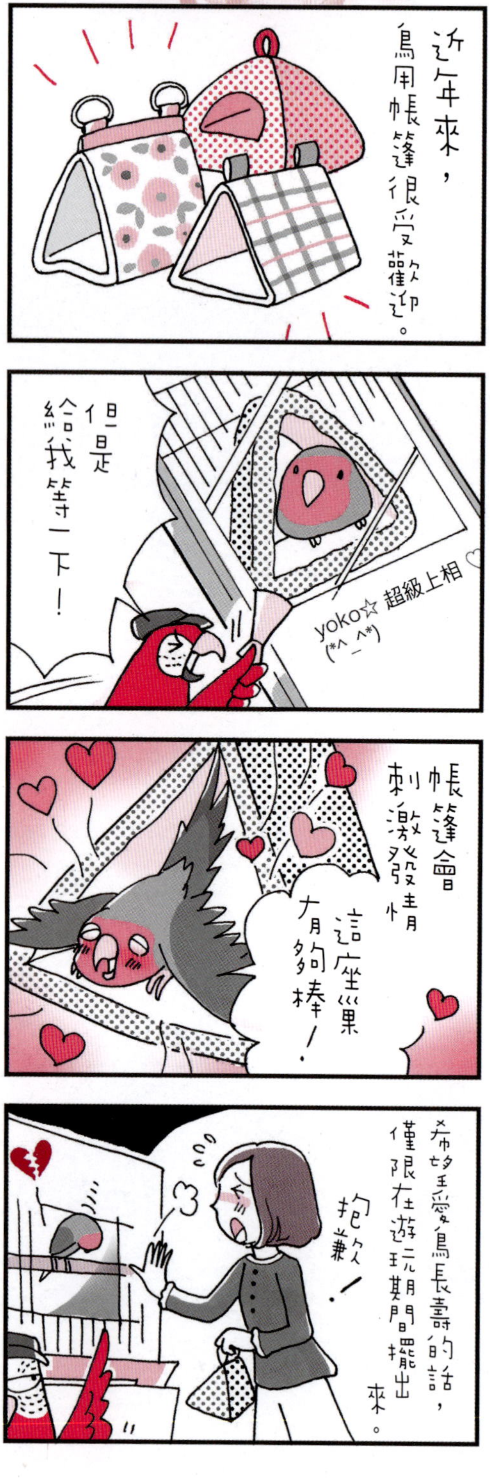

看漫畫笑一笑！與鳥的生活及醫療

『上手的天性』

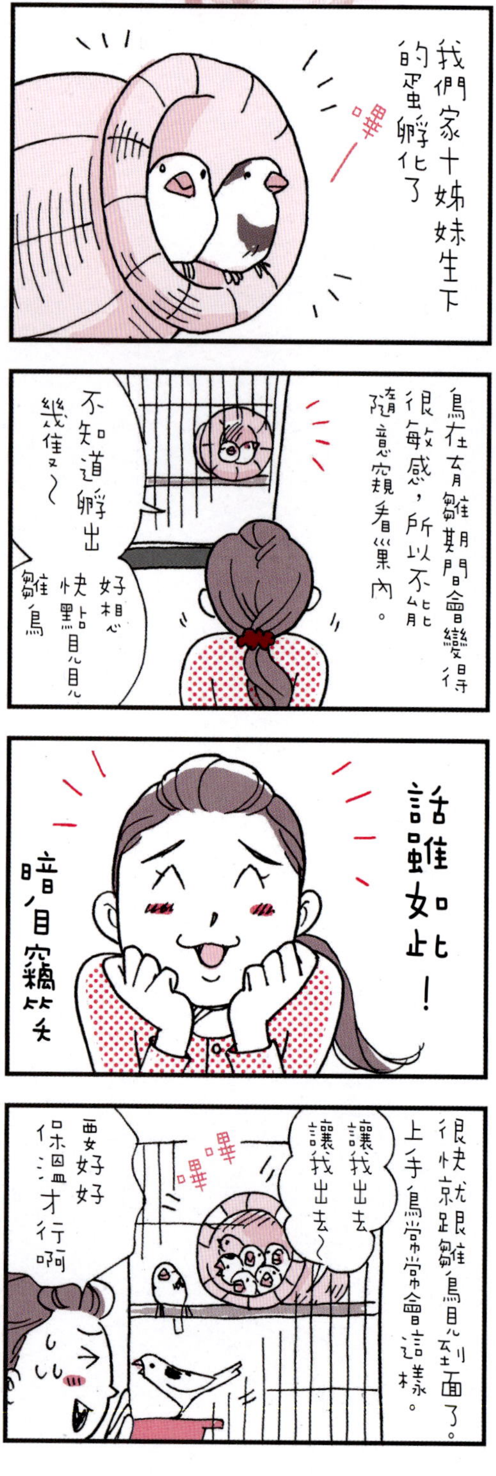

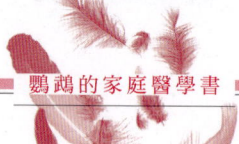

看漫畫與鳥的笑一笑！生活及醫療

『鳥不懂飼主的用心良苦』

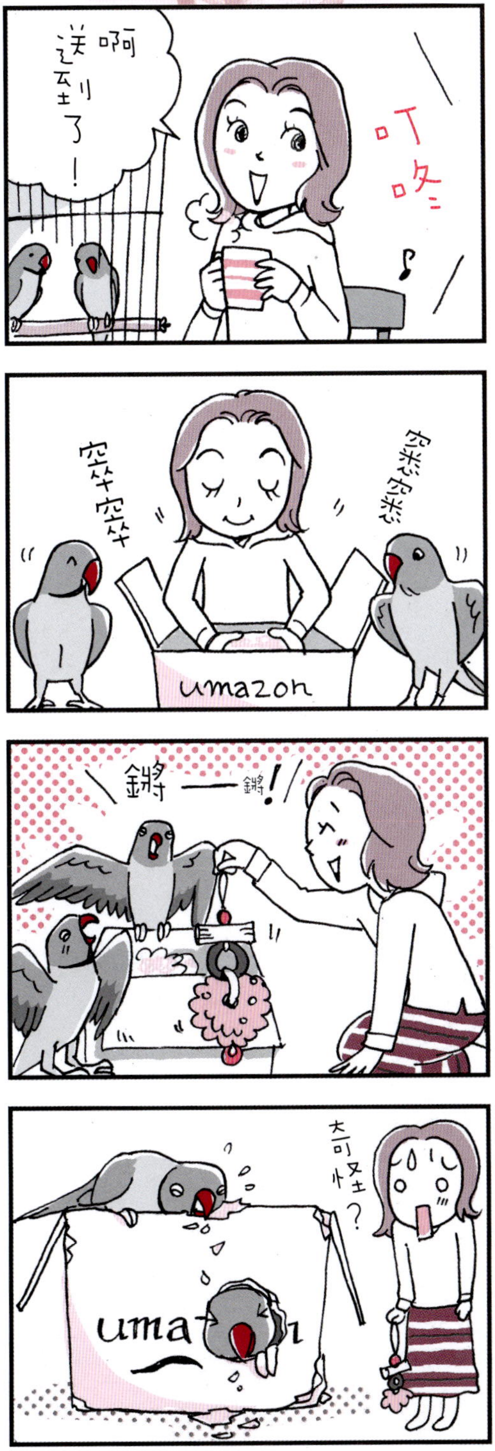

看漫畫與鳥的笑一笑！生活及醫療

『探討剪羽與否』

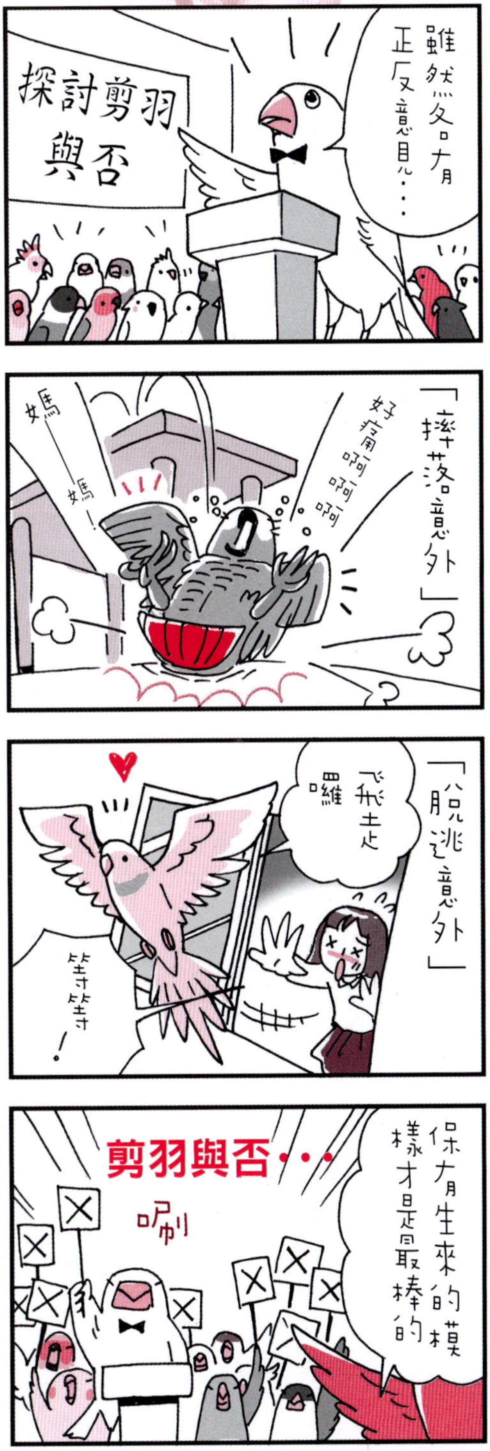

看漫畫笑一笑！與鳥的生活及醫療

『 衛生管理的奧義 』

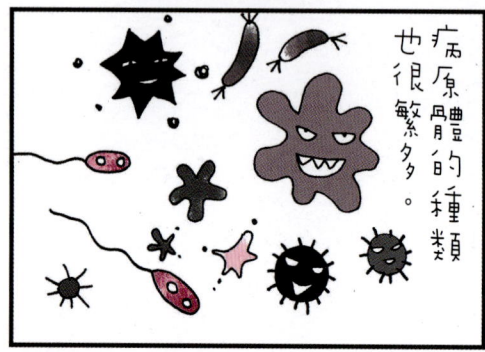

格1： 因此重要的關鍵在於…… 通風 嗡

格2： 消毒藥的種類五花八門（苯基甲醛系、過氧化、碘丁酒精、無水酒精）

格3： 「不要隨意按摩喔」 好朋友來囉 不要

格4： 病原體的種類也很繁多。

格5： 「流水洗淨」 唰

格6： 消毒藥當中也有難以發揮效果、使用條件嚴苛的產品（金屬NG）

格7： 「用完丟棄」 丟進去 垃圾桶

格8： 與壞菌戰鬥真難。尤其是外行人

100

鸚鵡的家庭醫學書

Chapter 7

寵物鳥
容易罹患的疾病

獸醫療監修
獸醫師暨獸醫學博士　**三輪恭嗣**
獸醫師　**西村政晃**

CHAPTER 7
病毒引起的感染症

鸚鵡的內臟乳突狀瘤病（IP）

疱疹病毒科的鸚鵡疱疹病毒（PsHVs：Psittacid Herpes Viruses）導致形成腫瘤的疾病。

【原因】病毒隨糞便、呼吸器官、眼睛分泌物排泄。經由其他鳥禽攝取、吸入造成感染。

【發病鳥種】所有鸚鵡及鳳頭鸚鵡類都有機會發病，但是金剛鸚鵡、亞馬遜鸚鵡、非洲灰鸚鵡等大型鸚鵡及鳳頭鸚鵡類的抵抗力可能比較弱。

【症狀】主要在口腔內、泄殖腔內的黏膜形成乳突狀腫瘤。可能擴及結膜、鼻淚管、法氏囊（泄殖腔附近的淋巴組織）、食道、嗉囊、腺胃及砂囊。症狀包括血便、乳突狀瘤突出等，足部可能會形成乳突狀瘤及硬塊。受感染鳥禽會逐漸衰弱。

【治療】切除、冷凍或燒灼（燒除病變組織的治療）乳突狀瘤，使用抗疱疹病毒藥物等進行治療。

【預防】準備接新鳥回家的時候，選購飼養在整潔環境的鳥；帶回家以前先接受檢查等等即可預防。

玻納病毒感染症（腺胃擴張症）

【原因】病因是玻納病毒科禽類玻納病毒屬（ABV：Avian Bornavirus）的病毒。

【發病鳥種】一般認為所有鸚形目都有機會感染。在罕見的情況下，金絲雀、雀鳥類也會發病。

【感染】間歇性地（定期發作一段時間就停止的模式）隨糞便排出，也能透過卵造成感染。潛

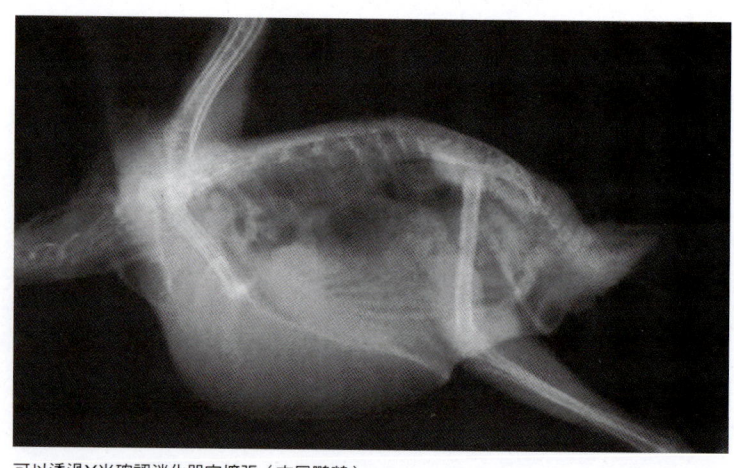

可以透過X光確認消化器官擴張（玄鳳鸚鵡）。

::: CHAPTER 7 ::: 寵物鳥容易罹患的疾病

罹患玻納病毒感染症的玄鳳鸚鵡。 　　　　嗉囊下垂。 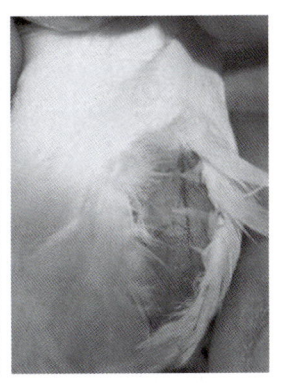　　　　　　　　嗉囊明顯擴張，蔓延到腹部。

伏期短則數天，長可達將近10年。糞便、嗉囊液、卵等會檢出禽類玻納病毒。已確認親鳥與雛鳥、同居鳥禽之間會互相傳染。

【症狀】感染末梢神經以後，逆行性感染至中樞神經，引起各種神經障礙。近年的研究認為可能會導致羽毛破壞行為、自咬等自殘行為。

症狀五花八門，不過多會引發嗉囊、食道、腺胃、肌胃、十二指腸運動功能低下及擴張，以出現消化器官症狀（食欲不振、吐食、嘔吐、粒便、黑便）等為主。

神經症狀包含抑鬱、無法站在棲架上、走路方式異常等運動失調、喪失平衡感、搖頭晃腦、失明、足部不適、麻痺、激烈的羽毛破壞行為及自咬、泄殖腔脫垂、痙攣、強直性發作、角弓反張（頸部及背部反折，後仰如弓狀的神經症狀）等等。

【治療】以延命或提升生活品質的治療為主，而非追求完全治癒。有時也會根據阻礙病毒複製的研究報告，嘗試抗病毒藥物。

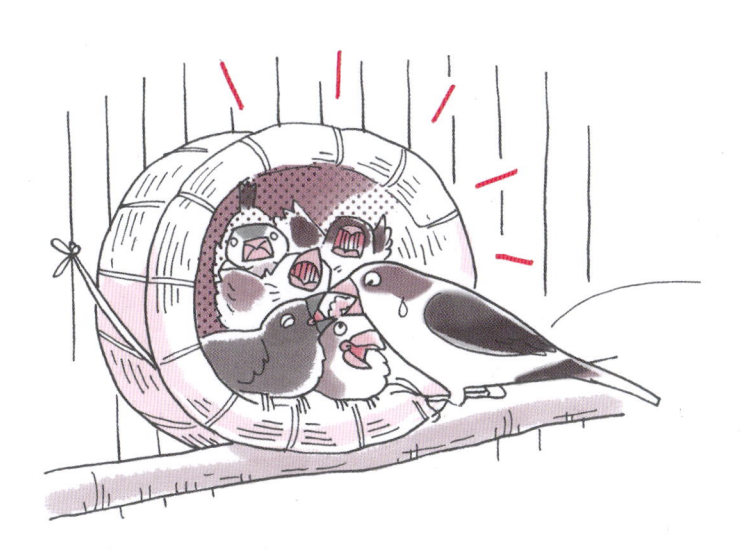

103

【預防】保持全身健康、避免讓幼鳥等免疫力低下的鳥和未檢查或陽性的鳥接觸、定期使用消毒藥及殺菌劑常保飼養環境整潔、以照射紫外線（UVC）燈或晒太陽等方式消除飼養用品上的病毒等等即可預防。

鸚鵡喙羽症（PBFD）

鸚鵡喙羽症屬於病毒性疾病，病因是圓環病毒（*Circovirus*）。英文PBFDV縮寫自 *Psittacine Beak and Feather Disease Virus*。有時候也會稱為PCD（*Psittacine Circovirus Disease*）。

【原因】受感染鳥禽的糞便、嗉囊液、脫落的羽毛等會檢出病毒。感染途徑可能是攝取、吸入同居鳥禽的羽毛、脂屑、糞便造成水平感染。通常不會將感染鸚鵡喙羽症的親鳥用於繁殖，但是親鳥哺餵雛鳥也有可能造成感染。對病毒的抵抗力視鳥種而異，症狀及嚴重程度視發病年齡而異。

鸚鵡喙羽症導致全身羽毛萎縮（虎皮鸚鵡）。

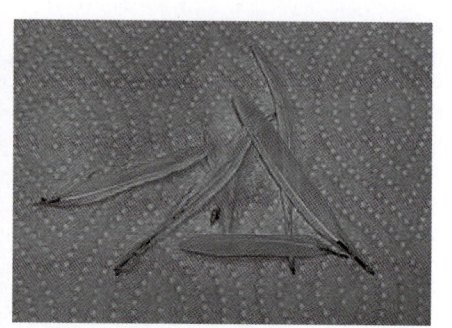

鸚鵡喙羽症導致飛羽的羽軸內帶血。

鸚鵡喙羽症在澳洲亦為對野生鸚鵡及鳳頭鸚鵡頗具威脅性的感染症。

左：鸚鵡喙羽症、右：正常／左方的虎皮鸚鵡全身羽毛凌亂，尾羽偏短。

主要是3歲以下的亞成鳥對鸚鵡喙羽症的抵抗力比較弱，3歲以後就不太容易感染了。

【發病鳥種】好發於虎皮鸚鵡、白色系鳳頭鸚鵡以及非洲灰鸚鵡。也好發於幼鳥等免疫力低下的鳥、從國外進口的鳥。

【病程】大多數情況極難治癒，1年內就會死亡，不過仍有長期存活及轉為陰性的案例。

孵化沒多久的雛鳥多為甚急性型，會引發突然死亡；幼鳥多為急性型，會出現羽毛異常、消化器官症狀、貧血等症狀。亞成鳥到成鳥多為慢性型，當羽毛異常、嘴喙異常的症狀加劇，免疫不全會導致死亡。也有體內帶有病毒卻未出現症狀的隱性感染。

【症狀】多在幼鳥期準備長出正羽時或換羽期間發病。

症狀視鳥種及年齡而異，會出現以下症狀。
羽毛異常：羽軸異常（萎縮、捲曲、血斑）、羽軸壞死。
羽色異常：羽枝缺損、脫落、羽毛脫色、羽鞘脫落不全、脂屑減少等。
嘴喙異常：初期脂屑減少，導致平常帶灰的黑色嘴喙泛著黑色光澤（非洲灰鸚鵡及白色系鳳頭鸚鵡），病情加劇時會出現嘴喙過長、脆化的症狀。

羽毛異常會隨著換羽持續加劇。最終導致免疫力低下，細菌、真菌等引發二次感染（虎皮鸚鵡會出現腹瀉、尿酸顏色異常的消化器官症狀；中大型鳥禽會出現口內炎等）。口內炎引發疼痛及嘴喙形成不全，使病鳥逐漸衰弱。

【治療】至今尚未確立治療法，故採用免疫賦活療法（活化免疫功能，增強低下的防禦力的藥物療法）。雖然早期發現施以免疫賦活療法後痊癒的案例也不少，可一旦罹患時間拉長會難以復原。

【預防】接新鳥回家的時候要隔離一段時間，避免和其他鳥禽接觸等等。

小鸚哥病
（BFD：Budgerigar Fledgling Disease）

【原因】多瘤病毒科多瘤病毒屬（*Polyomaviridae Polyomavirus*）感染所致。

【發病鳥種】好發於虎皮鸚鵡，不過也會感染桃面愛情鳥、牡丹鸚鵡、錐尾鸚鵡、紅領綠鸚鵡、金剛鸚鵡類、折衷鸚鵡、鳳頭鸚鵡類等諸多鸚形目鳥類及雀鳥類。

【症狀】出生後未滿1個月的虎皮鸚鵡幼鳥一旦發病，會出現羽毛異常、皮膚變色、腹部鼓脹、腹水積聚、肝壞死、伴隨著出血的肝腫大、頭部顫抖等症狀，極難治癒。存活的個體可能會出現羽毛發育障礙。愛情鳥在大約在1歲以前會受到感染影響。成鳥的感染案例多為無症狀（隱性感染）。

【治療】羽毛異常的治療方法參照鸚鵡喙羽症。無症狀的鳥檢出陽性時應是暫時性病毒血症，所以數月以後會再次進行檢查。通常會轉陰，不過也有可能變成帶原鳥。

【預防】接新鳥回家以後，直到健康狀況穩定以前要隔離一段時間，避免和其他鳥禽接觸；提供適當的飼養環境及飲食、平常提高免疫力等等都是可行的預防方法。

CHAPTER 7
細菌引起的感染症

細菌包括革蘭氏陽性菌與革蘭氏陰性菌。

革蘭氏陰性菌感染症

鳥類身上的菌主要為革蘭氏陽性菌，鸚鵡、鳳頭鸚鵡類及雀鳥類沒有盲腸，未常存於體內的革蘭氏陰性菌一旦過多就會致病。

【原因】革蘭氏陰性菌包括像大腸桿菌這種存在於環境中的菌、會使水質及蔬果等物腐壞的假單孢菌（綠膿桿菌等），遭到貓狗咬傷時容易感染的巴斯德氏菌，以及吃到混有蛋、堅果、蟑螂或老鼠糞便的不衛生穀物種子飼料、加工飼料等物容易感染的沙門氏菌等等。
※巴斯德氏菌及沙門氏菌屬於人畜共通傳染病，必須多加留意。

【發病鳥種】所有鳥種都有機會發病。

【症狀】可能出現沒有精神、呼吸器官症狀、嗜睡（進入睡眠狀態的意識障礙）、食慾不振、蓬羽、腹瀉、多尿、體重減輕、呼吸困難、結膜炎等症狀。

【治療】主要使用抗生藥物。

【預防】不要讓鳥禽接近貓狗以免咬傷意外發生、摸鳥之前確實洗淨雙手、不要餵食遭到不衛生環境污染的飼料及堅果，先用流水充分洗淨蔬果再餵食並且在腐壞以前移除廚餘、定期消毒飼養環境及飼養用品（尤其是飼料盆、水盆、裝菜瓶等餐具）、勤於保持飼養環境通風、阻斷老鼠、野鳥、昆蟲（蒼蠅及蟑螂等）的入侵途徑等等即可預防。此外，當身體的防禦機制由於壓力、營養狀態惡化而減弱，就會容易感染，所以適當地整頓飼養環境也很重要。

革蘭氏陽性菌感染症

鳥類罹患革蘭氏陽性菌感染症的主要病因包括葡萄球菌及李斯特菌。

【原因】鳥類主要感染性疾病的致病菌葡萄球菌屬於常在菌（平常存在於身上的細菌）。李斯特菌是一種廣布於動植物、昆蟲及土壤等處，棲息在大自然的環境常在菌，不過一般認為受汙染的青菜是鳥類的主要感染源。

【發病鳥種】所有鳥種都有機會發病。

【症狀】皮膚病等病變、上呼吸器官會檢出葡萄球菌。感染創傷、灼傷、褥瘡等皮膚損傷部位，引發化膿性炎症。會出現蓬羽、食慾及精神不振、皮膚糜爛（黏膜潰爛）、流出滲出液、跛行（拖著腳走路）、足部不全麻痺、生長板障礙導致骨骼變形等症狀。

免疫力低下的鳥還會出現呼吸器官感染、消化道感染、敗血症等症狀。有組織壞死及出現膿瘍的問題時，可能需要進行外科手術。李斯特菌引發的李斯特菌症會出現失明、斜頸（臉經常朝左或朝右歪著脖子的狀態）、顫抖、昏迷、麻痺、嘔吐、腹瀉、跛行、足部不全麻痺等症狀。

【治療】主要使用抗生藥物。

【預防】平常切莫疏於管理鳥禽健康，維持免疫

力即可預防。一般認為寵物鳥傳染給人類的機率很低，但是孕婦、新生兒、有潛在疾病者接觸受感染鳥禽時必須留意。

其他細菌引起的感染症

禽類抗酸菌症（家禽結核病）〔人畜共通傳染病〕〔通報傳染病〕

抗酸菌是分枝桿菌科分枝桿菌屬的革蘭氏陽性菌，多存在於湖沼、河川、濕地等環境。屬於人畜共通傳染病，會引發後天免疫缺乏症候群（AIDS）患者罹患傳染性結核病。此外，也是日本傳染病預防法※的通報傳染病。

【原因】感染源包括經口攝取遭到抗酸菌症患鳥排泄物汙染的水域或土壤、受感染鳥禽的飛沫、創傷（體表組織的損傷）導致皮膚感染等等。

【發病鳥種】禽類抗酸菌症屬於全球性風土病，所有鳥種都有機會感染，即便是寵物鳥也有許多鳥種會發病，還有傳出虎皮鸚鵡及玄鳳鸚鵡的病例報告。

【症狀】禽類抗酸菌症屬於慢性消耗性疾病，可能未出現典型症狀就突然死亡。雖然沒有特別典型的症狀，但是可能出現沒有精神、蓬羽、嗜睡、腹瀉、軟便、多尿、尿酸黃化、腹部鼓脹、輕度呼吸急促等症狀。

【治療】抗酸菌具有高度抗藥性，所以主要以抗結核藥物等進行多劑併用的治療。

【預防】接新鳥回家以前先進行檢查，對飼養用品進行日晒消毒、酒精消毒、煮沸消毒（以80℃熱水煮10分鐘）等等都是可行的預防方法。

黴漿菌症

黴漿菌屬的微生物引發的感染症。

【原因】黴漿菌極少單獨致病，不過加上細菌混合感染時會發病。病原體隨呼吸器官、眼睛分泌物排泄，經口攝取或吸入時造成感染。除此之外，介卵感染（病原體透過卵傳染給雛鳥的感染模式）也會引發垂直感染。

【發病鳥種】寵物鳥當中，極度好發於玄鳳鸚鵡、虎皮鸚鵡、愛情鳥、文鳥。有傳出亞馬遜鸚鵡、金剛鸚鵡、白色系鳳頭鸚鵡類的病例報告。

【症狀】出現結膜炎、鼻炎、鼻竇炎的症狀。持續加劇的話，可能會引發肺炎、氣囊炎、關節炎。除此之外，還會出現呼吸困難、變聲、精神及食欲不振、蓬羽等症狀。

【治療】透過PCR檢測來鑑別，投用對黴漿菌有效的抗生藥物進行治療。

【預防】攝取適當營養（尤其是維生素A等）、紓解壓力、勤於通風以保持空氣潔淨等即可預防。

混合感染六鞭毛蟲、麴菌、黴漿菌，正在治療的玄鳳鸚鵡。

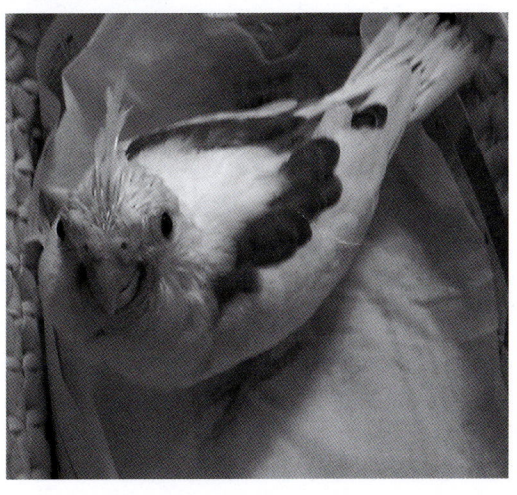

※ 僅以家雞、鴨、日本鵪鶉、火雞為對象。

蓬羽（斑胸草雀）。

禽類鸚鵡熱
〔人畜共通傳染病〕

鸚鵡熱是鸚鵡熱衣原體（Chlamydia psittaci）引發的人畜共通傳染病。

【原因】主要感染途徑為糞尿、鼻水、淚液、唾液、呼吸器官分泌物等空氣傳播或接觸感染，從呼吸器官入侵，定期或間斷地排泄。

糞便、分泌物乾燥化成粉狀物，經由鳥禽或人類吸入進行傳播。受感染鳥禽非常容易傳染給同居鳥禽，所以若有其他同住的鳥通通都要接受檢查。攝取被糞尿汙染的飲水及飼料，親鳥哺餵雛鳥也會造成垂直感染。亞成鳥的抵抗力比成鳥還要弱，容易感染。

【發病鳥種】日本國內的寵物鳥有傳出多起玄鳳鸚鵡、虎皮鸚鵡及鴿子的病例報告。其中又以幼鳥的帶菌率最高。

【症狀】出現蓬羽、抑鬱、食欲不振、體重減輕、噴嚏、鼻水、哈欠、結膜炎、流淚、閉眼等症狀。出現咳嗽及喘鳴、呼吸困難、開口、上下擺尾（上下擺動尾羽來輔助呼吸的狀態）、全身呼吸、觀星症（仰望姿勢）、發紺（血液中含氧量不足導致變色）、黃～綠色的尿酸、腹瀉、多飲多尿、浮腫、腹水、痙攣、角弓反張、顫抖、斜頸、麻痺等中樞神經症狀等等。

【治療】使用抗生藥物進行治療。

【預防】定期接受健康檢查，關鍵在於早期發現、早期治療。接新鳥回家的時候進行相關檢查，若呈現陽性反應，最好經過治療轉陰以後再帶回家。

最好對飼養用品進行熱水及日晒消毒，使用消毒劑時選用酒精、次氯酸鈉來預防感染。

BIRD's Column — Health & Medical care

人類鸚鵡熱

禽類鸚鵡熱有超過100種鳥種的病例報告。主要感染源是吸入受感染鳥禽排泄物中的鸚鵡熱衣原體。人類的性感染症披衣菌感染、肺炎披衣菌屬於別種細菌。

鸚鵡熱的潛伏期為大約1～2週，發病時伴隨著急遽的高熱與咳嗽。會突然爆發高熱、惡寒、頭痛、倦怠感、肌肉痛、關節痛、咳嗽等類似流行性感冒的症狀。社區型肺炎（在醫院、療養設施等處以外的場所感染的肺炎）的發生頻率並不高。

嚴禁與鳥進行嘴對嘴餵食、親吻、磨蹭臉頰等過度親密接觸的行為。時刻謹記與鳥禽來往過密恐會感染鸚鵡熱，飼養應當有所節制。雖然相當罕見，不過有時被寵物鳥咬到也會感染。飼養的鳥禽也有可能同時感染多位人類（比如家人）。鸚鵡熱原本是鳥類的感染症。也有可能像隱性感染那樣，鳥禽已經帶原卻看起來依舊健康正常。當鳥身體衰弱或正值育雛期間比較容易排菌（將病原菌排出體外）。經由糞尿、鼻水、淚液、唾液、呼吸器官分泌物等造成感染。

在通風不良的密閉環境中，多為含有披衣菌的糞便乾燥後化為粉塵飄散，吸入後導致感染的狀況。健康人類在一般飼養環境養鳥的過程中遭到感染的狀況很罕見，可是若當事人屬於免疫力低下的族群，恐會提高發病的機率。尤其抵抗力較弱的高齡者、孕婦、有潛在疾病者等，更要避免與鳥進行不必要的接觸比較妥當。

為了守護彼此的健康，保持適當的距離很重要

CHAPTER 7

寄生蟲引起的感染症

消化道內寄生蟲

滴蟲症（原蟲）

滴蟲目滴蟲科滴蟲屬的鴿毛滴蟲（Trichomonas gallinae）引發的鳥類感染症。人類的性感染症滴蟲（Trichomonas vaginalis）屬於別種原蟲。

【原因】主要寄生在口腔內、食道及嗉囊進行增殖。處於乾燥環境時能存活的時間很短，但是待在飲水區、裝菜瓶中的水等有水環境中便能長期存活。

【發病鳥種】日本國內的寵物鳥當中以文鳥最常發病，近年來透過嗉囊檢查檢出虎皮鸚鵡感染滴蟲的案例也有增加的趨勢。

【感染】求偶行為、親鳥在育雛期間反芻哺餵、重複使用餵奶器具可能造成感染。

【發病】免疫力低下的雛鳥容易發病，進入成鳥階段以後很少發病。也有一生都不會發病的隱性感染案例，患鳥在這種情況下可能變成其他鳥禽的感染源。

【症狀】輕症時會因為食欲不振、口腔內不適、口腔內黏液增加而有反覆活動舌頭的動作，出現哈欠、吐出黏液、擺頭等症狀。引發二次感染且膿瘍形成時，還會出現食物通過障礙、下顎部及頸部突出的症狀。當感染擴及至鼻竇，將會出現噴嚏、鼻水、結膜炎的症狀。如果是文鳥，可能會看到外耳孔有空胞突出。

【治療】使用抗原蟲藥物進行驅蟲。滴蟲消亡以後，患鳥仍有可能因為全身狀態惡化而死亡，所以有時會視鳥禽狀態投用抗生藥物及抗真菌藥物等。

【預防】充分乾燥鳥籠及飼養用品可以消滅滴蟲。進行熱水消毒、氯液消毒、酒精消毒也很有效。帶有滴蟲的雛鳥容易因為環境變化而發病，最好趕快送往動物醫院接受健康檢查，預防發病。

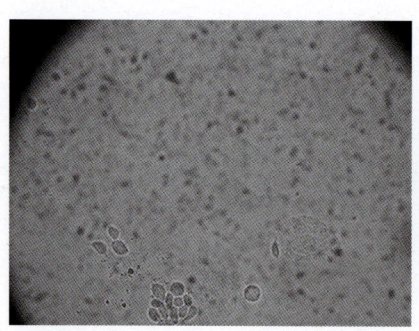

滴蟲原蟲。

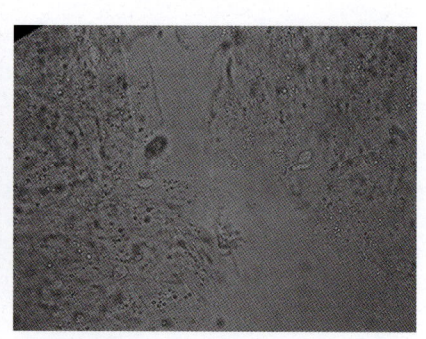

六鞭毛蟲科原蟲。

梨形鞭毛蟲症（原蟲）

雙滴蟲目六鞭毛科梨形鞭毛蟲亞科梨形鞭毛蟲屬的鸚鵡梨形鞭毛蟲（Giardia psittaci）引發的鳥類感染症。會危害哺乳類及人類的蘭氏梨形鞭毛蟲（Giardia intestinalis）屬於別種原蟲。

【原因】梨形鞭毛蟲有滋養體與囊體（包覆著膜處於休眠狀態）這兩種型態。棲息在小腸，在腸內前半部為攝取養分進行增殖的滋養體，到了腸內後半部會形成囊體隨糞便排泄。

【發病鳥種】罕見於虎皮鸚鵡及文鳥的幼鳥。

【感染】攝取附有囊體的飼料或排泄物造成感染。成鳥即使遭到感染也大多不會發病，但是可能會成為感染源，所以一旦發現就要準備進行驅蟲。會不會發病取決於鳥禽的免疫力，一生都不會發病的隱性感染者會變成其他鳥禽的感染源。

【症狀】多為隱性感染不會發病，可一旦發病會出現腹瀉、體重減輕的症狀。

【治療】使用抗原蟲藥物進行驅蟲。

【預防】接受健康檢查，有感染的話要在發病前進行驅蟲。使用熱水消毒、苯酚或甲酚消毒液等，定期對鳥籠及飼養用品進行消毒十分有效。底部最好使用隔屎網，避免排泄物接觸口部。

六鞭毛蟲症（原蟲）

六鞭毛蟲和梨形鞭毛蟲一樣，擁有滋養體與囊體這兩種型態。

【原因】六鞭毛蟲的原蟲會寄生在腸內，可能引發腹瀉、體重減輕。

【發病鳥種】寵物鳥的六鞭毛蟲症最好發於玄鳳鸚鵡。

【感染】一般認為主要是攝取附有囊體的飼料或排泄物造成感染。多為一生都不會發病的隱性感染，但是幼鳥、亞成鳥或是罹患其他疾病等導致免疫力低下的狀態容易發病。

【症狀】一旦發病，會出現嗜睡、食欲不振、黃綠色軟便、腹瀉、體重減輕的症狀。

【治療】透過糞便檢查發現六鞭毛蟲時，投用抗原蟲藥物。

【預防】預防方法同梨形鞭毛蟲症。六鞭毛蟲的抗藥性很高，很難達到完全驅蟲。

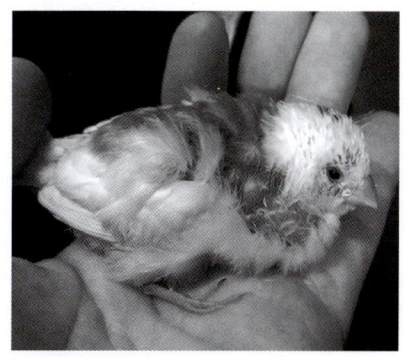

罹患滴蟲症的斑胸草雀。

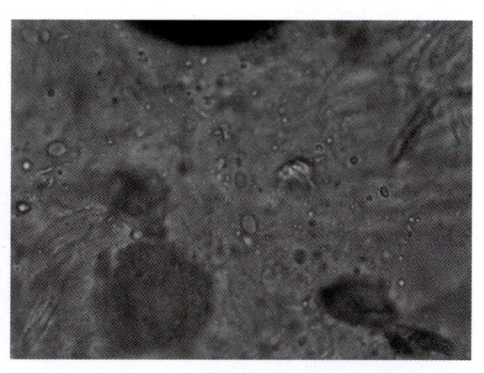

梨形鞭毛蟲（囊體）／囊體覆有橢圓形的殼不會活動。

球蟲症（原蟲）

真球蟲目艾美球蟲亞目艾美球蟲科艾美球蟲屬（Eimeria）或等孢子蟲屬（Isospora）原生動物所致。不同於哺乳類的球蟲症。檢出的球蟲種類視鳥種而異。

【原因】隨受感染鳥禽糞便排泄的球蟲卵囊（在原蟲的生命週期當中，受精卵被皮膜等包覆的狀態）經口感染。進入鳥體內的卵囊會一邊改變型態一邊入侵腸黏膜。好發於免疫力低下的幼鳥及雛鳥。一生都不會發病的隱性感染者會變成其他鳥禽的感染源。

【發病鳥種】寵物鳥當中好發於文鳥。

【症狀】引發食欲不振及腹瀉，嚴重時甚至會衰弱致死。當球蟲寄生在腸內進行分裂生殖，傷及腸黏膜容易引發二次感染。體內的球蟲一旦增殖，會開始出現含有黏液的淡褐色至紅褐色軟便、腸炎導致腹部鼓脹的症狀。在罕見的情況下，甚至會引發急性血便。血便以外的症狀還包括沒有精神、食欲不振、體重減輕等等。

【治療】使用抗球蟲藥物進行治療。有時球蟲具有強大的抗藥性，很難達到完全驅蟲。也會進行針對腹瀉等症狀的對症治療。

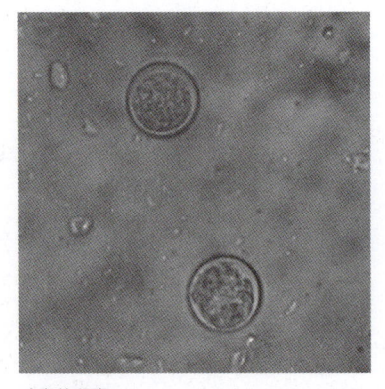

球蟲的卵囊。

【預防】在發病前接受糞便檢查，一旦發現就對球蟲進行驅蟲；避免和未檢查的鳥接觸即可預防。

球蟲對藥劑的抗藥性很高，在家使用熱水對鳥籠及飼養用品進行消毒。至於無法使用熱水進行消毒的物件，最好每次用畢丟棄，或是各準備兩個充分洗淨之後進行日晒乾燥。

隱孢子蟲症（原蟲）〔人畜共通傳染病〕

隱孢子蟲症是頂複合器門真球蟲目隱孢子蟲科的病原性原生動物引發的感染症。

【原因】遭到隱孢子蟲症患鳥糞便汙染的食物、水經口感染。此外，也會發生自家感染。

【發病鳥種】寵物鳥當中，桃面愛情鳥及牡丹鸚鵡經常檢出。也有玄鳳鸚鵡及雀鳥感染的案例。

【症狀】一旦寄生在胃部，會出現泡狀黏液、吐飼料、嘔吐、體重減輕的症狀。寄生在腸道時，主要是免疫力低下的鳥可能出現難治性軟便及腹瀉。寄生在呼吸器官時，伴隨著鼻炎、結膜炎、鼻竇炎、氣管炎、氣囊炎，會出現咳嗽、噴嚏、呼吸困難等症狀。除此之外，隱孢子蟲也會寄生在輸尿管及肺臟。

【治療】卵囊非常小，需透過特殊的染色、顯微鏡檢查來鑑別。除了驅蟲藥物之外，也會根據症狀進行對症治療，不過恢復免疫力也很重要。

【預防】對付隱孢子蟲很難達到完全驅蟲。接新鳥回家的時候最好先在動物醫院接受糞便檢查，以免傳染給同居鳥禽。消毒方式同球蟲症，定期對鳥籠及飼養用品進行熱水消毒、洗淨之後日晒乾燥。

【對人的影響】人類隱孢子蟲症的致病原蟲以人隱孢子蟲與牛隱孢子蟲為主，寄生在鳥類身上的

隱孢子蟲傳染給人類的狀況很罕見。

一旦發病，除了腹痛、嘔吐之外，可能還會伴隨37～38℃左右的發燒症狀。

寵物鳥檢出隱孢子蟲時，在照顧患鳥、衛生方面必須充分留意，以免傳染給人類。

禽類蛔蟲症（線蟲）

蛔蟲隸屬於線蟲動物門，是細長狀的白色寄生蟲。主要寄生在消化器官。禽類蛔蟲是蛔蟲目雞蛔蟲科雞蛔蟲屬（Ascaridia）的線蟲。鸚形目的病例報告以雌雄同體雞蛔蟲（Ascaridia hermaphrodita）、扁雞蛔蟲（Ascaridia platyceri）為主。

【原因】一般認為是在衛生條件惡劣的繁殖場，感染蛔蟲的親鳥及同居鳥禽造成傳染。吞食蛔蟲卵會導致感染，而原因大多出自於遭到蛔蟲汙染的飼料。

【發病鳥種】文鳥及玄鳳鸚鵡多有檢出。原產自澳洲及南美的鸚鵡也有檢出案例。

【感染】接觸到混有含蛔蟲卵糞便的土壤也會造成飼料汙染。一旦條件齊備，糞便中的蟲卵會在2～3週內發育成具有感染能力的成熟卵，隨飲水及飼料等經口攝取造成感染。

少數寄生幾乎都是無症狀，但是也有可能出現腹瀉、消化吸收不良、體重減輕、成長不良的症狀。當蛔蟲大量寄生在體內時，蟲體造成栓塞可能會導致患鳥死亡。

【治療】透過糞便檢查觀察特徵性蟲卵進行診斷。通常會多次投用線蟲驅除藥物進行驅蟲，不過疑似遭到蛔蟲大量寄生時，蟲體引發栓塞的可能性很高，故可能以外科方式摘除蛔蟲。

【預防】幫親鳥進行驅蟲、繁殖場環境消毒很重要。蛔蟲卵對消毒劑有很強的抗藥性，可以棲息在土壤中好幾年。預防方法包括避免接觸遭到受感染鳥禽糞便汙染的土壤、使用熱水及蒸氣等對鳥籠及飼養用品進行消毒。

條蟲症（條蟲）

條蟲的身體很長，是隸屬於條蟲綱的扁平白線狀寄生蟲。

【原因】鳥的條蟲大多需要中間宿主（寄生蟲在幼蟲期寄生的宿主）。隨糞便排出鳥體外的條蟲節片不停蠕動，誘引昆蟲等中間宿主捕食。進入中間宿主體內的節片會在宿主消化道內排出蟲卵。卵孵化之後變成囊蟲。體內帶有這些囊蟲的昆蟲等中間宿主被鳥捕食，感染路徑因此成立。攝入鳥體內的囊蟲會附著在小腸壁上，繼續產生節片。目前沒有傳染給人類的病例報告。

【發病鳥種】經常發生文鳥感染的案例。文鳥身上的條蟲種類尚待查明。也有其他雀鳥類感染的案例。

【症狀】文鳥的條蟲和其他條蟲一樣，不會引發明顯的症狀。罕有因為條蟲的蟲體栓塞致死的病例報告。

【治療】透過鳥類糞便檢查檢出條蟲卵的狀況很罕見。觀察隨糞便排泄，形似蠕動米粒及魩仔魚的白色節片進行診斷。間隔性投用條蟲驅除藥物進行驅蟲。

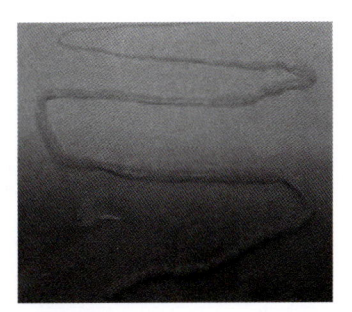

烏鴉的條蟲。

【預防】幫親鳥進行驅蟲、驅除棲息在飼養環境中的昆蟲。條蟲卵對消毒劑有很強的抗藥性。對鳥籠及飼養用品進行熱水消毒、浸漬在未經稀釋的含氯漂白劑等很有效。透過日晒進行紫外線消毒的時候，必須長時間曝晒在陽光下。

【對人的影響】目前沒有傳染給人類的病例報告。

體外寄生蟲

禽類疥癬症（節肢動物）

疥蟲屬於蜱蟎目疥蟎（無氣門）亞目疙蟎科膝蟎屬（Knemidokoptes）的節肢動物。膝蟎的特徵是渾圓的身體加上短肢，大小僅0.3～04公釐左右，所以肉眼無法觀察，要用顯微鏡確認。

【原因】膝蟎會在嘴喙根部、蠟膜、眼部周圍、足部等皮膚柔軟處鑽洞寄生，並在內部產卵。一般認為親鳥會感染給雛鳥，受感染鳥禽與其他鳥禽接觸也會傳染。

【發病鳥種】寵物鳥當中最好發於虎皮鸚鵡。也有文鳥及日本矮雞感染的案例。

【症狀】也有不少感染了膝蟎卻未發病的無症狀案例。

發病初期症狀包括嘴喙及足部出現白色脫屑症狀，伴隨著強烈搔癢感時會出現嘴喙朝鳥籠網子等處摩擦的動作。足部遭到感染時，會出現腳在棲架上踩踏的動作。

虎皮鸚鵡會出現嘴角及足部病變的症狀，接著擴及至嘴喙、蠟膜、顎下、臉部、整個足部，嘴喙及腳爪逐漸變形而過長。嚴重時會擴及至泄殖孔及全身皮膚，甚至於衰弱致死。

【治療】削下病變部位的表面或是沾附在黏性膠帶上，使用特殊藥劑溶解再放到顯微鏡下檢查。即使檢查結果沒有檢出膝蟎及其蟲卵，有時也會根據特徵性病變進行治療。以口服或外用的方式多次投用驅蟲藥物進行治療，直到蟎蟲完全消失。

【預防】定期對鳥籠及飼養用品進行熱水消毒。一旦發現感染，也要對放風場所仔細地進行消毒。主要在鳥的體表生活，所以保持環境衛生之餘，減少與受感染鳥禽的接觸等也很重要。

【對人的影響】目前沒有傳染給人類的病例報告。

雞皮刺蟎、北方禽蟎（節肢動物）

雞皮刺蟎（或稱紅蟎，Dermanyssus gallinae）屬於蜱蟎目中氣門亞目皮刺蟎科皮刺蟎屬的節肢動物。體長0.7～1.0公釐，顏色為紅～黑色，呈現細長蛋形且具有長肢，會寄生在鳥體上快速移動、吸血。同屬的鼠皮刺蟎（Dermanyssus hirundinis）比雞皮刺

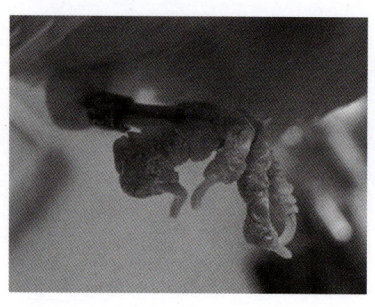

腳鱗剝落（腳鱗過度角化）的原因可能是缺乏維生素A及高齡等，不同於疥癬症。

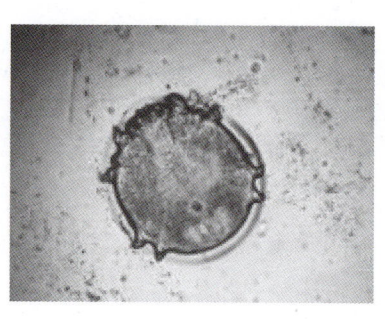

膝蟎擁有短肢與渾圓的身體，可以透過顯微鏡觀察。

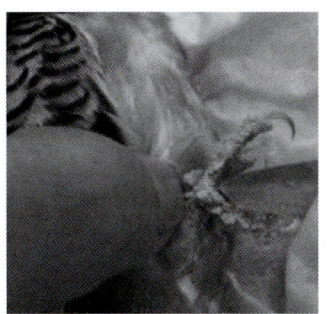

::: CHAPTER 7 ::: 寵物鳥容易罹患的疾病

疥癬症引發的嘴角病變。　　　　　　　　　　　足部典型的浮石狀病變。

蟎稍微小一些。北方禽蟎（Ornithonyssus sylviarum）屬於節肢動物門蛛形綱蜱蟎目巨刺蟎科禽刺蟎屬，雖然形似雞皮刺蟎，體型卻比雞皮刺蟎稍微小一些。未吸血時身體呈現灰白色，不過吸血就會變成紅色。

【原因】雞皮刺蟎多在夏季期間出沒，白天時會從鳥禽身上離開，潛入鳥籠、巢箱縫隙等處。入夜以後再寄生到鳥體上吸血。另一方面，北方禽蟎不會離開鳥禽身上，依附在體表生活、繁殖、吸血。

【發病鳥種】有雞皮刺蟎同類寄生各種鳥種的病例報告。

【症狀】被吸太多血的話會貧血，導致精神及食慾不振。雞皮刺蟎在夜間吸血，可能導致鳥禽在入夜以後暴走。主要症狀為吸血引起的搔癢、皮膚發炎等等。嚴重時甚至會致死。

【治療】捕捉棲息在體表或環境中的蟎蟲放到顯微鏡下檢查。使用驅蟲藥物進行治療。

【預防】養在室外的禽舍、有野鳥在家中築巢的時候，雞皮刺蟎可能入侵家中寄生寵物鳥。定期對鳥籠及飼養用品進行熱水消毒、常保飼養環境整潔、避免環境高溫多濕很重要。北方禽蟎只會寄生在鳥體上，不會棲息在環境中，所以消毒並非重要環節。

【對人的影響】從鳥身上轉移到人體可能引起皮膚炎。大量寄生甚至會引發過敏反應（尤其是北方禽蟎及鼠皮刺蟎）。

羽蟎（節肢動物）

羽蟎泛指蜱蟎目無氣門亞目蛛形綱蜱蟎目羽蟎總科的動物。

【原因】燕子、麻雀等野鳥在人類住家繁殖的時候，蟎蟲可能會從鳥巢往屋內移動，寄生到寵物鳥身上。

【症狀】一般認為羽蟎共生在鳥的羽毛，以沾附在羽毛上的老舊油脂及黴菌等多餘物質為養分。即使大量增殖，也幾乎不會危害到鳥禽。

【治療】可以透過肉眼觀察。也可以塗抹驅蟲劑進行驅蟲，但是羽蟎不會傷害鳥體，所以是否需要治療各有正反意見。

【預防】鳥自行梳理羽毛即可去除羽蟎。羽蟎寄生在鳥體上而非棲息在環境中，所以針對環境消毒並非重要環節，但是需進行清理脫落的羽毛等衛生方面的管理。

【對人的影響】可能引發蟎蟲過敏。

氣囊蟎（節肢動物）

會寄生寵物鳥的氣囊蟎（Sternostoma tracheacolum）隸屬於蜱蟎目中氣門亞目鼻刺蟎科氣囊蟎屬。

【原因】正如其名所示，氣囊蟎會寄生在氣管、氣囊、肺臟等呼吸器官。體長約0.6公釐，顏色為黑褐色，呈現蛋形且具有稍長的肢，會在氣管內移動。從卵到變為成蟲以前，都會在鳥的呼吸器官內成長。

【發病鳥種】好發於金絲雀及胡錦鳥。其他雀鳥類也有機會感染，不過鸚鵡及鳳頭鸚鵡類幾乎不會感染。

【感染】親鳥對雛鳥經口感染。

【症狀】在氣管內等呼吸器官繁殖，會出現呼吸聲異常、變聲、開口呼吸等症狀，嚴重時會引發呼吸困難甚至於死亡。

【治療】使用光源照射喉部附近，能夠以肉眼確認有無氣囊蟎。多次投用驅蟲藥物進行驅除。

【預防】野鳥身上也會出現氣囊蟎。最好不要長時間把鳥籠放置在外。

羽蝨（節肢動物）

羽蝨泛指昆蟲綱嚙蝨目（Psocodea）中不吸食體液及血液，以羽毛為食的寄生性昆蟲。

【原因】羽蝨從卵、幼蟲到成蟲的所有生命階段皆在鳥體上度過。大小約1公釐，比其他寄生蟲還要大，能夠視物。

【發病鳥種】大多數鳥類都有寄生的病例報告。

【感染】一般認為是鳥禽之間接觸傳染，不過通常鳥可以自行梳理羽毛來驅除。

【症狀】觀察到羽枝被羽蝨啃咬而缺損。大量寄生時，會出現搔癢及壓力導致皮膚炎、羽質低下等症狀。由於刺激皮膚的關係，搔癢可能會造成羽毛損傷及自咬。

【預防】鳥禽平常自行照護羽毛很重要。進行日光浴、水浴也可以預防。

羽蝨。

真菌引起的感染症

CHAPTER 7

麴菌症

真菌（黴菌）當中的麴菌（麴黴）增殖，主要入侵呼吸器官的疾病。

【發病鳥種】所有鳥種對麴菌的抵抗力都不高，但是不同鳥種的抵抗力存在很大的差異。

好發於大型鳳頭鸚鵡、非洲灰鸚鵡及亞馬遜鸚鵡類。雖然不像大型鸚鵡及鳳頭鸚鵡那麼常見，不過虎皮鸚鵡等小型鳥也有機會感染。

【感染】諸如遭到排泄物等污染的稻草底材及巢材、潮濕的飼料等，籠內不衛生的環境會變成真菌的溫床。超過25℃的高溫多濕狀態有利於真菌增殖。

通風不良、過度密集飼養導致孢子增加，大量吸入時造成感染。

即使沒有暴露在大量孢子當中，當鳥本身處於免疫力極度低下的狀態，吸入極少量的孢子也會感染。

【症狀】免疫力低下的鳥吸入大量孢子而發病。也有很多初期未出現症狀的案例。症狀包括上下擺尾（呼吸急促且尾羽上下擺動的症狀）、呼吸急促、發紺（皮膚、黏膜及嘴喙變成青紫色的狀態）、多飲多尿、嗜睡、食欲不振、嘔吐等。甚至於可能出現這些症狀以後突然死亡。

除此之外，還會出現綠色尿酸、肝腫大、腎腫大、腹水、胃腸障礙、發聲變化、無聲、運動失調（無法順暢運動、活動的狀態）、麻痺、顫抖（震顫）、斜頸（脖子朝其中一邊歪斜）等症狀，慢性型會引發肺炎及氣囊炎。

【治療】口服對付麴菌很有效的抗真菌藥物，或是透過吸入療法進行治療。

【預防】麴菌屬於常存於環境中的黴菌，所以最好勤於保持飼養環境通風，避免營造黴菌容易繁殖的高溫多濕狀況。再來，免疫力低下比較容易感染，所以提供適當的飼養環境及飲食、減輕鳥禽壓力也可以預防。

念珠菌症

真菌（黴菌）當中的念珠菌引發的感染症。

【原因】念珠菌屬（Candida）的真菌增殖導致發病。屬於棲息在許多寵物鳥消化道內的常在菌。一般認為尤其好發於小型鳥，其中又以玄鳳鸚鵡雛鳥的抵抗力特別弱。

【感染】病因是營養不足及疾病等，念珠菌在體內增殖引發機會性感染。疾病、衰弱、長期投用抗生藥物、餵食碳水化合物、極端的寒冷或炎熱、營養失調、惡劣環境等導致免疫力低下的鳥、幼鳥、亞成鳥容易發病。

【症狀】開始出現食欲不振及消化器官症狀。口腔內浮現白色斑塊的病變。病變伴隨著疼痛，所以會引發吞嚥困難、吐食（吐出嗉囊的內容物）、嘔吐（吐出胃部的內容物）、鬱滯（水分及食物長時間滯積在嗉囊內的狀態）。病灶進一步加劇時，會因為腹瀉、嗜睡、脫水等衰弱乃至於死亡。籠內及鳥體因為念珠菌開始發出腐敗的臭味。在皮膚增殖的念珠菌使病變部位增生，轉變成泛黃的顏色。念珠菌隨血流擴散至全身各內臟器官造成病變。

【治療】患部僅位於口腔內時，使用口服聚維酮碘進行消毒。使用抗真菌藥物等進行治療。

【預防】避免餵食加熱的碳水化合物、葡萄糖及果糖，吃蔬菜以補充維生素A等、提供適當的環境與飲食、紓解壓力都有助於預防。

隱球菌症
〔人畜共通傳染病〕

隱球菌症屬於人畜共通傳染病，病因是隱球菌屬的真菌（黴菌）造成感染。感染對象以鳥為首還包括人類、狗、貓等。

【原因】隸屬於擔子菌門的新型隱球菌（Cryptococcus neoformans）引發的人畜共通傳染病。

【治療】透過顯微鏡檢查及墨水染色法進行診斷。使用抗真菌藥物。

【預防】勤於打掃飼養環境，避免乾燥的糞便堆積、粉塵飄散空中即可預防。

【對人的影響】幾乎沒有養在正常環境中的寵物鳥傳染給人類使其發病的案例。多為未出現症狀的隱性感染，一般認為是免疫力低下導致發病。

巨大菌
（禽胃酵母菌）症

巨大菌症過去也稱為巨大細菌症，不過巨大菌是真菌而非細菌。

【原因】真菌當中的鸚鵡巨大菌（Macrorhabdus ornithogaster）引發的感染症。

【發病鳥種】感染會根據鳥的種類及免疫力狀態產生很大的變化。目前已知相當多的鳥種都有機會感染。其中又以虎皮鸚鵡、太平洋鸚鵡、金絲雀、斑胸草雀等多會產生嚴重障礙。文鳥及愛情鳥極少發生問題，但是處於免疫力極端低下的狀態時，許多鳥種都有可能發生問題。

【感染與病程】主要是親鳥對雛鳥經口感染。飼養環境惡劣等繁殖方面的壓力造成親鳥免疫力下降，恐會擴大感染範圍。也有攝取同居鳥禽的排泄物或嘔吐物造成感染的案例。

【症狀】發病症狀根據鳥禽的免疫力有很大的差異，也有不會發病的隱性感染案例。有時精神及食欲毫無異狀，仍會出現體重減輕、逐漸消瘦的症狀。可能出現噁心、嘔吐、食欲不振等，胃痛導致蓬羽、前傾姿勢、搔抓腹部等症狀。胃出血導致排泄物出現黑便，出血嚴重時嘔吐物可能混有鮮血。最終陷入貧血狀態，嘴喙及足部因此偏白。胃出血及嘔吐引發的脫水、誤嚥也有可能導致突然死亡。

【治療】進行糞便檢查，使用抗真菌藥物進行治療。

【預防】接鳥回家以後趕快接受健康檢查，在發病以前驅除很重要。

皮膚真菌症

皮膚真菌症泛指由真菌（黴菌）引發皮膚感染的疾病。

【原因】主要病因是小芽孢菌（Microsporum）或毛癬菌（Trichophyton），不過也有念珠菌（Candida）、紅酵母（Rhodotorula）、麴菌（Aspergillus）、黑黴菌（Rhizopus）、分枝孢子菌（Cladosporium）、馬拉色菌（Malassezia）、毛黴菌（Mucor）、鏈隔孢菌（Alternaria）等引發皮膚真菌症的病例報告。濫用抗生藥物及類固醇藥物等可能也是原因之一。

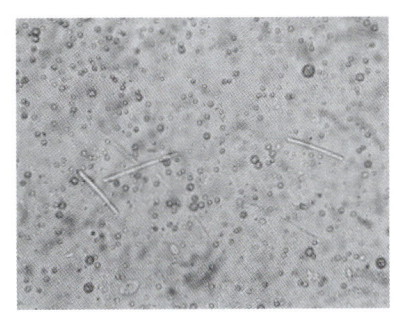

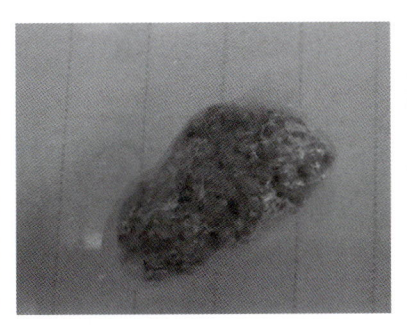

::: CHAPTER 7 ::: 寵物鳥容易罹患的疾病

巨大菌。

巨大菌症導致消化不良而出現粒便。

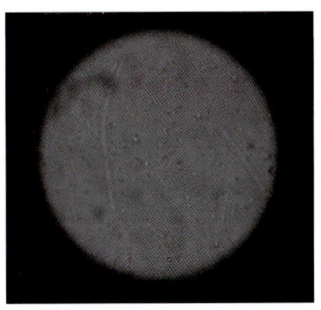

顯微鏡下的巨大菌／大型桿菌狀的酵母。

巨大菌導致體重降至25公克的虎皮鸚鵡。

嘔吐導致頭部有髒汙。

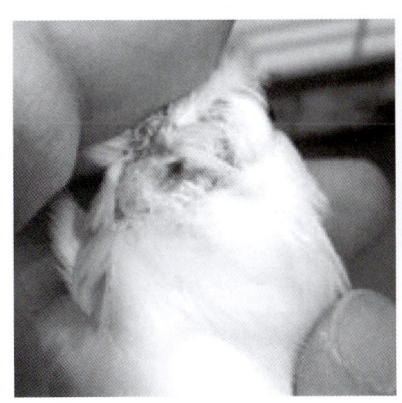

感染真菌性皮膚炎的文鳥／頭部及嘴角出現白色至黃色的痂皮。

【發病鳥種】寵物鳥當中好發於雀鳥類，罕見於鸚鵡及鳳頭鸚鵡類。

【症狀】受感染鳥禽的頭部或足部這類無毛部位有黃色厚痂皮形成。

【治療】使用抗真菌藥物。

【預防】留心營養均衡、積極補充維生素A、不要對鳥施壓等等即可預防。

119

獸醫師專欄 Veterinarian Column

鸚鵡的家庭醫學書

鳥類的獸醫學與文鳥

日本特寵動物醫療中心
三輪特寵動物醫院 院長
獸醫師暨獸醫學博士 **三輪恭嗣** 醫師

近年來，太平洋鸚鵡、橫斑鸚鵡、小錐尾鸚鵡等各種鸚鵡越來越常見，也有各種鳥禽前來動物醫院看診。不過，虎皮鸚鵡、玄鳳鸚鵡、名為愛情鳥的牡丹鸚鵡及桃面愛情鳥、文鳥、十姊妹等飼養歷史悠久的寵物鳥，還是占了來院數的大半。

歐美在鳥類獸醫學方面比日本更為先進，除了獸醫學領域的資訊以外，與飼養管理及繁殖相關的各種資訊每天都在更新。我自己為了進修鳥類獸醫學，也搜尋過好幾筆美國專門醫院及獸醫大學的資料，而美國的資訊量之多、價值之高總是令我感到折服。我從這些經驗發現了幾件事。

眾所周知，在日本小型鳥比較受歡迎，在歐美則是以金剛鸚鵡、亞馬遜鸚鵡、鳳頭鸚鵡類等相對大型的鳥禽比較熱門，因此這些鳥種的資訊在歐美可謂多如牛毛。近年來，把雞當作寵物養似乎也掀起了一陣風潮。另一方面，虎皮鸚鵡、玄鳳鸚鵡及愛情鳥在各國好像都有一定的市場，不同國家的相關資訊隨處可見。

標題列舉的文鳥也是日本從古至今頗受歡迎，大家都很熟悉的一種代表性玩賞鳥。話雖如此，歐美的飼養數似乎極其有限，幾乎找不到飼養管理及獸醫學的相關資訊。以前我曾經向從美國聘請的鳥類獸醫療權威醫師討教文鳥在麻醉時經常出現的反應及休克狀態，對方卻表示他沒有診療文鳥的經驗所以無從回答。反倒是鄰座的日本鳥類獸醫師興致勃勃地提出了許多問題。

鳥禽的種類五花八門，不同鳥種的差異比犬貓之間的差異還要大，每個鳥種的資訊也有限。收集每個鳥種資訊的重要性不言而喻。雖然熱門鳥種也會因為國家及時代而異，不過透過網路進行交流、收集資訊已經比過往容易許多。今後數年鳥類獸醫學又會有什麼嶄新的發展，著實令人期待。

CHAPTER 7 繁殖相關疾病

野外的雀鳥、鸚鵡及玄鳳鸚鵡每年會進行一至兩次左右的繁殖。另一方面，與人類共同生活的寵物鳥當中，不顧季節頻繁發情的鳥禽不在少數。其中，母鳥的慢性發情及生蛋不僅會引發生殖器官系統疾病，也有可能變成肝臟疾病、腎臟疾病、關節疾病等的原因。

母鳥的繁殖期相關疾病

反覆過度生蛋的母鳥會因為產卵消耗體內的鈣質，所以容易缺乏鈣質，面臨卵阻塞、骨質疏鬆症、骨折等問題。除了缺乏鈣質的問題，發情及過度生蛋也很容易罹患輸卵管及卵巢的疾病。

|卵異常|

過度生蛋

小型鳥生的蛋原本就比較多，但是在飼養環境中慢性發情導致過度生蛋會變成問題。

【原因】當陪伴鳥待在糧食充裕，每天都有飼料穩定供應的環境，過著冷熱溫差也不大的室內圈養生活時，對鳥來說可謂適合生蛋的環境。尤其人工照明的光週期延長有時候容易刺激鳥發情。
特別需要留意虎皮鸚鵡、文鳥、十姊妹、愛情鳥、玄鳳鸚鵡等小型陪伴鳥過度發情的問題。

【症狀】通常營養狀態良好、身體沒有出現異常的話，比較少會因為生蛋引發問題。一旦過度生蛋導致鈣等營養素不足，蛋的大小、硬度及形狀等就會開始出現異常，容易引發卵阻塞、蛋物質滯積在輸卵管內這類疾病，面臨輸卵管阻塞症的問題。

【治療】發情徵候源自於動情素（又稱為雌激素），所以要抑制動情素分泌，或是選用對動情素有拮抗（抵消）作用的藥物來抑制發情。

【預防】在夜間蓋上鳥籠罩布等物以營造陰暗環境、不要隨便進行親密接觸給予交配刺激、如果有巢箱及發情對象則要移除這類物件來抑制發情，控制飲食分量以免營養過剩等等也可以預防。

異常蛋

蛋是由蛋殼（硬殼）、蛋殼膜（殼內側的薄膜）、蛋白（蛋內的半透明液體）、蛋黃（蛋內的黃色球狀物質）構成。蛋殼與蛋殼膜的功能在於保護蛋的內容物，蛋殼主要由碳酸鈣構成，蛋殼膜由蛋白質構成。蛋黃由水分、蛋白質、脂肪等物質構成，相當於身體的部分。蛋白由大多數水分與蛋白質構成，具有保護蛋黃不被微生物入侵的功能等。

異常蛋包括殼表面雜亂的蛋、殼薄的蛋、不成蛋形的蛋、無殼只有內容物的蛋等等。

【原因】一般認為異常蛋形成的主要原因包括鈣質攝取不足、缺乏促進鈣吸收的維生素D_3導致吸收不良、阻礙鈣吸收的高脂肪食物、攝取過多老小松菜及菠菜當中所含的草酸物質等等。

除此之外，蛋在輸卵管內破損、蛋物質異常分泌，有時也會導致生出無殼蛋及偏小的蛋（小型蛋）。上述狀況皆好發於長期過度生蛋的鳥、營養失衡的鳥。

異常蛋／左：變形蛋（呈現球形）、右：無殼蛋（沒有蛋殼）。

【症狀】異常蛋通常會引發難產、卵阻塞（卡蛋）、輸卵管阻塞症。

【治療】投用鈣劑、維生素D3，幫助蛋殼形成。

【預防】避免過度親密接觸造成無節制地發情、攝取鈣質及維生素D3、定期晒日光浴等，進行適當的營養飼養管理。飼主不要忽略有蛋在鳥體內成形也很重要。不妨每天早上幫鳥量體重、觀察或觸摸腹部狀態進行確認。

卵阻塞（挾蛋症、卡蛋）

腹部有蛋卻生不出來的狀態稱為卵阻塞，也稱為挾蛋症或卡蛋。

卵阻塞有兩種類型，過了必須生蛋的時間點，蛋仍卡在輸卵管中生不出來的狀態稱為「卵滯」，而蛋出現通過障礙的狀況（物理因素的卵阻塞）則稱為「難產」，稱呼有所區分。通常排卵後24小時以內就會生蛋。如果觸摸到腹部已經有蛋形，卻沒有在24小時以內生蛋的話，應為卵阻塞。

【原因】卵阻塞的病因有很多種。可能是低鈣血症導致輸卵管或輸卵管子宮部收縮不全、卵形成異常、環境壓力導致產卵機制突然停止、某種原因造成輸卵管口阻塞等等。這些原因會導致蛋卡在輸卵管子宮部或陰道。蛋不會通過泄殖腔內，所以通常不會發生蛋卡在泄殖腔內的問題。

【發生】頻發於初產、發情導致過度產卵的鳥。以穀物為主食卻沒有補充鈣質、維生素劑、礦物質劑，日光浴不夠充足等狀況會發生。

【症狀】會出現蜷縮在地面等沒有精神、腹部鼓脹、下腹用力、食欲不振、呼吸急促等症狀，不過也有發生卵阻塞卻無症狀的案例。

也有發情結束以後，腹圍縮小導致卵阻塞的案例。也有無症狀的鳥突然發病死亡的案例。

【治療】觸診腹部有卡蛋，檢查蛋的硬度。投用鈣劑、維生素D3，幫助蛋殼形成。確認蛋具有足夠的硬度，且位於蛋殼腺至子宮部時，可能會保定鳥禽，使用以手指推蛋強行排出的方法（推卵排出療法）。確認腹部有蛋以後過了一天以上，或是觀察到下腹用力等卵阻塞症狀，即可診斷為卵阻塞，一邊按壓腹部一邊用手取出蛋。

輸卵管口未充分擴張、輸卵管有蛋殼沾黏的時候，可能會在體內搗碎蛋再進行摘除。難以摘除的時候，可能會等待自然排出。也有很難透過按壓排出蛋而進行開腹手術的案例。

排出蛋以後多有輸卵管脫垂、泄殖腔脫垂的症狀，所以或許還會搭配內科治療，使用消炎藥物、預防輸卵管及泄殖腔傷口感染的抗生藥物。

難以排出的時候會透過外科開腹手術摘除蛋，通常為了避免卵阻塞復發會同時摘除輸卵管。

【預防】陪伴鳥全年都有可能發病，不過尤其好發於溫差較大的晚秋至早春之間。一確認有蛋就趕快實施大約30℃的保溫措施，生蛋生太久時必須送往動物醫院診察。平常就要預防發情，不要隨便刺激鳥禽生蛋比較好。

蛋物質異位

　蛋及蛋物質（變成蛋以前的物質）逆流等，導致蛋物質流到輸卵管以外部位的疾病，可能引發腹膜炎造成身體狀況急遽惡化。

墜卵性蛋物質異位症：輸卵管傘端未將卵巢排出的蛋黃送到輸卵管，蛋黃落到腹腔內的症狀就稱為墜卵性蛋物質異位症。是引發腹膜炎的原因。一般認為是過度發情導致過度排卵所致。
逆行性蛋物質異位症：蛋物質逆行輸卵管，落到腹腔內的症狀就稱為逆行性蛋物質異位症。是引發腹膜炎及內臟器官沾黏的原因。
破裂性蛋物質異位症：外傷、發炎、腫瘤等原因導致輸卵管破裂，蛋物質落到腹腔內的症狀就稱為破裂性蛋物質異位症。是引發腹膜炎及內臟器官沾黏的原因。

【症狀】 發生蛋物質異位以後，大多會經過一段無症狀的期間。隨著病情加劇，會出現食慾不振、蓬羽、嗜睡、多尿、腹瀉、感覺不適而搔抓腹部等症狀。有時候急性腹膜炎猝然發作，進入休克狀態就突然死亡。
　此外，也有蛋物質沾黏導致腸阻塞、肝炎，沾黏到胰臟演變成胰臟炎、糖尿病的案例。

【治療】 可以透過抽血檢查、影像診斷結果預測，但是很難用開腹以外的方式確診。初期的蛋物質異位症大多需要後續觀察。
　外科摘除手術是開腹後抽吸蛋的內容物，再將蛋搗碎，一邊剝離殼等固形物也有沾黏的部分一邊摘除蛋物質。
　內科療法會針對腹膜炎使用消炎藥物、發情抑制藥物等，針對急性症狀使用抗休克藥物。

【預防】 預防外傷、避免鈣質及維生素D₃不

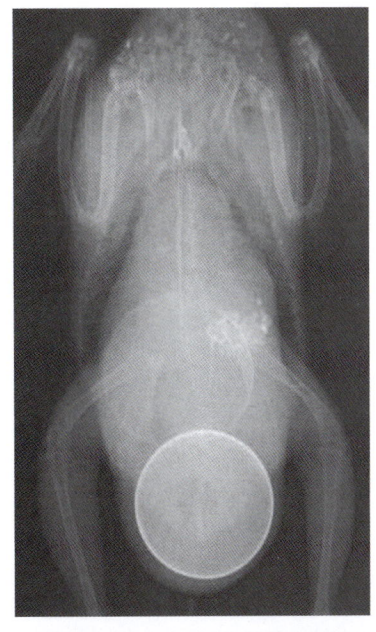

卵阻塞／靠近頭部的蛋殼較薄。

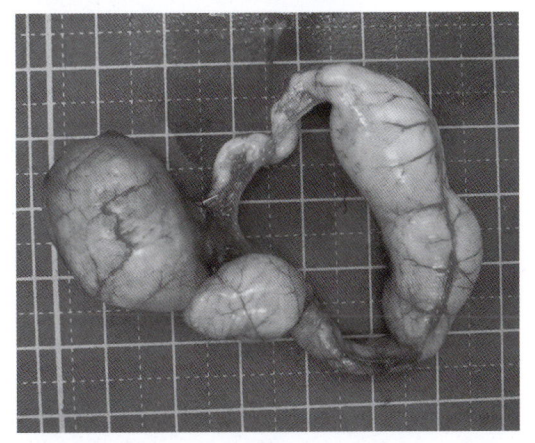

動手術摘除的輸卵管／內有4顆蛋。

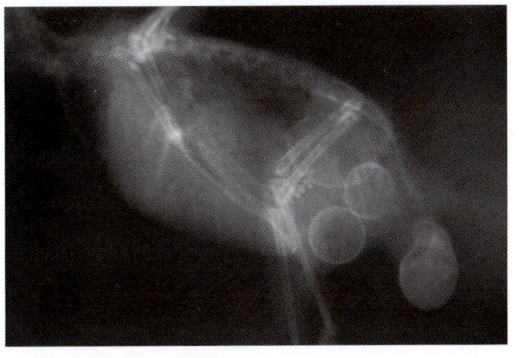

透過X光檢查得知有4顆蛋塞住。

足、抑制發情等等即可預防。

卵巢、輸卵管異常
輸卵管阻塞症

某些原因導致異常分泌的蛋物質未排泄出來，蓄積在輸卵管內的疾病。蛋物質的原料為蛋黃、蛋白、蛋殼膜、蛋殼等，以半流體狀物質、液狀、黏土狀、砂狀、結石狀、蛋狀等各種形態及分量存在於輸卵管內。

【原因】具體原因尚待查明，不過可能的原因包括：過度發情及持續性發情導致動情素（又稱為雌激素）過度分泌，卵阻塞、多囊性卵巢、輸卵管腫瘤、輸卵管炎等引發的蠕動運動異常使分泌的蛋物質產生排泄障礙。容易過度產卵的鳥生出異常蛋以後、卵阻塞後停止生蛋且腹部鼓脹的鳥，可能患有輸卵管阻塞症。

【症狀】大多可以觀察到腹部鼓脹。初期僅有少量蛋物質蓄積在腹腔內，很難發現。蛋物質異位及輸卵管炎併發的時候，可能出現食欲不振、蓬羽、嗜睡、多尿、腹瀉等症狀。雖然較為罕見，不過也有部分蛋物質自然排泄的案例。

【治療】有時能透過觸診摸到充滿蛋物質的輸卵管。透過X光檢查確認變成固形的蛋物質，透過超音波檢查確認液狀的蛋物質。大多數情況是在開腹後才確診輸卵管阻塞症。有時能透過投用發

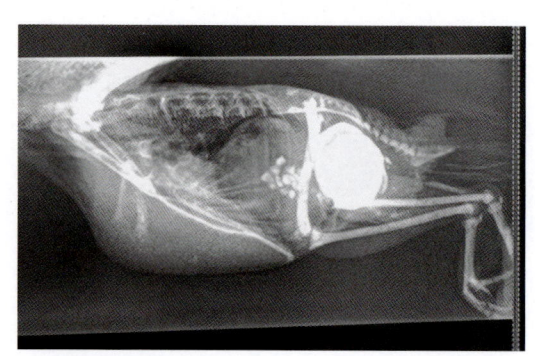

輸卵管阻塞症／以開腹手術摘除的蛋物質。

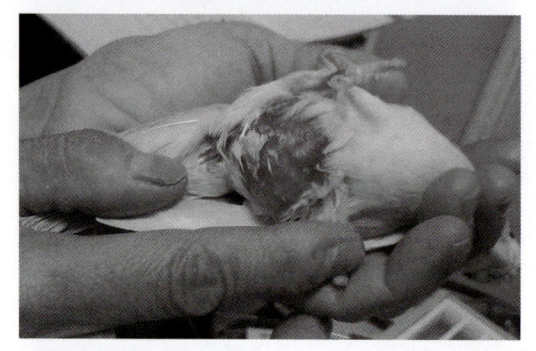

鼓脹的腹部（輸卵管阻塞症）。

腹部超音波檢查。

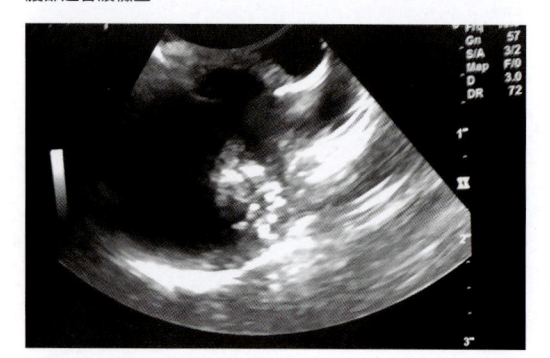

超音波斷層影像呈現的部分蛋物質。

蛋物質卡在輸卵管內。

情抑制藥物、消炎藥物等來暫時削減蓄積的蛋物質，但是通常輸卵管口無排泄，需要進行輸卵管摘除手術才能痊癒。

【預防】預防方法同卵阻塞。

蛋物質性腹膜炎

蛋物質異位引發的腹膜炎稱為蛋物質性腹膜炎。

【原因】原因是墜卵性蛋物質異位症、逆行性蛋物質異位症、破裂性蛋物質異位症造成腹腔內發炎。

【症狀】可能出現嘔吐、腹瀉、因為腹部不適而用腳爪搔抓腹部、腹水積聚導致腹部鼓脹等症狀。

【治療】可以透過度發情母鳥的急性發作、抽血檢查及影像診斷結果等預測，但是很難用開腹以外的方式確診。
內科療法會針對腹膜炎使用消炎藥物、發情抑制藥物等，針對急性症狀使用抗休克藥物。蛋物質異位的外科摘除及腹腔灌洗，似乎多會在基於其他理由進行開腹手術的時候一併處理。

【預防】預防方法同卵阻塞。

泄殖腔脫垂、輸卵管脫垂

泄殖腔脫垂有兩種類型，一種是泄殖腔翻轉呈現從孔中脫垂的狀態，另一種是在輸卵管口未充分擴張的狀態下試圖生蛋，導致泄殖腔翻轉、陰道延展且內部吊著蛋的狀態。
另一方面，輸卵管脫垂是指輸卵管口弛緩且輸卵管翻轉，輸卵管從泄殖孔脫垂的狀態。
如果跑出體外的患部（此處為輸卵管及泄殖腔）因為乾燥、自咬而腫脹，不僅難以自然地返回正常場所（體內），還容易引發二次細菌感染、大範圍的組織壞死。

【原因】生蛋以後，輸卵管、泄殖腔的發炎及腫脹未消，持續下腹用力有時會造成翻轉及脫垂。此外，生蛋時輸卵管口未充分擴張，下腹用力過猛也可能導致蛋留在體內，泄殖腔卻外翻、脫垂。除此之外，生殖器官的腫瘤造成壓迫、全身狀態惡化等可能也會引發泄殖腔脫垂。

【症狀】卵阻塞後，尤其好發於異常蛋導致卵阻塞、初產或是容易過度產卵的鳥。反覆發生的狀況也不在少數。可以觀察到鳥的肛門部跑出紅色物體。通常疼痛會導致沒有精神、食慾不振、蓬羽、抑鬱等等，甚至於出現患部自咬及出血的症狀。
如果沒有及早將輸卵管脫垂、泄殖腔脫垂的患部放回體腔內，恐造成患部壞死及乾燥、無法返回正確位置、引發排泄障礙而難以治癒。

【治療】必須儘快把脫垂的輸卵管及泄殖腔放回體腔內。
塗抹抗生藥物、消炎藥物等，使用沾濕的棉花棒把患部推回體內。如果再次脫垂，需要縫合泄殖腔來避免脫垂。治療後可能會使用消炎藥物、抗生藥物、發情抑制藥物等。輸卵管脫垂時，也有不少必須摘除輸卵管的狀況。

【預防】繁殖導致輸卵管脫垂、泄殖腔脫垂時，預防方法參照卵阻塞。

輸卵管囊泡性過度增生

輸卵管囊泡性過度增生是含有許多水分的腫瘤及囊泡在輸卵管黏膜上形成的非腫瘤性變化。

【原因】輸卵管黏膜上皮可能因為過度發情引發生理性過度增生（細胞數增加導致內臟器官及組織腫大）。囊泡性過度增生是指發生異常的過度增生，送往管腔內的分泌液難以排泄的狀態，一般認為與過度發情有關。多在治療繁殖相關疾病

泄殖腔脫垂／泄殖腔黏膜翻轉脫垂。

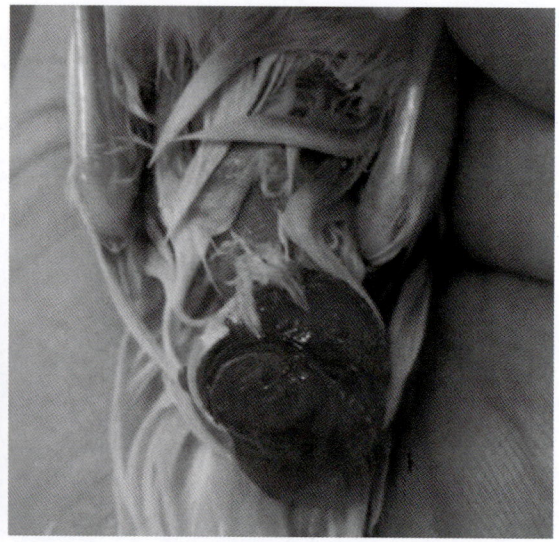

輸卵管脫垂／樹梅狀的黏膜脫垂。

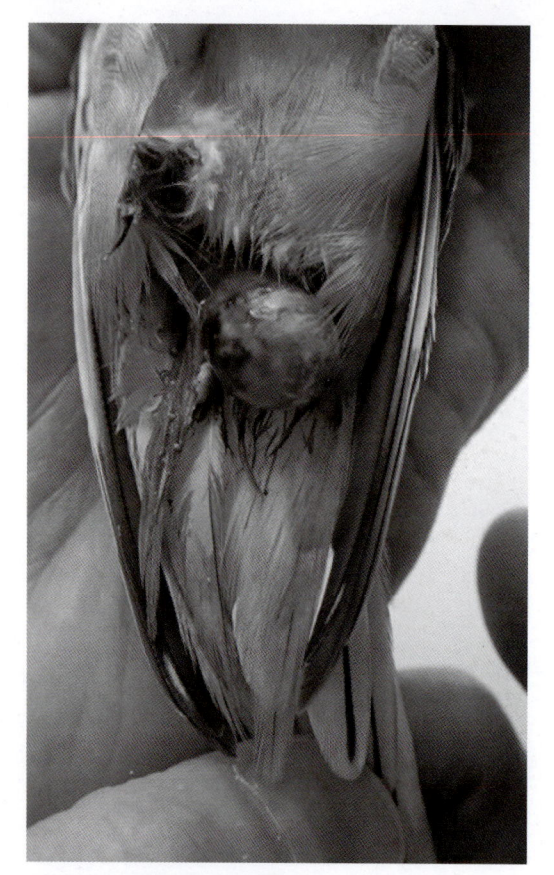

泄殖腔脫垂／輸卵管口未充分擴張，所以蛋把泄殖腔黏膜擠出來了。

而進行開腹手術的時候發現，好發於虎皮鸚鵡，小型鳥經常有這種問題。

【症狀】輸卵管囊泡性過度增生伴隨著含有許多水分的腫瘤及囊泡形成，所以腹部會鼓脹。輸卵管過度增生可能會誘發卵阻塞及輸卵管阻塞症。

【治療】進行超音波檢查，可是囊泡過小的時候，光靠超音波檢查很難發現。進行開腹手術的過程中發現輸卵管有囊泡及異狀時，會摘除囊泡與輸卵管。也有抑制發情以後自然消失的案例。

【預防】抑制發情即可預防。

輸卵管腫瘤

鳥的輸卵管腫瘤包括輸卵管腺瘤（良性）及腺癌（惡性）。

【原因】具體的原因不明，不過一般認為持續性發情會提高發生率。可能也與輸卵管阻塞症、輸卵管炎、遺傳、病毒感染等有所關聯。其中又以虎皮鸚鵡最容易罹患輸卵管腫瘤，也有很多惡性

病例。

【症狀】 初期就出現症狀的案例很罕見，可是當腫瘤逐漸增大，引起泄殖腔脫垂、通過障礙、呼吸急促等內臟器官壓迫問題就會發病。呈現惡性時，末期多會發生轉移及腹膜腔轉移（癌細胞從內臟器官游離，轉移到腹膜的狀態）。

【治療】 如果呈現良性，摘除輸卵管即可痊癒。即使呈現惡性，如果尚在初期階段還是有機會在摘除腫瘤以後痊癒。腫瘤到了末期會浸潤到腹膜腔等處，或者輸卵管破裂導致腹膜腔轉移，也有可能發生遠端轉移，極難治癒。

【預防】 抑制過度發情是可行的預防方法。

卵巢腫瘤

【原因】 卵巢腫瘤泛指發生在卵巢的腫瘤。卵巢腫瘤也有可能僅形成腫瘤，不過多伴隨有囊泡形成。

【症狀】 大多會經過一段無症狀的期間。腫瘤變大會導致腹部鼓脹，壓迫造成食欲不振、嘔吐、排便障礙、左腳麻痺，呼吸器官壓迫導致呼吸困難的問題，身體逐漸衰弱。

【治療】 透過X光檢查、消化道顯影檢查確認髓質骨及卵巢擴大。觀察到腹部鼓脹時，透過超音波檢查確認體腔內的腫瘤或囊泡、有無腹水等等。

基於完全治癒的考量，以外科方式摘除卵巢比較理想，但是鳥動手術伴隨著很高的風險，所以主要使用助孕素藥物、抗動情素藥物、促性腺激素釋放激素（性腺釋素）等進行抑制發情的內科治療。

【預防】 如果對象是貓狗，當發情引發問題時，可以透過避孕及結紮手術等外科療法來應對，但是鳥類很難像貓狗那樣輕易接受外科處置，所以

發現腹部鼓脹時最好送往動物醫院診療。

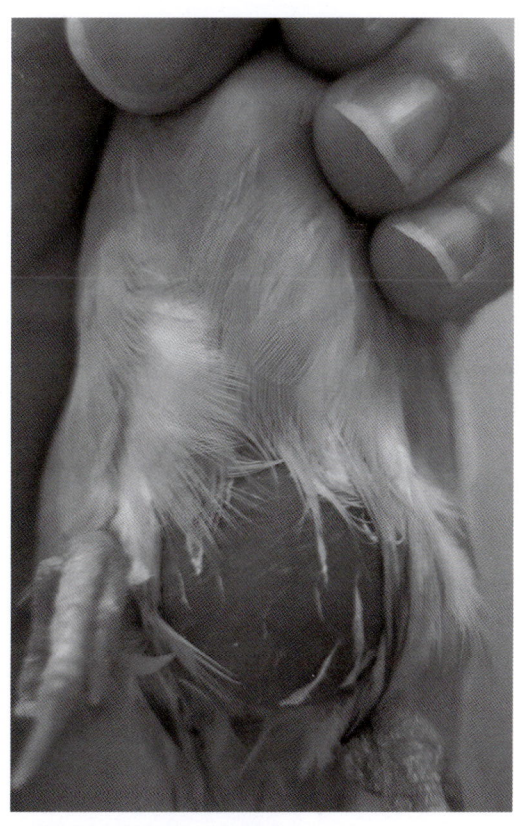

卵巢囊泡導致腹部鼓脹（虎皮鸚鵡）。

關鍵在於調整與鳥禽的互動方式及飼養環境，避免無節制地反覆、持續發情。

過度發情、過度生蛋及相關異常

多骨性骨質增生症

鳥從準備生蛋的數週以前，將鈣質儲存在骨骼當中以便在體內製造蛋殼。這項機制與女性激素當中的動情素息息相關。當鳥禽持續發情，動情素也會持續增加，導致鈣質持續沉澱在骨骼當中（骨髓硬化）。

【原因】一般認為髓質骨的形成受到動情素影響，過度發情及持續發情的鳥不斷分泌動情素，就會導致用於形成蛋殼的鈣質持續沉澱。會出現在罹患輸卵管腫瘤、卵巢腫瘤等生殖器官疾病的母鳥，或是罹患睪丸腫瘤的公鳥身上。鈣質沉澱特別好發於高齡鳥。

【症狀】即使有過多鈣質沉澱在骨骼當中，大多數情況下都是無症狀。

【治療】可能會使用抗動情素藥物及助孕素藥物來抑制發情。

【預防】關鍵在於抑制發情。

腹壁疝氣症

指稱某些原因導致腹肌斷裂形成疝環，腹腔內容物從該處脫出至皮下，形成袋狀疝囊的狀態。主要發生在腹部中央，不過也有在泄殖孔附近及側腹形成疝氣的案例。

【原因】疝氣也有可能因為意外、先天因素而產生，不過一般認為大多是發情所致。腹中有蛋的母鳥在女性激素的作用下腹肌會大幅延展，發揮防止蛋壓迫到內臟的機制。過度發情、持續發情導致女性激素過度分泌，恐造成腹肌過度延展、脆化，使腹肌斷裂引發疝氣。生蛋時下腹用力、腹腔內腫瘤等可能也是引發疝氣的原因之一。

【發生】好發於虎皮鸚鵡母鳥。常見於愛情鳥、玄鳳鸚鵡及文鳥。此外，公鳥也有可能因為睪丸腫瘤引發腹壁疝氣症。

【症狀】部分或整個腹部鼓脹，大小視發情的強度、脫出的內臟器官、內容物而異。擦傷及自咬導致出血及外傷也有可能引發疝氣。出現沒有食欲、嘔吐、蓬羽、嗜睡等症狀，甚至於突然死亡。泄殖腔脫出至疝囊的時候，可能出現便秘的症狀。糞便會變得又大又臭，可能難以憑自身力量排泄。腸道脫出時，可能會面臨疝環狹窄及扭轉導致壞死、疝囊內沾粘導致腸阻塞的問題。

【治療】透過觸診、視診或X光檢查進行診斷。初期會使用發情抑制藥物讓疝囊及疝環縮小，不過大多數情況下必須進行開腹手術，把脫出至疝囊的內臟器官返回原處並封閉疝環。一併實施輸卵管摘除手術以預防疝氣復發。如果術後出現高強度的發情，疝氣可能會復發。

【預防】抑制發情即可預防。

黃色瘤

腹部黃色瘤是指持續性的高脂血症導致皮膚變黃、增生變厚的狀態。主要發生在腹部。

【原因】黃色瘤是由吞噬（體內的細胞吞食、消化並分解不必要物質）溢到血管外之脂蛋白的巨噬細胞（白血球的一種）集合而成。一般認為繁殖相關的黃色瘤與動情素過剩導致高脂血症、抱卵斑過度形成、疝氣造成皮膚過度延展等有關。

【症狀】皮膚變成黃白色且逐漸肥厚。如果測定血液中的膽固醇值、中性脂肪值，多會大幅超出標準上限。發情經過治療以後黃色瘤大部分會消失。有時也會出現自咬及出血的症狀。

::: CHAPTER 7 ::: 寵物鳥容易罹患的疾病

【治療】黃色瘤很少引發問題，輕度症狀會隨著發情結束而消失，所以無需積極治療。有自咬情形時穿戴防咬頸圈。有時也會使用抑制發情及高脂血症的藥物、控制飲食等等。

【預防】抑制發情即可預防。

產後強直性痙攣、麻痺

強直性痙攣主要指稱肌肉麻痺的狀態。產後強直性痙攣是指發生在生蛋前至生蛋後的肌肉痙攣，持續或單發性出現的麻痺症狀稱為產後麻痺。

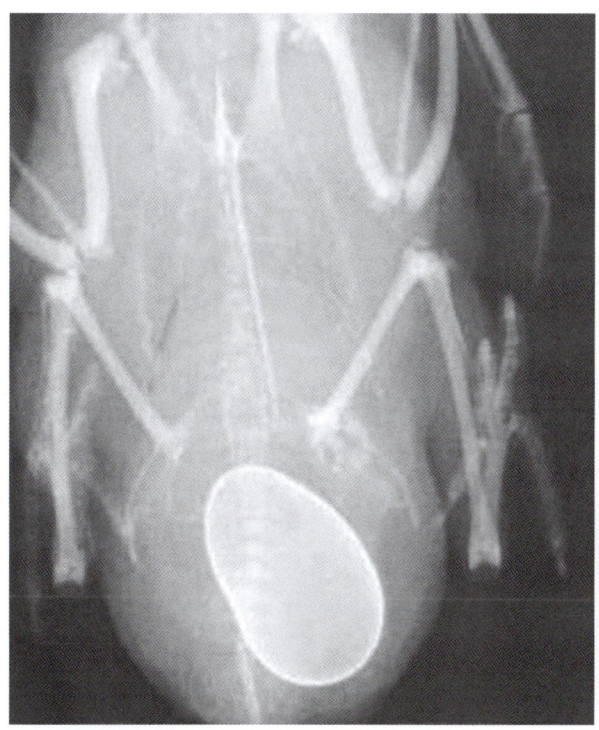

多骨性骨質增生症與變形蛋。

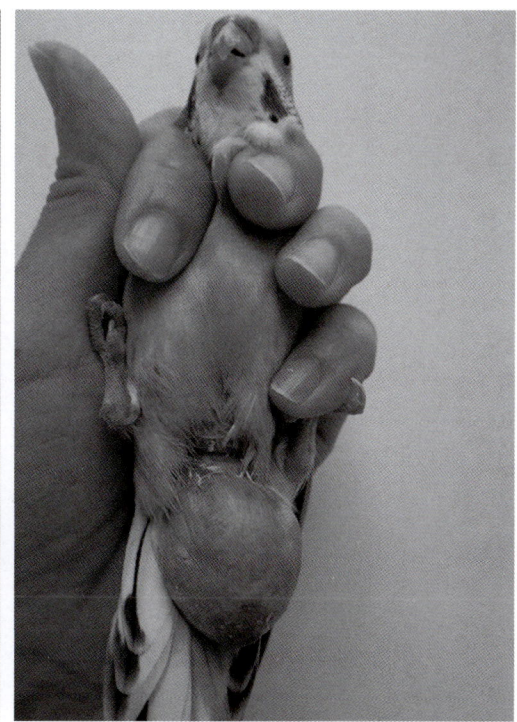

腹壁疝氣症／伴隨著黃色瘤。

長在下腹部的黃色瘤。

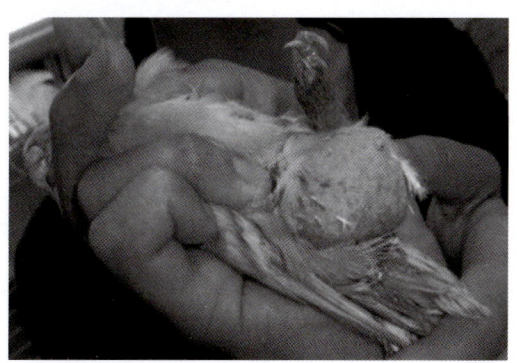

長在下腹部的黃色瘤。

129

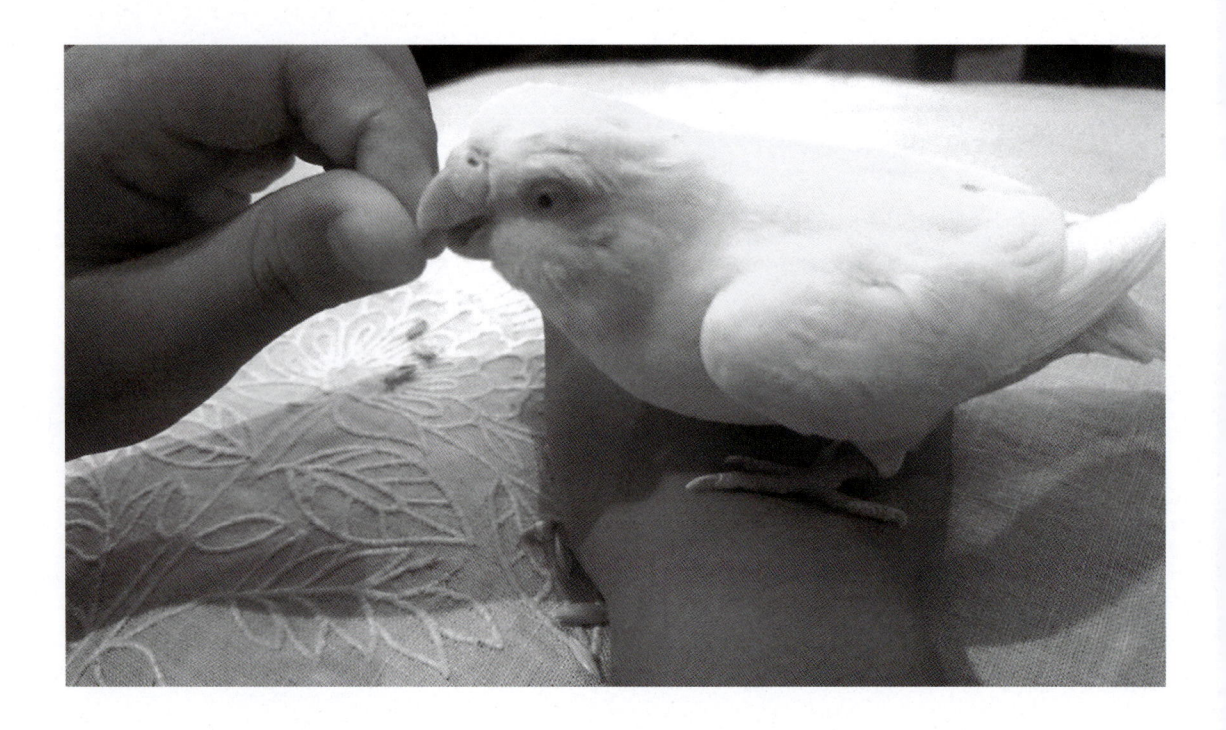

【原因】屬於產卵期間血漿中鈣濃度處於偏低狀態時出現的症狀，所以一般認為與低鈣血症有所關聯。低鈣血症的原因包括過度生蛋、鈣供給不足、攝取過多阻礙鈣吸收的物質（脂質、草酸）、維生素D_3不足（維生素劑攝取不足、日光浴不足等）等等。好發於過度生蛋的鳥，以及日光浴不足、未補充適量維生素及礦物質的鳥。

【症狀】足部不全麻痺導致跛行（無法正常走路的狀態），難以維持站立姿勢而蹲坐在地面。在罕見的情況下，呼吸急促、精神異常及痙攣等發作甚至會突然死亡。

【治療】根據特徵性症狀與抽血檢查進行診斷，投用鈣劑等。

【預防】營養均衡的飲食、晒日光浴及抑制發情即可預防。

公鳥的繁殖期相關疾病

｜睪丸相關疾病｜

　　相較於母鳥，公鳥的繁殖相關疾病並不多。持續發情可能導致性行為的衝動高漲、反覆對棲架等物進行交配行為、生殖器擦傷造成出血。因為在意傷口不適，或是作為性欲未得到滿足的代償行為，也有可能開始自咬。

　　對發情對象吐料（反芻）是一種求偶展示行為。母鳥在場的時候，公鳥的吐料可能會導致母鳥肥胖，即使吐料對象為棲架或玩具等物而非鳥禽，擱置的吐料隨著時間經過也會腐敗，再度攝食恐會罹患念珠菌症等危害健康的疾病。

　　持續發情導致睪丸肥大，可能引發壓迫坐骨神經、足部不完全麻痺的症狀。

　　此外，如果是虎皮鸚鵡的公鳥，甚至可能罹患和母鳥一樣因為過度發情引發的重大疾病。

睪丸腫瘤

睪丸腫瘤包括賽托利細胞瘤、精原細胞瘤、間質細胞瘤、淋巴肉瘤，或是上述混合而成的腫瘤等等。

【原因】 睪丸很不耐熱，所以哺乳類長在陰囊而非體腔內。鳥類為了便於飛翔，睪丸位於體腔內與氣囊相鄰的位置，可以隨時藉由呼吸來冷卻。話雖如此，在發情期間腫脹成數倍大的睪丸會與其他內臟器官緊密相貼，一旦持續發情，睪丸會長時間暴露在高溫之下。長期暴露在高溫當中的睪丸容易形成腫瘤。好發睪丸腫瘤的虎皮鸚鵡通常在3歲左右發病，進入高齡期以後的5～8歲罹患率會變高。

【症狀】 分泌動情素的細胞腫瘤化、增殖時，引發雌性化。

虎皮鸚鵡公鳥的蠟膜褐化時，可能罹患睪丸腫瘤。可以透過X光確認動情素產生的髓質骨。罹患睪丸腫瘤的患鳥也有可能不會雌性化，甚至於完全不會出現症狀。

雌性化行為：採取母鳥在發情期間會出現的交配姿勢。

蠟膜褐化：在正常狀況下，虎皮鸚鵡公鳥的蠟膜呈現藍色，無黑色素的品種呈現淡紫色至粉紅色。雌性化會導致公鳥的蠟膜變成白色至茶色。蠟膜一旦過度角化，就會和處於發情期的母鳥一樣變成茶褐色。

腹部鼓脹：在動情素的作用下雌性化，腹肌弛緩、腹部鼓脹。睪丸肥大及腫瘤變大引發腹水，腹部鼓脹的情況更加明顯。

呼吸器官症狀：腫瘤導致氣囊及內臟器官受到壓迫，呼吸變得急促。腹水流進呼吸器官時，會出

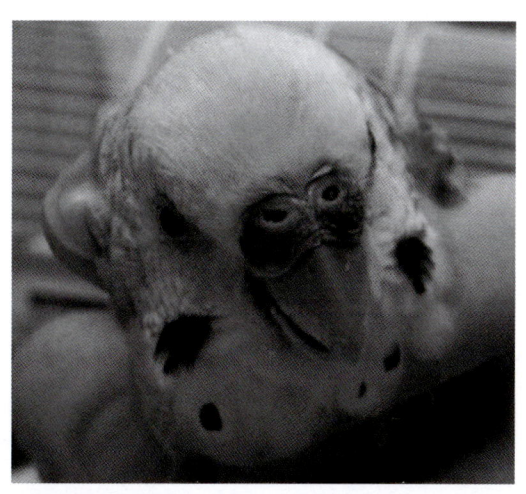

睪丸腫瘤導致蠟膜變色、角質化（虎皮鸚鵡公鳥）。

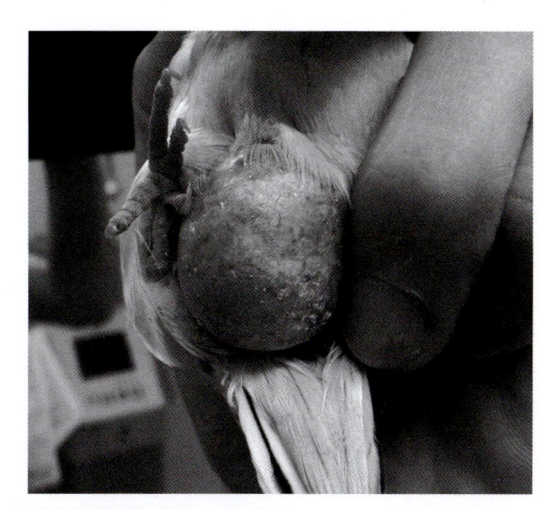

腹壁疝氣症與黃色瘤（虎皮鸚鵡）。

正常情況下的蠟膜（虎皮鸚鵡公鳥）。

現咳嗽、呼吸聲異常的症狀。
體腔內出血（血腹）：引發體腔內急性出血，血液滯積的狀態。
足部麻痺：過度發情導致睪丸持續處於腫脹狀態，可能壓迫到坐骨神經，甚至於引發足部不完全麻痺的症狀。

【治療】進行睪丸摘除手術有機會痊癒，但是摘除手術是伴隨著高風險的困難手術。內科療法會使用發情抑制藥物。末期有腹水積聚的話，使用利尿藥物及穿刺來去除腹水。

【預防】抑制發情是可行的預防方法。

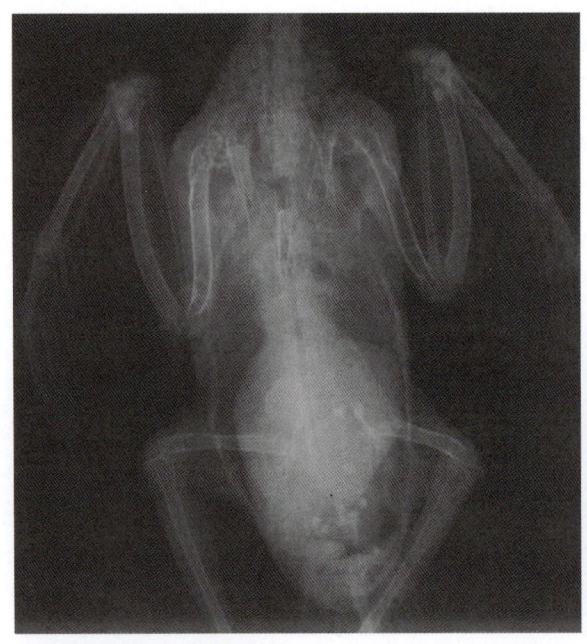

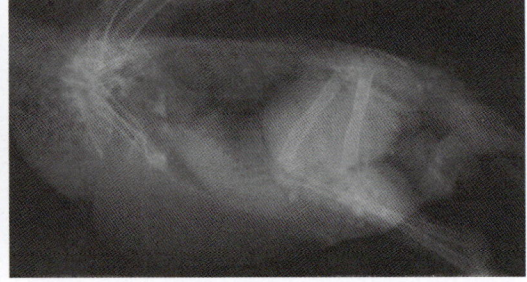

疑似罹患睪丸腫瘤（玄鳳鸚鵡）。

CHAPTER 7

過剩症

氯化鈉（鹽）

【原因】如果鳥能夠自由地飲用新鮮的水，就不會引發過剩症。吃太多鹽土或礦物塊、食用含鹽的人類食品可能導致發病。

【症狀】攝取過多氯化鈉導致多飲多尿，腦水腫及出血引發中樞神經症狀（抑鬱、興奮、顫抖、角弓反張（全身後仰如弓狀反折的狀態）、運動失調、痙攣甚至於死亡。

【預防】切勿將鹽土及礦物塊放入籠內就擱置不管，造成鳥禽過度攝食（尤其是發情期）；不要餵食添加鹽分的人類食品等等即可預防。

蛋白質過剩

【原因】幼鳥期所需的蛋白質是成鳥的2倍左右，所以幼鳥用飼料含有較高的蛋白質比例。如果因為鳥禽獨立不全長期哺餵幼鳥用飼料，可能產生蛋白質過剩的問題。此外，平常餵食蛋黃粟、以蛋為原料的鳥用餅乾等高蛋白副食及點心，也有可能產生蛋白質過剩的問題。

【症狀】蛋白質過剩會導致成長障礙、消瘦、血液中尿酸值明顯上升、高尿酸血症導致多飲多尿，這些症狀恐會引發腎衰竭。也有可能引發肝臟的肝損傷。

【預防】配合愛鳥的生命階段餵食相應的飼料（成鳥為10％左右，幼鳥為20％左右的蛋白質量）。

水中毒（水分過剩症）

【原因與發生】水分對身體來說不可或缺，但是就和其他物質一樣，一旦大量攝取仍會產生有害的作用。親鳥會根據幼鳥的發育階段慢慢減少飲食當中的含水量，但是進行人工育雛時，如果飼主未顧及幼鳥的發育階段，持續供應含水量過高的奶水，有時候會引發水中毒。水分過多的奶水不僅會讓鳥陷入低營養狀態，血液被稀釋還會引發低鈉血症、水中毒使身體衰弱。此外，即便是成鳥，攝取過多水分也有血液被水稀釋，進而引發低鈉血症及水中毒的風險。

【症狀】尤其玄鳳鸚鵡容易衰弱、嗜睡、死亡。嚴重的電解質失調會引發腦損傷、消化器官障礙、腎衰竭等而致死。

【預防】積在嗉囊內的多水飼料、多尿、糞便顏色變化等可能是水中毒的跡象。適當地調整育雛用飼料（奶水）的含水量，藉此改善症狀。罹患多飲症的鳥要減少飲水量，以免攝取過多水分。進行人工育雛的時候，哺餵食品要調成幼鳥能吃的硬度，如果幼鳥不願意攝食，添加少許熱水調

把鹽土與鈣粉分成少量提供。

整成稍軟再餵食，能預防攝取過多水分。

種子成癮

【原因】脂質的熱量遠高於其他營養素，以葵花籽、麻籽等高脂肪種子為主食長期餵食的話，會引發脂質過剩而肥胖，變成罹患脂肪肝及心臟疾病的原因。

【發生】面對飼養歷史悠久的大型鸚鵡及鳳頭鸚鵡，至今似乎仍有許多人以葵花籽為主食餵養。此外，面對愛情鳥、玄鳳鸚鵡、太平洋鸚鵡等小型鳥，在鳥種專用綜合穀物飼料當中也有不少加入葵花籽、紅花籽等脂肪種子的產品，以這類飼料為主食餵養容易產生脂質過剩的問題。

【症狀】攝取過多脂肪，會出現鈣吸收不良、脂肪肝、肥胖、腹瀉等症狀。膽固醇過高的飲食會引發動脈粥狀硬化。針對高脂血症使用抗高脂血症藥物；針對肥胖問題採用控制飲食；針對有脂肪肝的個體使用強肝藥物等進行治療。

【預防】避免也會造成肥胖的高脂肪食物，最好配合愛鳥的生命階段提供相應的飼料。

維生素過剩

主要是堆積在體內的脂溶性維生素會引發維生素過剩的問題，而非水溶性維生素。補充過多維生素劑及保健食品、重複攝取添加在滋養丸與保健食品內的脂溶性維生素等等導致發病。

維生素D：維生素D_3屬於容易攝取不足，必要性也很高的維生素，但是攝取上限量很低而容易投用過量。會出現多尿、沒有精神、食慾不振、腹瀉、跛行等症狀。攝取過多維生素D_3會導致高鈣血症、心臟衰竭、痙攣等，正值成長期會引發骨骼形成異常。避免從保健食品及滋養丸中攝取過多維生素D_3，最好透過晒日光浴來合成補充。

維生素A：一般寵物鳥極少發生。攝取過量時，會出現食慾不振、體重減輕、眼瞼腫脹或形成痂皮、口部及鼻孔發炎、皮膚炎、骨骼強度下降、肝損傷、容易出血等症狀。

補充維生素劑的時候最好適量使用。

維生素B_6：一種水溶性維生素，但是攝取過量仍會超過排泄能力的上限。

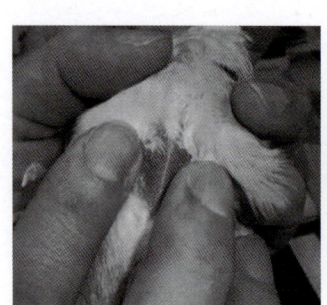

正常的腹部（虎皮鸚鵡）。

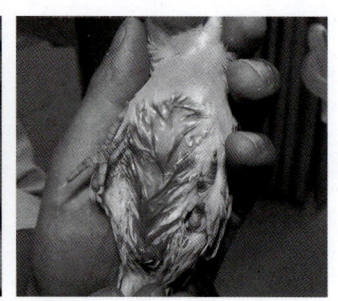

重度肥胖（虎皮鸚鵡）。

=== CHAPTER 7 ===

中毒

重金屬中毒

鉛

【原因】 鉛中毒是經口攝取的鉛毒性引發的疾病。裝在窗簾襬的配重片、健身用的負重器材（負重沙袋等）、葡萄酒的瓶蓋、鏡子背面、舊油漆、釣魚用的鉛錘、銲料（銲接所用的主成分為鉛與錫的合金）等物都有可能成為引發家中陪伴鳥鉛中毒的原因。除了百圓商店等處低價販售的金屬製飾品、鑰匙圈等雜貨也有使用高濃度鉛的商品，必須多加留意。

當飼主在放風期間不會時刻緊盯愛鳥，習慣放任牠們單獨行動時，經常會發生攝食異物的情況，鉛中毒的發生率也很高。尤其小型鳥攝取到極微量的鉛也會中毒發作，所以很難鎖定是什麼物件的鉛導致發病。

鉛中毒也算是寵物鳥頻頻發生的疾病。好奇心旺盛、嘴喙力氣大，再加上會在胃裡貯存砂粒（肌胃內有助於磨碎、消化食物的物質，比如砂子等）的習性等，導致鸚鵡及鳳頭鸚鵡類中毒的案例層出不窮。其中又以玄鳳鸚鵡最常發生鉛中毒。

此外，因為肥胖或疾病有在控制飲食、正值發情期卻沒有補充適量礦物質的鳥發病風險會變高。再來，容易對新奇事物感興趣的亞成鳥發病風險較高。

【症狀】 鉛毒性會對鳥的所有組織造成影響，已知會重創血液、造血器官系統、神經系統、消化器官系統、腎臟、肝臟。攝食鉛以後，症狀會在數小時內顯現，一旦發病就會急速變嚴重，甚至於在數小時內致死。攝取的鉛的品質、分量及粒子大小等條件會影響發病的嚴重程度。

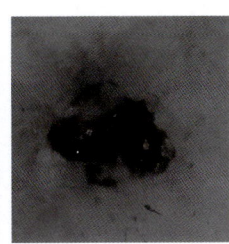

重金屬中毒導致深綠色便。

重金屬中毒引發血尿（亞馬遜鸚鵡）。

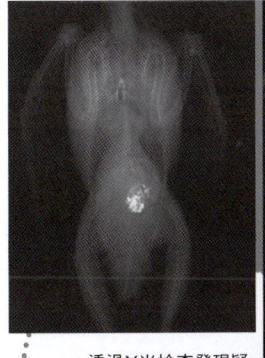

透過X光檢查發現疑似重金屬的陰影。

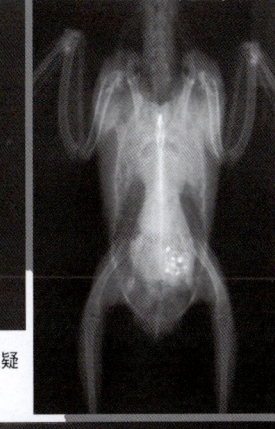

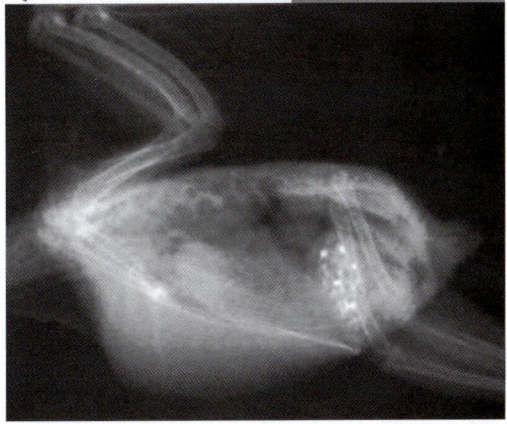

迷走神經障礙：以腺胃擴張為主的各消化器官弛緩（肌肉弛緩）導致食滯（消化不良）及便祕。上述症狀可能引發食慾減退、噁心、吐食、嘔吐等症狀。此外，也有可能出現疼痛導致活動力低下、蓬羽、前傾姿勢、啄腹部或搔抓腹部等腹痛症狀。

末梢神經障礙：上肢的末梢神經障礙可能引發翅膀下垂、初級飛羽未交錯、翅膀顫抖（震動）、出現伸展姿勢的症狀。下肢的末梢神經障礙可能引發單側或兩側的足部麻痺、跛行（無法正常走路的狀態）、抬腳（抬舉足部的狀態）、握力低下、吊腳（形似腳趾麻痺，失去力氣的狀態）、腳開開、屁股坐地、從棲架上摔落等症狀。除此之外，還會出現頭部顫抖（無意識地擺頭）、頭部下垂、胸肌萎縮等症狀，甚至於留下後遺症。

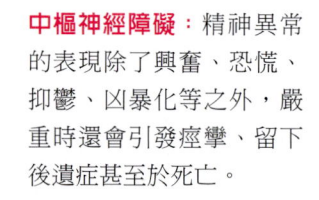

中樞神經障礙：精神異常的表現除了興奮、恐慌、抑鬱、凶暴化等之外，嚴重時還會引發痙攣，留下後遺症甚至於死亡。

泌尿器官症狀：鉛導致急性溶血反應，尿酸顏色從黃色變成綠色、紅色。

消化器官症狀：糞便由於溶血變成深綠色（血便）。溶血反應也會對尿造成影響，尿的外圈看似有一層淡綠色。鉛直接引發消化道障礙有時會排出黏液便。

翅膀下垂。

重金屬中毒導致抑鬱、神經症狀。

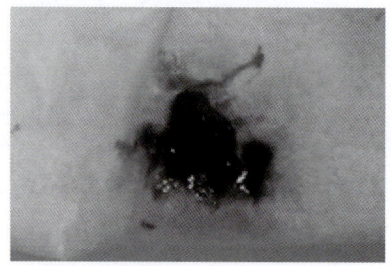

重金屬中毒導致腹瀉。

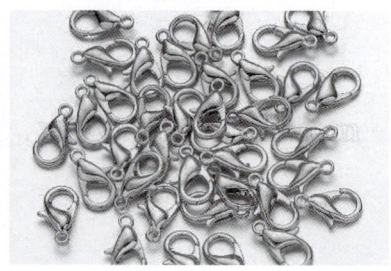

運用在各種零件的鉛。

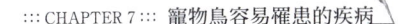

::: CHAPTER 7 ::: 寵物鳥容易罹患的疾病

獸醫師專欄 Veterinarian Column

關於食物

日本特寵動物醫療中心
三輪特寵動物醫院 副院長
獸醫師 **西村政晃 醫師**

　　不同的鳥種食性各異，分成穀食性、種食性、果食性、蜜食性等等。話雖如此，自古以來不論寵物鳥的鳥種為何，通常都是以單調的穀物種子作為主要飲食。尤其古時還有僅以葵花籽餵養大型鳥的狀況。雖然這類光景時至今日已經不復存在，但是僅以穀物種子餵養小型鳥的狀況仍不在少數，某些飼主甚至不知道滋養丸為何物。並非穀物種子本身不好，但是純供應穀物種子的飲食會導致維生素及礦物質類不足。雖然額外供應鈣粉、墨魚骨、鹽土等從古至今常用的輔助食品即可補充欠缺的營養素，實際上還是會面臨鳥挑食不吃或是吃太多的問題。

　　根據我自己診察因為患病而來院的寵物鳥的經驗，如果未調整飲食生活、營養狀態一直沒有改善，即使身體狀況一度好轉，最終也有可能疾病復發而再度來院，從預防醫學的觀點來看，我認為均衡地攝取營養至關重要。此外，營養素不足也會導致罹患某些疾病。當我在診察過程中告知飼主：「僅以穀物種子餵養鳥禽相當於人類只吃米飯，營養會失衡唷。」他們便能理解問題所在。

　　也因此，備受推廣的飲食當屬滋養丸。近年來，國內外有很多廠商在販售鳥類專用滋養丸。最近人們也崇尚以滋養丸為主食餵養大型鳥。相較於以往，以滋養丸餵養小型鳥的風氣也越來越普遍，不過還是有很多以穀物種子為主食的狀況。市面上也有所謂的食療用滋養丸，當鳥已經習慣吃滋養丸，染病時會更容易接受食療也是其中一個好處。滋養丸的壞處在於適口性不及穀物種子，有時候沒辦法順利地切換飲食。如果遇到這類問題，不妨與住家附近的獸醫師討論一下應該如何切換比較好。

CHAPTER 7
消化器官相關疾病

嘴喙疾病

各種身體狀況的異變，可能反映在鳥類的嘴喙顏色及形狀上。充分掌握愛鳥健康時嘴喙的顏色、光澤、形狀及質感等，有助於及早發現異狀。

嘴喙顏色異常

顏色帶青的嘴喙：發紺（血液中含氧量不足，導致皮膚的顏色偏藍）及鼻竇炎導致血液循環障礙、劇烈衝撞及感染等導致內出血，可能會讓嘴喙呈現帶青的顏色。

失去透明感的嘴喙：肝損傷、營養不良、鸚鵡喙羽症等嘴喙的蛋白形成異常所致。

出現花紋的嘴喙：有時嘴喙會出現偏黑、帶紅的斑紋，此為嘴喙血管損傷造成的出血斑。可能有肝衰竭、維生素K不足的問題。若為暫時性症狀，可能是劇烈衝撞造成的內出血等。

黑亮的嘴喙：非洲灰鸚鵡及鳳頭鸚鵡類等擁有黑色嘴喙，通常會因為粉絨羽（脂屑）沾附其上而呈現帶灰的黑色。當鸚鵡喙羽症導致粉絨羽消失，嘴喙表面可能會變得比平常更黑、更有光澤。

嘴喙形狀異常：除了天生畸形之外，外傷、肝衰竭、胺基酸不足、鸚鵡喙羽症及疥癬等會導致嘴喙的蛋白形成異常，多有上下嘴喙變形的問題。

過長（咬合不足）：鸚鵡及鳳頭鸚鵡類咬合、摩擦的動作會讓嘴喙變短（磨耗）。咬合不足的時候，就會出現嘴喙過長的問題。鳥類似乎不是全靠啃咬硬物使嘴喙變短。

浮石狀化：病因在於疥癬症，嘴喙表面出現無數的小孔洞，表面變得像浮石一樣質感粗糙。

嘴喙脫落、缺損：病因在於鳥禽之間打架、中大型鳥罹患鸚鵡喙羽症等。由於下嘴喙缺損導致一生都要靠人哺餵的案例也不少。

疥癬症導致嘴喙浮石狀化。

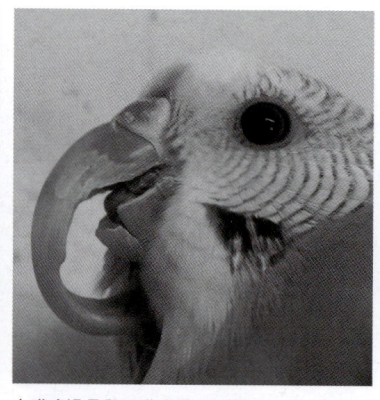

上嘴喙過長與下嘴喙縱向斷裂。

嘴喙的出血斑。

口腔內疾病
嘴角、口腔、食道、嗉囊疾病

口內炎

口內炎泛指口內及口部周圍黏膜發炎的症狀。

【原因】主要病因是缺乏維生素A、細菌、真菌或寄生蟲引發感染。鳥類頻頻罹患口內炎多為念珠菌等真菌及滴蟲（寄生蟲）所致。大型鸚鵡及鳳頭鸚鵡還會罹患疱疹病毒、圓環病毒等病毒性口內炎。

也有可能是口腔內創傷所致。在哺餵文鳥等雀鳥類雛鳥的時候會使用餵食針筒，不過這類器具插入嘴內時損傷口腔內部引發口內炎的案例也不少。

或者是啃咬破損的玩具、木片、金屬線導致口腔內受傷，與其他鳥禽打架導致舌頭受傷。

若對象為雛鳥，喝到過燙的奶水導致口腔內燙傷也會引發口內炎。也有可能在放風期間咬斷通電線路而感電，造成舌頭及口腔內燙傷引發口內炎。

【症狀】一旦引發口內炎，鳥會因為口腔內不適而反覆活動口部及舌頭、擺動頭部、一副想吃卻無法進食的模樣，出現食慾不振、吐食、吞嚥困難、流口水、嘴角有髒汙等症狀。咽炎多會出現好像在打哈欠的症狀。

【診斷與治療】針對口腔內的牙菌斑（細菌附在食物殘渣上增殖而成）或分泌物進行顯微鏡檢查、培養檢測、PCR檢測。口內炎多會伴隨二次感染，所以有時也會使用抗生藥物、抗真菌藥物。也要改善營養狀態。

【預防】預防口內炎的可行方法包括：留意營養均衡且主食改吃滋養丸，或是以穀物種子為主食搭配日光浴、隨時補充綜合營養劑，以免缺乏維生素A及維生素D_3；餵雛鳥喝奶或幫病鳥灌食的時候要細心留意，避免口腔內形成創傷或燙傷；不要讓鳥玩損壞的玩具這類有尖銳部分的物品；留意鳥禽之間的爭鬥；不要在放風房間內設置觀葉植物或鳥嘴吞得下去的小物件，以免誤吞、誤食等等。

口腔內腫瘤

口腔內有時候會形成腫瘤。除了扁平上皮癌、纖維肉瘤等惡性度較高的腫瘤，也有可能出現良性腫瘤。南美及澳洲產的鸚鵡及鳳頭鸚鵡類好發疱疹病毒引發的乳突狀瘤（皮膚及黏膜的表面細胞過度增生形成的良性腫瘤）。

食道炎、嗉囊炎

指稱食道及嗉囊的黏膜發炎受傷，引發糜爛（潰爛）、潰瘍（糜爛惡化導致上皮組織缺損，甚至破壞到下層組織的狀態）的症狀。

【原因】口內炎也有可能續發成食道炎、嗉囊炎。
外傷性：主要原因包括沒有確認過度加熱的奶水溫度就餵給雛鳥喝導致灼傷、使用餵食針筒餵雛鳥喝奶、灌食時使用的塑膠軟管導致受傷等等。此外，放風期間劇烈衝撞牆壁或窗戶導致受傷、被鳥禽或貓狗等其他動物咬傷導致食道及嗉囊損傷，都有可能成為引發食道炎及嗉囊炎的原因。
感染性：古早年代遇到鳥禽嘔吐、吐食的問題會診斷為細菌性嗉囊炎，以抗生藥物作為處方，但是實際上細菌性嗉囊炎極為罕見。感染性主要是沙門氏菌及滴蟲（原蟲）引起雀鳥類嗉囊發炎。食道及嗉囊不具消化功能，所以餵穀食性的鳥吃水果、白飯、麵包等加熱調理過的碳水化合物及高糖食物恐會消化不順，當這些食物長期滯積在嗉囊內進一步發酵，導致念珠菌（真菌）及細菌增殖也有可能引發嗉囊炎。
營養性：缺乏維生素A而引發複層扁平上皮化生（複層上皮當中接近表面的細胞扁平部分角質化）的嗉囊黏膜容易被念珠菌感染，成為引發嗉囊炎及食道炎的原因。

【症狀】出現食欲不振、嘔吐（胃部內容物被強制排出）、吐食（嗉囊內容物被強制排出）的症狀，一旦演變成重度食道炎、嗉囊炎，就會因為疼痛開始出現伸長脖子的姿勢。從頸部到嗉囊及食道有發紅、腫脹、肥厚的跡象。當症狀進一步加劇，除了食道內發炎還會陷入膿汁蓄積的狀態，引發消化物通過障礙、呼吸道阻塞導致呼吸困難。灼傷及創傷（體表組織的損傷）一旦惡化，嗉囊可能出現破洞，導致飼料及飲水從嗉囊漏出來而弄髒羽毛。

【治療】透過視診及觸診確認嗉囊的狀態。進行顯微鏡檢查及培養檢測檢出病原體，針對致病原使用抗生藥物、抗真菌藥物等進行治療。

【預防】最好不要餵食容易腐壞的飼料，即使打算餵食也要控制在極少量並馬上移除廚餘。避免餵食含有大量加熱過的澱粉及醣類的飼料，適時補充維生素A也很重要。此外，最好整頓飼養環境，儘可能地移除涼冷、寒冷、環境變化等容易造成消化不良的壓力源。充分攪拌奶水且每次使用溫度計測量，確認溫度合宜再進行餵食，以免雛鳥因為喝奶燙傷。尤其使用微波爐加熱奶水的時候容易受熱不均，必須多加留意。僅在萬不得已的情況下使用餵食針筒及軟管餵奶或灌食，盡量使用湯匙安全地哺餵比較妥當。

改吃含有適量維生素A的飼料、透過保健食品等物補充維生素等，營養方面的改善也很重要。不過攝取過多脂溶性維生素（維生素A、D、E、K）等也會引發問題，所以要適量補充。

嗉囊結石、嗉囊異物

嗉囊是食道的一部分，屬於暫時貯存食物的器官。此為嗉囊內有結石形成、異物跑進去的疾病。

【原因】嗉囊結石是像石頭那麼硬的異物，尺寸從很小的結石到數公分的大結石都有，主要由尿酸形成。具體原因尚待查明。一般認為其核心是種子外殼、其他結石等異物，攝食排泄物（食糞癖）導致攝入體內的尿酸沉積，因而逐漸形成結石。除此之外，如果長期攝食絨毛材質、毛毯、毛線、玩偶的棉絮、地毯、衣服纖維等異物，這些物質累積在嗉囊內也有可能固化形成結石。

【症狀】好發於虎皮鸚鵡，可能出現噁心、吐食、食欲不振的症狀，但是也有無症狀的案例。如果異物是由纖維構成的氈狀物質，當食物殘渣等物在纖維當中腐壞，還會出現口臭、腹瀉、嘔吐的症狀。

【治療】有時可以透過觸診嗉囊確認異物。透過X光檢查進行診斷。也有在健康檢查的過程中發現的案例。如果X光照不出纖維類物質，會進行消化道X光顯影檢查。通常會切開嗉囊，以外科方式摘除結石或異物。如果結石或異物偏小，有時也可以透過壓迫、牽引從口腔內取出。

【預防】勤於打掃，不要任由排泄物遺留在鳥籠內；在籠內設置隔尿網，防止鳥禽攝食排泄物等等即可預防嗉囊結石。

不要把衣服、毛巾類放在鳥嘴能夠觸及的地方，以免誤食纖維物質。

嗉囊停滯

嗉囊停滯（或稱食滯、消化不良）是指食物或飲水長時間滯留在嗉囊內的狀態。

【原因】一般認為原因有二：嗉囊的蠕動運動（消化食物的活動）低下，或是嗉囊內的飼料阻塞所致。

【治療】投用蠕動促進藥物、進行輸液，改善消化道運動以利食物排出。也會投用抗生藥物及抗真菌藥物，抑制滯留在飼料中的壞菌增殖。如果要移除嗉囊內的腐壞物質，飼料卻黏在嗉囊內，就會灌一些溫水、輕柔地按摩嗉囊以後，再用軟管取出嗉囊內容物。完全阻塞時需要進行外科摘

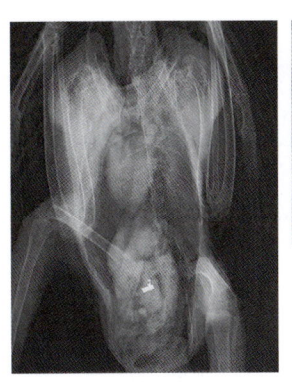

誤食導致重金屬中毒／X光片映出了金屬（拉鍊零件）（白鳳頭鸚鵡）。

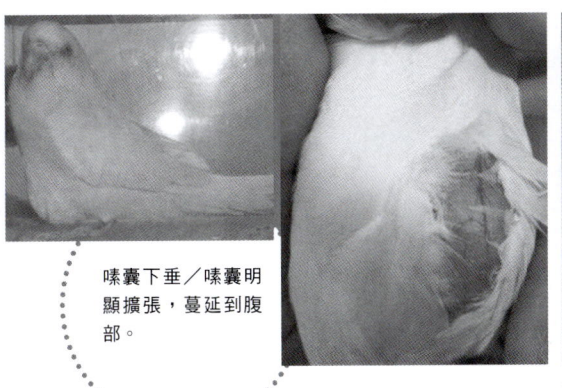

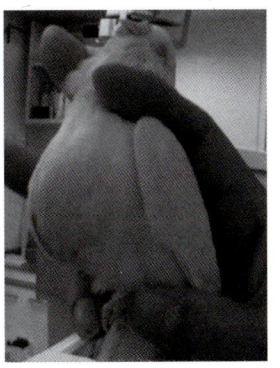

嗉囊下垂／嗉囊明顯擴張，蔓延到腹部。

嗉囊弛緩。

除手術。

【預防】為了避免哺餵期間發生嗉囊停滯的問題，選用合適的飼料，詳細閱讀說明書之後，正確地調合熱水量及溫度等至關重要。餵奶前先察看嗉囊的狀態，確認先前的飼料已經消化得差不多，再餵食適當的分量。對雛鳥進行適當保溫以利消化食物。針對該鳥的身體狀況進行相應的管理，是預防消化不良非常重要的一環。

嗉囊弛緩

嗉囊的肌肉由於某些原因變得無法收縮、逐漸擴張，弛緩到無法復原的狀態就稱為嗉囊弛緩。

【原因】嗉囊弛緩還有尚待查明的部分，不過可能原因包括玻納病毒、天生畸形、過食、飲水過量、不恰當的飲食等等。好發於虎皮鸚鵡。

【症狀】嗉囊肌肉變得無法收縮，貯存的飼料及飲水重量使其逐漸擴張。病情加劇時，嗉囊會擴展至胸部及腹部。嗉囊內的病菌更容易繁殖，且容易發生誤嚥（不小心將食物等異物吞進氣管內）的問題。

【治療】如果不會對生活造成障礙，無需特地進行治療，不過引發問題時會進行縮小嗉囊的手術。

【預防】留意餵太多飼料、過度飲水的問題，避免嗉囊過度擴張。

食道狹窄、阻塞

嗉囊以外的食道由於某些原因狹窄或閉鎖（阻塞）的疾病。

【原因】食道異物導致穿孔（破洞）、灼傷導致發炎、腫瘤、異物等都會引發阻塞。肺炎等食道以外的部分發炎造成影響，或是長在食道外的腫瘤及炎症等形成外部壓迫，也有可能導致食道狹窄、阻塞。

【症狀】精神及食慾在初期階段及狹窄症狀輕微時不會減退，但是慢性病例及完全阻塞的案例會有飼料及水滯積在嗉囊內的問題。飼料未通過消化道，只會排泄絕食便。肺炎性下食道阻塞多會出現呼吸器官症狀。

【治療】根據症狀、X光顯影檢查、超音波檢查等

進行診斷。進行暢通阻塞部位的治療，若為肺炎性則針對肺炎進行治療。未見效的時候會切開嗉囊裝設胃管，但是難以治癒。

【預防】及早發現絕食便及呼吸器官症狀，關鍵在於把握早期治療的先機。

胃部疾病

好發於陪伴鳥的胃部疾病包括胃炎、胃潰瘍、胃擴張、胃癌等。

胃炎

鳥有兩個胃，分別是前胃（腺胃）與後胃（砂囊、肌胃）。胃黏膜發炎的狀態就稱為胃炎。

【原因】鳥的胃炎可以分成感染性胃炎與非感染性胃炎。
感染性胃炎：病因在於感染真菌（巨大菌、念珠菌）、細菌及寄生蟲（隱孢子蟲）等。胃內常保強酸性，以防吃下的食物腐壞。也因此，一般微生物沒辦法棲息在胃裡，可是胃部出現病變的時候，該部位很容易發生細菌及真菌引發二次感染的問題。

各個鳥種容易罹患的胃部疾病

虎皮鸚鵡：巨大菌症明顯好發之外，還有念珠菌症、腺胃擴張症、砂粒阻塞等等
桃面愛情鳥、牡丹鸚鵡（幼鳥期）：念珠菌症、砂粒阻塞等等
桃面愛情鳥（高齡期）：隱孢子蟲症等等
玄鳳鸚鵡：巨大菌症、念珠菌症、腺胃擴張症、砂粒阻塞等等
太平洋鸚鵡：巨大菌症、念珠菌症、砂粒阻塞等等
橫斑鸚鵡：巨大菌症、念珠菌症等等
非洲灰鸚鵡：念珠菌症、腺胃擴張症等等
金剛鸚鵡：念珠菌症、腺胃擴張症等等
白色系鳳頭鸚鵡：念珠菌症、腺胃擴張症等等
文鳥（幼鳥期）：念珠菌症、巨大菌症等等
金絲雀：巨大菌症、念珠菌症等等
十姊妹：念珠菌症等等
斑胸草雀：巨大菌症、念珠菌症等等
所有鳥種：誤吞異物

巨大菌引發的感染性胃炎明顯好發於虎皮鸚鵡。好發於換羽期、環境變化這類鳥禽倍感壓力的時期。所有寵物鳥都有機會罹患念珠菌症。

非感染性胃炎：重金屬中毒（鉛、銅、鋅）、攝食含有草酸鈣的毒性植物、非類固醇抗發炎藥等藥物、尖銳的異物、毒物及刺激性物質等可能導致胃部發炎。除此之外，胃炎還有可能續發成胃癌及消化性潰瘍，體腔內的炎症（蛋黃性腹膜炎等）及氣囊的炎症也有可能對胃造成影響。另有急性壓力性胃炎及原因不明的慢性胃炎。

【症狀】輕度胃炎幾乎不會出現症狀。一旦病情加劇，將會出現食慾不振、蓬羽、抑鬱、噁心等一般症狀。更加嚴重時，伴隨著食慾消失、嘔吐、脫水、嗜睡（意識模糊，未給予刺激就會持續睡覺）、消瘦（明顯變瘦）等症狀，還會開始出現胃潰瘍及胃擴張等問題，甚至於引發消化道阻塞。後胃（砂囊、肌胃）發生障礙時，可能會出現消化不良導致粒便的症狀。

【治療】鎖定病因進行治療的同時，投用胃黏膜保護藥物。有脫水及嘔吐的症狀時進行輸液、投用止吐藥物，沒有食慾的話進行灌食。貌似排泄粒便時，餵食滋養丸及燕麥。

【預防】重點在於接鳥回家以後馬上接受健康檢查，在發病以前驅除巨大菌症等會引發胃炎的病原體。預防壓力性胃炎的關鍵在於移除壓力源。在換羽期間等會累積壓力的時期，最好注重營養均衡、使其靜養。

::: CHAPTER 7 ::: 寵物鳥容易罹患的疾病

必須留意攝食異物的問題。

腺胃擴張症（PDD）

腺胃擴張是指兩個胃當中的第一個胃前胃（腺胃）由於病毒等原因處於擴張狀態。

【原因】感染禽類玻納病毒會引發嚴重的腺胃擴張。禽類玻納病毒好發於非洲灰鸚鵡、金剛鸚鵡類、鳳頭鸚鵡類、錐尾鸚鵡類，在罕見的情況下金絲雀等也有可能發病。除此之外，重金屬中毒、胃癌等各種疾病亦可能引發腺胃擴張。

【症狀】慢性病例可能不會出現症狀，可一旦胃部機能極度低下、蛋白消化功能受損，可能會發展成有進食卻變瘦的消耗病。急性病例會出現嗉囊停滯（嗉囊內容物未流至胃部，處於停滯狀態）、嘔吐、食慾不振、絕食便等症狀。根據病因後胃（砂囊）也有可能一併擴張，有時會排出粒便。

【治療】透過X光檢查確認腺胃擴張影像，做出臨時診斷。需要進行基因檢查才能鎖定禽類玻納病毒。進行對症治療、支持療法（用於提升狀態的治療）、預防二次感染。可能會開立腺胃擴張症的處方食品。

重金屬中毒的病例會透過影像證實有金屬片存在。除了單純的X光檢查，有時還會進行X光顯影檢查。除此之外，也有可能進行檢測真菌的糞便檢查、檢測抗酸菌及病毒的PCR檢測等等。

進行病因治療的同時使用活化消化道運動的藥物，以促進上消化道的運動。沒有胃炎及胃潰瘍的問題時，使用促進消化的胃藥及消化藥物，如果病因是神經炎則使用抗發炎藥物。

【預防】並非所有感染禽類玻納病毒的鳥都會發病。一般認為免疫力低下及壓力是發病的主要原因。最好透過適度運動、營養均衡的飲食、優質睡眠等來提高免疫力、預防發病。

胃腫瘤

所有鳥種的胃部都有機會形成腫瘤，不過明顯好發於虎皮鸚鵡。雀鳥類等其他鳥類發病的案例很罕見。

【原因】在虎皮鸚鵡有胃損傷的案例當中，胃腫瘤是常見的致死原因。一般認為主要原因有很多種，包括遺傳性因素、營養失調、巨大菌症及過度發情等，不過詳情尚待查明。

【症狀】初期幾乎不會出現症狀。隨著病情加劇，會出現胃炎、消化性潰瘍、胃擴張的症狀。嘔吐與胃出血導致黑便的症狀與胃炎、胃潰瘍相同，可是經過治療症狀依然復發的時候，很有可能是胃腫瘤所致。

【治療】透過X光檢查發現胃部明顯擴張時，也會懷疑是否罹患了胃腫瘤，不過慢性胃損傷與胃腫瘤的症狀幾乎一模一樣，故得在死後鑑別確認。對付胃腫瘤的外科療法及抗癌藥物治療尚未確立。進行針對胃炎、胃潰瘍、胃擴張的治療，力求延命。

【預防】早期發現、早期治療巨大菌症，提供營養均衡的飲食是可行的預防方法。

砂粒阻塞

肌胃（砂囊）充斥著砂粒，引發食物及飲水消化不良及通過障礙的疾病。吃太多鹽土、鈣粉、鳥砂等也有可能引發砂粒阻塞。

【症狀】突然嘔吐與喪失食欲，伴隨著絕食糞便、蓬羽、嗜睡等症狀。

【治療與預防】砂粒阻塞可以透過單純的X光檢查做出臨時診斷。有砂粒阻塞的問題時停餵顆粒飼料，改餵滋養丸及燕麥。如果是鈣粉導致阻塞可以自然溶解，可一旦消化器官內很難暢通、磨耗或溶解，就得進行外科摘除手術。

【預防】提供砂粒時注意不要給太多，提供鹽土時敲碎給少量即可。

腸道疾病

腸炎

腸炎泛指腸黏膜有發炎、出血等症狀的疾病。

【原因】分成感染性與非感染性，但是多為細菌性腸炎。幼鳥期的感染症（鸚鵡喙羽症、小鸚哥病、鸚鵡熱等）幾乎都是急性症狀引發腸炎。寄生蟲性腸炎也很多，蛔蟲、球蟲、梨形鞭毛蟲等引起腸道問題。真菌性腸炎多為念珠菌所致。

【症狀】腹瀉是最普遍的症狀。像虎皮鸚鵡、愛情鳥、玄鳳鸚鵡這類原產自少水乾燥地帶的成鳥，排泄物水分本就不多，很難看出有無腹瀉症狀，不過腹瀉時會出現尿酸和糞便融在一起、糞便不成形的特徵。重症時會形成黏血便。腹瀉以外的症狀包括食欲不振、蓬羽、嘔吐、腹痛而出現搔抓腹部或蹬地這類動作等等。

【治療】根據症狀及糞便檢查做出臨時診斷。透過X光檢查可以確認腸道鼓脹、腸道內脹氣的影像。腹瀉嚴重時容易引發脫水症狀，所以會進行輸液、使用改善腹瀉症狀的藥物。可能也會使用益生菌藥物、抗生藥物、抗真菌藥物等來整頓腸道細菌平衡。病因是消化不良時，使用消化藥物。餵食容易消化、對腸道刺激較小的處方食品或流質食物。

【預防】配合鳥種及鳥禽狀態提供適當的營養以整頓腸道環境，在整潔的環境適當地飼養即可預防。

腸阻塞

腸阻塞又稱為腸塞絞痛，是指某些原因導致腸道內容物（食物、胃液、腸液、氣體及寄生蟲等）移往泄殖孔的過程受阻的狀態。腸阻塞包括機械性腸阻塞與功能性腸阻塞（無動性腸阻塞）。

【原因】機械性腸阻塞的原因包括誤食異物（紙、布、抓毛絨等）、腸結石、穀粒、從後胃（肌胃）流出的砂粒（砂子及鈣粉等）、大量寄生蟲（蛔蟲及盲腸蟲等）、腸道腫瘤等導致腸道狹窄及沾黏等等。

此外，蛋物質異位（蛋物質漏到輸卵管以外部位的症狀）、卵阻塞、腸道以外的腫瘤（主要為睪丸腫瘤、卵巢腫瘤、輸卵管腫瘤）、箝閉性疝氣（內臟器官等從原本應處的部位脫出而沒有歸位的狀況）、泄殖腔腫瘤等導致腸道腔外壓迫到腸道時，也有可能引發阻塞。除此之外，麴菌症引發嚴重氣囊炎導致腸道沾黏也是原因之一。

至於功能性腸阻塞，則是在低體溫、重度貧血、重金屬中毒症等引發消化道神經障礙、蛋黃性體腔炎等問題，造成消化道蠕動功能停止這類狀況下發生。

【症狀】如果症狀持續加強，會出現嘔吐、噁心、脫水、喪失食欲、排便停止等症狀。排便時只有排出尿，或是出現少量黏液性腹瀉便或帶血的血便。沒有排出糞便的狀態可能是腸阻塞所致。此外，飼料及水也有可能滯積在嗉囊內。腸道會因為滯積的腸內容物及氣體而鼓脹。罹患機械性腸阻塞時，腸道會試圖將引發阻塞的內容物送往泄殖孔而蠕動，可是在阻塞、無法流動的狀態下會引發劇痛，進而產生疼痛性休克導致蓬羽、嗜睡（未給予刺激就會持續睡覺的意識障礙）。可能出現因為疼痛而搔抓腹部的行為、頻頻在意泄殖孔的模樣。小型鳥罹患腸阻塞時，狀況會急速惡化。

留意吃太多鈣粉的問題。

【治療】根據特徵性症狀、X光檢查、X光顯影檢查進行診斷。絞扼性腸阻塞必續開腹消除絞扼的問題。腸道壞死時，必須切取周邊組織與正常腸道進行腸吻合手術（透過手術讓腸道等處的端部相接）。若為阻塞性腸阻塞，透過X光檢查判斷腸道內的阻塞物有無流動的可能性，嘗試使用潤滑藥物、促腸胃蠕動藥物將其排泄成糞便。如果認為已經完全阻塞而難以排泄，會在開腹後切開腸道摘除阻塞物。

如果原因在於腸道外的壓迫物，會嘗試用手術以外的方式縮小該壓迫物（蛋物質等），但是大多數情況都需要動手術。沾黏性腸阻塞通常需要動手術來剝離沾黏。若為功能性腸阻塞，在進行病因治療的同時還會使用促腸胃蠕動藥物。

【預防】平常仔細觀察愛鳥的身體及其排泄物的模樣，早期發現異狀、早期治療很重要。放風期

間最好不要移開視線，以免愛鳥攝食異物。

腸道結石

腸道結石是指腸道內形成的結石。腸道內容物滯積、沉澱以後，就會在腸道內形成結石。

【原因】腸道內有結石形成，引發腸阻塞。一般認為結石的生成與異物流入腸道內、腸道蠕動停止有關。

【症狀】症狀與腸阻塞相同，不過未完全阻塞時會出現食欲不振、絕食便等症狀。腸道一旦發生腸阻塞，滯留在該處的結石會變得更大。最終引發完全阻塞的問題，狀態急速惡化。

【治療】伴隨著排便量減少、停止的症狀，疑似有消化不良等的腸阻塞問題時會進行X光檢查。如果是主成分為鈣的結石，可以輕易診斷出來。必須進行X光顯影檢查，以確認腸道內有沒有發生阻塞。觀察到腸道鼓脹。

面對急遽發生的變化，無法期待內科療法帶來的效果，必須以外科方式切開腸道摘除結石。

【預防】放風期間最好不要移開視線，以免愛鳥攝食異物；切勿隨興提供過多的鹽土、鈣粉及鳥砂等。

泄殖腔疾病

泄殖腔炎

泄殖腔炎是指泄殖腔內局部發炎的狀態。

【原因】鳥是從泄殖腔排尿、排便，不過糞便停留在大腸的時間很短，貯存在泄殖腔的時間較長，所以泄殖腔算是相對容易發生細菌性炎症的部位。泄殖腔脫垂後、卵阻塞後等泄殖腔受到物理性損傷時，也有可能引起發炎。除此之外，尿石或糞石導致泄殖腔損傷、病毒性乳突狀瘤病也會引起發炎。大型鸚鵡及鳳頭鸚鵡可能因為自咬

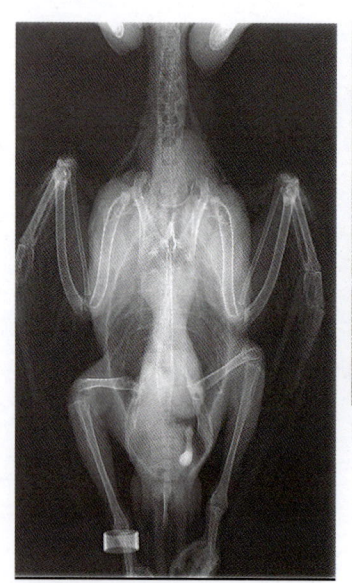

可以透過X光確認腸結石（玄鳳鸚鵡）。

動手術摘除的腸結石。

引發泄殖腔炎。

【症狀】罹患輕微炎症時觀察不到症狀。隨著症狀加劇，出現泄殖腔有髒汙及腫脹的問題，嚴重時會因為泄殖腔疼痛而進入休克狀態，出現蓬羽、嗜睡、食欲減退的症狀。可能觀察到血便。若為細菌性泄殖腔炎，可能伴隨著異臭。泄殖腔炎也有可能引發泄殖腔脫垂。

【治療】壓迫腹部、翻轉泄殖腔進行診斷。若執行上有困難，會使用內視鏡觀察內部。無論是感染性還是異於感染症的狀況，都會使用抗生藥物及抗真菌藥物進行治療，預防感染。

【預防】若為大型鸚鵡及鳳頭鸚鵡自咬引發的泄殖腔炎，採取改善行為的療法（精神作用藥物、認知行為療法）或許比較有效。

巨大泄殖腔

泄殖腔嚴重擴張的狀態稱為巨大泄殖腔。

【原因】有大量糞便及尿酸滯積在泄殖腔內，泄殖腔因此擴大。可能是病理性原因或生理性原因所致。

●生理性巨大泄殖腔
發情性：母鳥在築巢期間窩在巢內，出現減少排便次數、糞便滯積在體內、排出巨便的狀況，泄殖腔因此擴張。

此外，也有無關發情與否，寵物鳥在籠內漸漸不排便的問題。這是因為鳥把鳥籠當作一個獨立巢箱，減少排便次數引發糞孔擴大所致。

●病理性巨大泄殖腔
阻塞性：鳥本身自咬引發泄殖腔阻塞、腹瀉便沾附導致泄殖孔栓塞、泄殖腔內的異物（糞石、尿酸結石、壞死性蛋）、腫瘤、乳突狀瘤等引發的阻塞所致。
絞扼性：泄殖腔落至疝囊內，糞便滯積在該處引

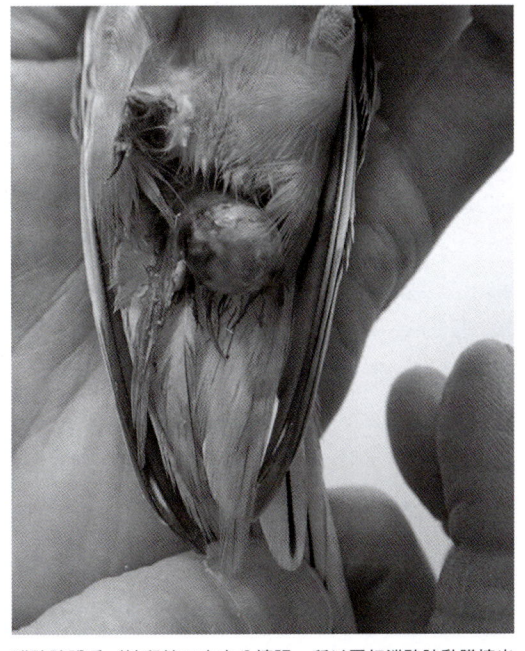

泄殖腔脫垂／輸卵管口未充分擴張，所以蛋把泄殖腔黏膜擠出來了（虎皮鸚鵡）。

發泄殖孔擴大。
麻痺性：中樞性（脊髓損傷及腦損傷等）或術後等產生末梢神經障礙，可能引發泄殖腔擴大。

【症狀】若為物理性阻塞，可以觀察到下腹用力的模樣，但是神經性阻塞不會有下腹用力的表現。一口氣排出的排泄物非常巨大，貯留期間細菌容易增殖，多會散發異臭。當排泄物貯留在體內的時間過長，腸毒血症（細菌毒素進到血液中，引發全身性中毒的疾病）及敗血症（細菌及病毒感染引發內臟器官衰竭，影響遍及全身的疾病）引發休克甚至會致死。

【治療】貯留在體內的糞便至少一天必須排泄一次。使用抗生藥物及抗真菌藥物等進行治療，預防泄殖腔內的細菌及真菌增殖。

未自然排泄時，必須透過壓迫使其排泄。有糞石及尿石而無法排泄時，會在泄殖腔內粉碎、縮小這些物質再進行摘除。若執行上有困難，會進

行開腹手術摘除。糞便貯留會導致泄殖腔擴大、逐漸惡化，所以及早消除病因至關重要。

【預防】平常檢查愛鳥的排泄是否順暢，確認排泄物的大小、顏色及味道，及早發現異狀，在症狀惡化以前搶先治療為佳。

肝臟疾病

以肝炎及脂肪肝為首的各種肝臟疾病好發於陪伴鳥。在寵物鳥罹患的肝臟疾病當中，急性病例多為感染性，慢性病例多為脂肪肝及原因不明的肝炎。肝臟疾病一旦慢性化，多會變得難以治療，早期發現、早期治療比較理想。

非感染性：血腫、脂肪肝、血色素沉著症（鐵質儲存過多病）、澱粉樣變性、循環障礙、肝毒素、肝腫瘤、痛風等。
感染性：細菌、病毒、寄生蟲、真菌等。

【發生與病程】肝臟可能出現各種肝臟疾病。各種原因導致肝臟受損、產生障礙引發炎症的狀態就稱為肝炎。肝臟具有再生能力，但是慢性肝炎造成肝臟長期發炎，恐會導致肝臟組織變硬而纖維化。纖維化狀態稱為肝硬化。像肝硬化這種肝功能明顯低下、引發各種症狀的狀態稱為肝衰竭。

已經掌握病因時，消除原因的同時進行對症治療（緩和症狀、抑制疼痛的治療）與支持療法（用於提升狀態的治療）。肝臟疾病原因不明的案例很多，但是透過對症治療有所改善甚至於痊癒的狀況也不少。

罹患肝臟疾病時，改餵專治肝臟疾病的滋養丸，有助於更快恢復健康。

鳥類飛翔會對肝臟造成很大的負擔，不妨中止放風活動，關在鳥籠或照護室內限制其運動以促進恢復。

出現食慾不振及脫水的症狀時，沒有馬上進行灌食或輸液的話，引發高氨血症（無法順利分解體內的氨，氨蓄積在血液中的疾病）恐會突然死亡。

【預防】避免感染症、肥胖及誤食異物的問題發生，進行適當的營養管理、維持能夠適度運動的環境，即可預防肝臟疾病。長期餵金絲雀吃「揚色劑」容易引發肝臟疾病，僅在換羽期短期使用較為妥當。

感染性肝炎

病原體導致肝臟發炎的狀態稱為感染性肝炎。

【原因】
革蘭氏陽性菌：多為葡萄球菌、鏈球菌引發的肝炎。主要是皮膚感染或氣囊感染導致血行性感染肝臟。尤其好發於雀鳥，棲息在腸道的梭菌上行進入肝臟。
革蘭氏陰性菌：是鸚鵡及鳳頭鸚鵡的全身感染症當中最普遍的細菌群。多為腸道菌叢（大腸桿菌、沙門氏菌等）及綠膿菌（常存於生活環境的弱毒細菌）。從腸道感染擴及至全身感染的時候感染肝臟，或是經由膽管上行感染。巴斯德氏菌會引發敗血症，感染肝臟。
抗酸菌：鳥類通常是腸道感染演變成肝臟感染。

肝臟腫大的X光片（虎皮鸚鵡）。肝臟腫大到腰部消失。

嘴喙的出血斑／疑似罹患肝臟疾病（虎皮鸚鵡）。

出現慢性感染性肝炎時，必須懷疑是否為抗酸菌所致。

披衣菌：披衣菌（人畜共通傳染病鸚鵡熱的病因）主要途徑為吸入感染，從肺臟感染血行性感染肝臟。此為寵物鳥罹患感染性肝炎最普遍的原因。

真菌：有些病例是肺臟、氣囊麴菌症經由直接接觸感染肝臟。免疫不全的鳥可能續發成播散性念珠菌症，演變成肝臟念珠菌症。

【治療】透過X光檢查確認肝臟腫大。透過抽血檢查發現肝酵素上升時，可能有肝損傷的問題，白血球數也有所上升時，極可能罹患了細菌性肝損傷。

必須進行肝臟組織的培養檢測及PCR檢測，以鎖定感染的細菌種類為何。發生肝臟嚴重感染的問題時，糞便及血液可能也會檢出病原體。使用對付分離出來的菌種效果較高、在肝臟的藥物分布性較優的抗生藥物。很難鎖定病原的時候，使用對付披衣菌、抗酸菌等大多數細菌都有效果的抗生藥物。未見效的時候，變更抗生藥物進行治療性診斷。

病毒性肝炎：病毒性肝炎主要好發於免疫力較低的幼鳥。多隻飼養時可能會互相傳染。

帕切科病（疱疹病毒引發的感染症）：甚急性型（急遽發病）會引發肝炎或肝壞死進而死亡。急性病例可能會出現嗜睡、多飲多尿、腹瀉、血便、鼻竇炎、神經症狀（痙攣）、肝臟疾病徵候。

小鸚哥病（多瘤病毒引發的感染症）：從肝炎、肝壞死到致死的期間，可能會出現肝臟疾病徵候。肝損傷的問題會出現在虎皮鸚鵡、錐尾鸚鵡、金剛鸚鵡、折衷鸚鵡、雀鳥等身上。

寄生蟲性肝炎：滴蟲屬於口腔、食道內的寄生蟲，但是雛鳥染病時可能會演變成全身性感染，入侵肝臟的狀況也很常見。也有可能源自於腸道內的隱孢子蟲上行感染。多在幼鳥期、鸚鵡喙羽症導致免疫力低下的時期等，因為全身性感染及敗血症而發病。

【治療】通常是透過X光檢查診斷出肝臟腫大，可是當甚急性型的帕切科病等導致肝臟腫大時，可能很快就會死亡。有時是透過抽血檢查發現肝酵素值明顯增加。透過肝臟的組織檢查或PCR檢測確診。

急性肝炎發作時大多來不及治療，進行對症治療與支持療法的同時，使用對付病毒性肝炎的抗病毒藥物。

【預防】在發病以前接受檢查，避免與未接受檢

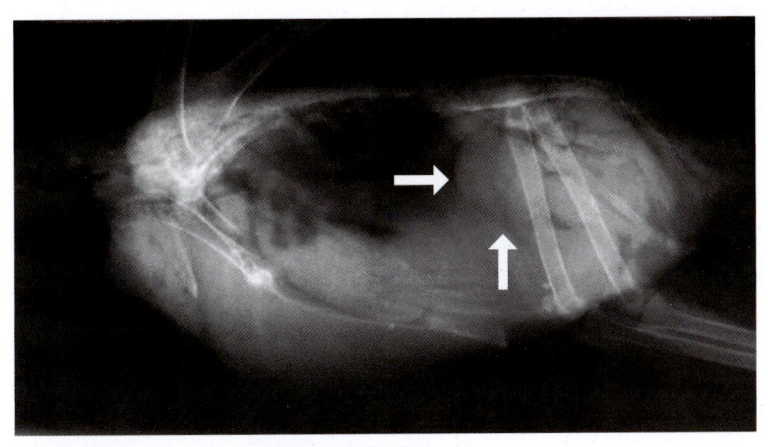

披衣菌症患鳥的X光片／可以確認脾臟（箭頭）腫大。

小鸚哥病導致羽毛異常（虎皮鸚鵡）。

查的鳥接觸即可預防。

肝損傷、血腫
（非感染性疾病、感染性疾病）

【原因】肝臟損傷導致出血，形成血腫（組織內出血的血液積聚而腫起）。陪伴鳥可能會因為劇烈衝撞牆壁及家具等物、踩踏事故、遭到門等夾傷的意外導致肝臟受損。尤其在幼鳥期，保護肝臟的龍骨（形似凸面且位於胸部的巨大骨骼）尚小，一旦劇烈撞到腹部容易產生肝損傷的問題。此外，有脂肪肝問題的肝臟相當脆弱，亦即處於容易破裂的狀態（脂肪肝出血症候群）。

急性肝炎（尤其是小鸚哥病等感染症）可能引發肝出血。肝功能低下會喪失製造凝固血液所需的凝血因子（幫助血液凝固的各種血液成分）的能力，出現肝衰竭的問題時出血會變得難以停止。

【症狀】急遽出血引發休克狀態或突然死亡。症狀包括出血引發的貧血、出血的血液溶血及吸收導致尿酸（原本的白色部分）明顯綠化（視情況紅化）。

【治療】投用止血藥物，明顯貧血時進行輸液。

【預防】放風期間視線最好不要離開愛鳥身上，以免發生意外。

脂肪肝
（非感染性疾病）

脂肪肝是指脂質代謝障礙導致肝臟累積大量脂肪的狀態，即肝臟脂肪浸潤。所有寵物鳥都有可能罹患脂肪肝，不過好發於虎皮鸚鵡、愛情鳥、玄鳳鸚鵡。

【原因】累積在肝細胞內的中性脂肪超出釋放、分解上限導致發病。原因包括攝取過多葵花籽等脂肪含量太高的飼料、運動量不足又過食等等。胺基酸失衡的飲食、肝功能低下及肝損傷也會產生脂肪肝。

好發於大型鳥當中的亞馬遜鸚鵡、金剛鸚鵡、粉紅鳳頭鸚鵡、鳳頭鸚鵡，小型鳥當中的虎皮鸚鵡、玄鳳鸚鵡。糖尿病也有可能變成引發脂肪肝的原因。

【症狀】分成急性脂肪肝與慢性脂肪肝。
急性脂肪肝：面臨換羽、冷熱等飼養環境變化、生蛋等狀況，食欲不振引發脂肪動員（空腹、運動時能量不足，貯存在脂肪細胞的脂肪經過水解作用，變成脂肪酸與甘油釋放到血液中的現象）導致脂肪肝惡化、引發肝功能障礙，食欲更加減退，陷入惡性循環。開始出現蓬羽、抑鬱、黃色尿酸、嘔吐、食欲不振等症狀，狀態一旦惡化，出現高氨血症甚至會突然死亡。寵物鳥喪失食欲突然死亡的其中一個原因就是急性脂肪肝。
慢性脂肪肝：慢性脂肪肝導致肝功能障礙，造成活動量減少、食欲也有所減退。出現嘴喙過長、羽毛形成不全（羽毛變色、羽毛變形、羽毛成長不良等）的症狀。此外，當肝腫大與脂肪累積壓迫到氣囊，還會導致呼吸困難。

【治療】透過X光檢查確認肝腫大，透過抽血檢查確認高脂血症。罹患慢性脂肪肝的鳥要改吃優質飼料，使用強肝藥物及高氨血症預防藥物的同時，循序漸進地控制飲食。出現電解質異常的問

::: CHAPTER 7 ::: 寵物鳥容易罹患的疾病

姑婆芋。　　　黃金葛。　　　務必留意花生（尤其是外國產）。　　　關節酢漿草。

題時，進行輸液來調節。

【預防】餵食營養均衡的優質飼料、進行體重管理來防止肥胖。
必須留意會讓鳥心生壓力的劇烈環境變化。

肝毒素
（非感染性疾病）

【原因】被胃腸道吸收的物質大部分是通過肝門靜脈（流經消化道的血液集中注入肝臟的部分血管）直接流入肝臟，所以肝臟算是很容易因為中毒性物質受到損傷的部位。
肝毒性物質：許多透過肝臟代謝的藥品／化學藥品（砷、磷、四氯化碳等）／植物（西洋油菜、新疆千里光、蓖麻、毒參、夾竹桃、酢漿草屬、微萍屬、豬屎豆屬、棉花籽等）／保健食品（維生素D3）／重金屬（鉛、銅、鐵等）／微生物（細菌及真菌等）。
其中，肝毒性特別強的物質是真菌產生的黃麴毒素。大多數原因不明的肝損傷可能與肝毒素有關。

【症狀】產生急性或慢性肝臟疾病徵候。

【治療】若非重金屬所致，要證實攝食何種中毒物實屬困難，所以會聽取飼主說明鳥吃了什麼東西。進行支持療法的同時也會對症治療（解毒強肝藥物等）。攝食後馬上清洗嗉囊很有效。洗胃必須在麻醉狀態下進行，所以風險很高。如果毒素尚未被吸收，使用活性碳解毒有時也很有效。

【預防】最好不要在鳥會接觸的場所（籠內及放風的室內）放置對鳥有毒的物品，不要餵食未檢驗過黃麴毒素的飼料、外國產堅果類。

肝腫瘤
（非感染性疾病）

【原因】分成發生在肝臟的原發性腫瘤，與來自其他內臟器官的轉移性腫瘤。
原發性腫瘤：肝細胞癌、膽管癌、脂肪瘤、纖維瘤、纖維肉瘤、血管瘤、血管肉瘤等。
轉移性腫瘤：包括白血病、淋巴肉瘤、橫紋肌肉瘤、腎癌、胰臟癌等，腫瘤形成的原因大多不明，不過一般認為肝腫瘤的形成與血色素沉著症（鐵質儲存過多病）、黃麴毒素中毒有關。

【症狀】通常會出現一些肝臟疾病徵候，但是也有毫無症狀就死亡的案例。

【治療與預防】可能透過抽血檢查推斷有肝損傷的問題，或經由各種檢查發現肝功能低下的問題。有時可以透過X光檢查發現肝臟腫大及變形的問題。主要透過支持療法、對症治療為鳥治療肝腫瘤。防範會引發部分肝腫瘤的相關病原（黃麴毒素、過多的鐵質等）是可行的預防方法。

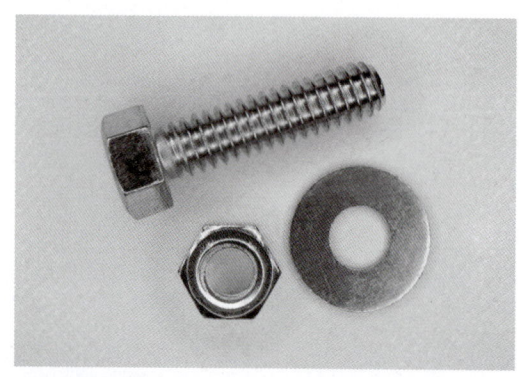

現的疾病。

【症狀】輕症時無症狀，或者停留在嗜睡、食欲不振、蓬羽等一般症狀。隨著病情加劇，出現嘔吐、多飲多尿、嗜睡、喪失食欲、精神障礙等症狀，嚴重時會引發運動失調、麻痺、昏睡、痙攣而致死。

【治療】測定血中氨濃度。出現高氨血症時，保定可能會引發痙攣，所以必須多加留意。罹患高氨血症時，使用高氨血症治療藥物。引發痙攣時，使用抗痙攣藥物使其鎮靜。餵食專治肝臟疾病的滋養丸等。

留意身邊的重金屬。

【預防】留意攝取過多蛋白質（氨的原料）的問題，提供能夠適度運動的環境與青菜。

肝性腦病變
（肝臟疾病引發的疾病）

【原因】肝損傷導致肝臟的解毒功能低下、氨等毒素沒有被分解，刺激腦部而引發神經症狀。肝硬化、猛爆性肝炎、脂肪肝等嚴重的肝損傷會引發肝性腦病變。面對有肝損傷及肥胖問題的鳥，也要考慮隨時出現肝性腦病變的可能性。肝性腦病變導致突然死亡，是寵物鳥猝死案例中偶會出

黃羽症候群
（肝臟疾病引發的疾病）

【原因】羽毛黃化的疾病稱為黃羽症候群（Yellow Feather Symbolism）。罹患輕度

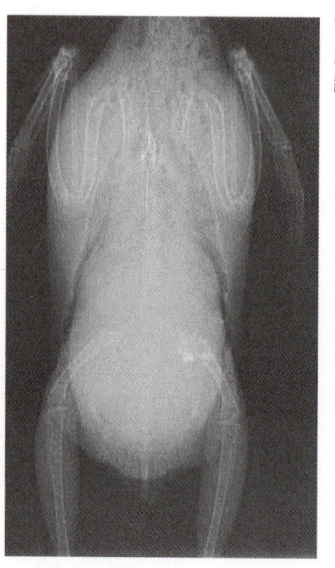

可以透過X光確認肝臟腫大（虎皮鸚鵡）。

::: CHAPTER 7 ::: 寵物鳥容易罹患的疾病

部分羽毛變紅的桃面愛情鳥。

肝功能低下導致羽毛變成黃色的玄鳳鸚鵡（黃化）。

肝臟疾病時多為無症狀，可一旦肝臟疾病及高脂血症加劇，就會出現羽毛變色、羽毛形成不全的症狀。黃羽症候群好發於玄鳳鸚鵡的黃化種，全身羽毛會轉變成黃色。

【症狀】全身的正羽都會變色，不過背部羽毛的變色最明顯。肝衰竭有所改善的話，換完羽以後黃色羽毛會變稀疏。不過，帶有蛋白石基因的玄鳳鸚鵡原本就有黃色羽毛，所以鑑別時必須多加留意。有時候也會出現伴隨著慢性肝臟疾病徵候、甲狀腺功能低下症、糖尿病、高脂血症的併發症狀。

【治療】通常會進行抽血檢查，不過必須進行肝生檢（肝切片檢查）才能正確掌握肝臟的狀態。進行檢查可能會因為高氨血症引起痙攣，所以有時會視狀態省略檢查步驟，以免對身體造成負擔。治療方法以改善肝功能及高脂血症為主。有肥胖問題時需要調整環境，以便控制飲食減量、提供能進行適度運動的空間。

【預防】調整成營養均衡的飲食、避免肥胖、解決運動不足的問題等等即可預防。

胰臟疾病

胰臟炎、其他

【原因】
感染性：禽類副黏液病毒（PMV）感染青綠鸚鵡類、部分雀鳥及鴿子會引發胰臟炎。主要症狀包括腹瀉與神經症狀。除此之外，病毒（疱疹病毒、多瘤病毒、腺病毒、痘病毒等）、細菌（尤其是革蘭氏陰性菌、披衣菌）等也會感染胰臟。此外，胰臟外圍是十二指腸，所以十二指腸炎可能續發成胰臟炎。

非感染性：續發成墜卵性、蛋黃性腹膜炎可能導致胰臟發炎。與肥胖、高脂肪食物、脂肪肝、高脂血症、動脈硬化有關的問題，也有可能突然引發急性胰臟炎及胰臟壞死。

此外，胰管一旦阻塞，胰臟內的胰液活化會引發自溶作用（體內的酶分解自身細胞及組織的現象）。寵物鳥摔落導致劇烈衝撞及外傷，疝氣引發絞扼等物理性障礙也有可能引發胰臟炎。若為中毒所致，可能是有機磷中毒及重金屬中毒對胰臟造成傷害。再來，長期熱量不足恐使胰臟萎縮。

【症狀】
急性症狀：胰臟會分泌強效的胰酶（主要分解蛋白質的消化酶）。當胰臟遭到破壞使胰酶漏出，就會出現自溶胰臟甚至於消化周圍組織的狀況。急性胰臟炎發作的鳥進入休克狀態，會出現蓬羽、嗜睡、嘔吐、食欲不振的症狀。

慢性症狀：胰臟具有產生消化酶胰酶的外分泌功能，以及產生可代謝醣類的胰島素及升糖素的內分泌功能。胰臟疾病會引發外分泌或內分泌障礙。罹患胰外分泌不足（EPI）時，胰液分泌不全會引發脂肪及蛋白質消化不良的問題。糞便含有大量未消化脂肪及未消化澱粉而白化。為了補足消化不良的部分而過食，出現糞便量增加的狀況。還會出現攝食排泄物的行為。無法補足未消化部分的營養時，身體會逐漸消瘦、失去精神。脂質吸收不良會導致脂溶性維生素（維生素A、E、D、K）吸收不良，引發維生素缺乏症。

【治療】若為輕度急性胰臟炎，主要使用抗生藥物進行治療。此外，使用止痛藥物、進行足量的輸液。面對胰外分泌不足的問題，必須長期經口投餵胰酶以補足不夠的胰酶。胰外分泌不足好發於玄鳳鸚鵡的雛鳥，但是經過治療而自然恢復的案例也不少。重度急性胰臟炎大多難以治癒。

【預防】避免餵食高脂肪、高碳水化合物食物，以免罹患飲食性胰臟疾病。

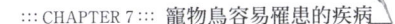

::: CHAPTER 7 ::: 寵物鳥容易罹患的疾病

獸醫師專欄 Veterinarian Column

勾玉狀的貴金屬？

日本特寵動物醫療中心
三輪特寵動物醫院 院長
獸醫師暨獸醫學博士 **三輪 恭嗣** 醫師

這是什麼玩意呢？這個擁有光滑表面與金屬光澤的勾玉狀物體，其實是從鳥的身體產出（摘除）的物質。大多數飼主都不曾見過，不過在極罕見的情況下會遺落在籠內，甚至變成讓愛鳥食欲及精神不振、致死的原因。照片所示為透過手術從鳥體內的消化道當中摘除的物體，以及靠自身力量排泄的產物。

該物體的原形是腸道結石，一般認為結石形成的原因有很多種，不過詳情尚待查明。話雖如此，由於生成場所位於腸道內部，所以帶有結石的鳥會因此失去精神及食欲、排便量下降。雖然是相對罕見的疾病，不過診斷方式較為簡單，透過X光檢查即可診斷。不過，因為鳥的腸道結石呈現這種造型，透過X光不曉得應該如何判定時，也有可能不小心誤診為異物等其他疾病。

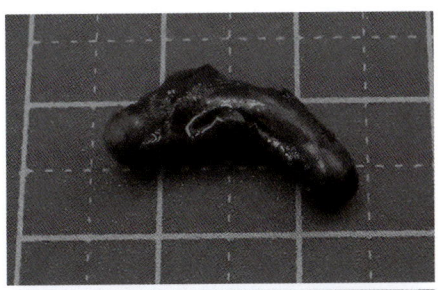

從鳥體內的消化道中產出（摘除）的物質。

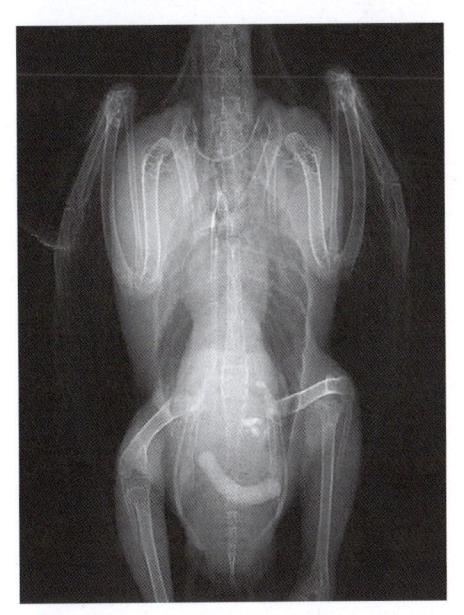

腸結石的X光片。

155

CHAPTER 7

泌尿器官疾病

痛風、高尿酸血症

痛風是高尿酸血症引發的疾病。痛風的直接原因是血液中的老舊廢物尿酸，當尿酸增加到超出一定限度時，該結晶會蓄積在關節部及內臟，引發炎症與劇痛。虎皮鸚鵡的高齡鳥隨著腎功能低下，多會出現關節痛風的症狀。幼亞成鳥中毒及感染導致急性腎衰竭是引發痛風及內臟痛風的主要原因。

【原因】 尿酸在體液內飽和形成尖銳的尿酸結晶，該刺激引發的疾病。該刺激伴隨著相當劇烈的疼痛。根據結晶形成的部位分成內臟痛風與關節痛風。寵物鳥出現痛風症狀時，原因幾乎都是腎衰竭所致。任何鳥種都有可能發作，不過幾乎都是內臟痛風；關節痛風好發於虎皮鸚鵡，罕見於玄鳳鸚鵡及愛情鳥。

【症狀】 活動力低下、食欲不振、跛行、痛風結節、腎功能低下導致多飲多尿等症狀。

關節痛風：尿酸會沉澱在足部關節、軟骨、肌腱、韌帶等處的組織。初期階段可能會出現抬腳、跛行、腳趾屈曲障礙、握力低下、運動量及活動力低下、避用棲架、從棲架上摔落等症狀。趾關節背側還會發紅、長出皮下白色結節（肉瘤）。隨著病情加劇，偏白的尿酸鹽團塊（痛風結節）越發明顯。疼痛也會加劇，出現嚴重的抬腳及跛行症狀，關節的活動範圍變窄。更加嚴重時，痛風結節會變大且數量增加，排列有如珍珠項鍊。長出結節的皮膚破裂時，也有可能導致尿酸漏出。

發生部位以足部的蹠趾關節與趾間關節為主，最終會擴及至腳跟部分。到了末期連膝、肘、翼端關節、頸部等的脊柱關節都會出現尿酸鹽的沉澱物。

內臟痛風：末期可能會出現腎衰竭的徵候（脫水、多尿、蓬羽、足部顏色黯淡有如枯枝、踮腳尖、坐骨神經壓迫導致抬腳等），不過內臟痛風的一般症狀為突然死亡。

【治療】 進行顯微鏡檢查、抽血檢查及視診。治療方法與腎衰竭一樣，進行病因治療、飲食療法、痛風治療、輸液療法等。

【預防】 尿酸具有遇低溫容易凝固的性質，所以進行適當的溫度控管，避免讓鳥受寒即可預防。脫水症狀會導致腎衰竭進一步惡化，所以必須留意過度保溫及飲水不足的問題。

虎皮鸚鵡的痛風結節。

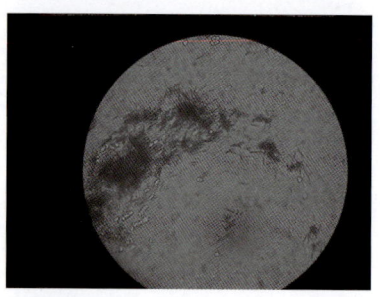

尿酸結晶。

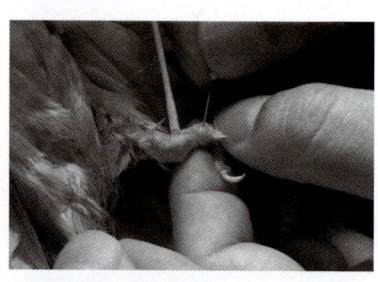

虎皮鸚鵡痛風／進行穿刺檢查。

CHAPTER 7
呼吸器官疾病

鼻炎

鼻炎是主要症狀為流鼻水、打噴嚏的鼻腔黏膜炎症，屬於上呼吸道疾病之一。寵物鳥出現噴嚏、鼻水的症狀，可視為罹患鼻炎等呼吸器官疾病的徵兆。

鼻竇炎也有可能單獨發病，可一旦鼻炎加劇，二次感染導致化膿及發炎擴大時恐會引發鼻竇炎。

【原因】

感染性：人類的感冒屬於病毒性，不過鳥類的鼻炎多為一般的細菌及真菌所致，有時候感染黴漿菌、披衣菌也會發病。病毒及寄生蟲引發的鼻炎很罕見。

鼻竇的構造宛如複雜的洞窟，當病原體入侵該處引發炎症，病原體及膿液會很難排泄出去，甚至於演變成慢性化膿性鼻竇炎。

非感染性：可能對各種物質產生過敏反應引發鼻炎，也有對其他鳥禽的脂屑過敏而引發鼻炎的案例。鼻黏膜過敏的鳥可能由於寒冷、興奮、運動等體溫變動刺激到鼻黏膜，出現鼻炎症狀。在罕見的情況下，吸入飼料及缺乏維生素A導致過度角化、腫瘤等也會成為鼻炎發作的原因。

【症狀】

鳥打噴嚏的動作看起來就像閉著嘴喙搖頭，有時還會噴出鼻涕。輕度鼻炎的症狀包括乾性噴嚏、鼻孔及蠟膜發紅。鼻炎一旦加劇，會出現濕性或伴隨著鼻水的噴嚏、鼻漏（鼻涕）並導致鼻孔周圍的蠟膜及羽毛有髒汙。病情嚴重或慢性化時，會出現膿性鼻水、鼻孔縮小及阻塞、鼻垢（鼻屎）及鼻石導致鼻塞、鼻音，甚至於完全阻塞導致頰部及頸部的氣囊在呼吸時擴張，或是開口呼吸等症狀。

鳳頭鸚鵡類的左右鼻道相連，所以症狀大多出現在兩側的鼻腔，但是雀鳥類的鼻腔各自獨立，

鼻竇炎／鼻竇炎導致左眼腹側腫脹。

鼻炎／右鼻孔變形，左鼻孔被痂皮塞住且周圍腫脹。

所以大多只有單側出現症狀。

　　罹患鼻竇炎會出現擺頭、臉部往棲架摩擦這類動作。可能觀察到化膿導致口臭的問題。膿瘍及肉芽突起變嚴重時，也會產生鼻竇一帶鼓脹、眼球突出、嘴喙形成不全、咬合不正等症狀。

【治療】透過檢查檢出病原體，對其使用效果較高的藥物，同時使用抗生藥物來抑制二次感染。使用抗生藥物未見改善時，可能是真菌感染。有鼻垢、鼻石時，必須以外科方式摘除。

【預防】留意維生素A不足的問題。通風不良、被糞尿污染的鳥籠及飼養用品會使環境氨濃度上升，減弱鼻黏膜的防禦功能。常保飼養環境整潔很重要。

咽炎、喉炎

　　咽喉是由負責咀嚼、品嘗食物的「口腔」，以及分隔食物與呼吸通道的「喉頭」構成。咽頭發炎稱為咽炎，喉頭發炎稱為喉炎。

【原因】咽炎及喉炎是鼻炎、鼻竇炎或口內炎的續發症狀。原發性咽炎、喉炎當中又以玄鳳鸚鵡的螺旋菌症最有名。

【症狀】罹患咽炎會出現擺頭動作、打哈欠等特徵性症狀，可能還會嘔吐。喉炎除了上述症狀，還會產生彷彿噎住的連續性乾咳、食慾不振的症狀。

【治療】透過顯微鏡檢查觀察炎症細胞。出現潰瘍時，治療方法和口內炎一樣，進行口腔內消毒、以外科方式切除硬塊。使用抗生藥物驅除螺旋菌。

【預防】預防方法參照鼻炎。螺旋菌症屬於機會性感染，平常做好健康管理，不要讓健康的鳥發生問題即可預防。

肺炎

　　肺炎即為肺臟發炎的疾病，可以概分為感染性與非感染性。

【原因】
感染性：細菌性肺炎的病因是黴漿菌及披衣菌引起肺炎，通常以麴黴引發的真菌性肺炎較為普

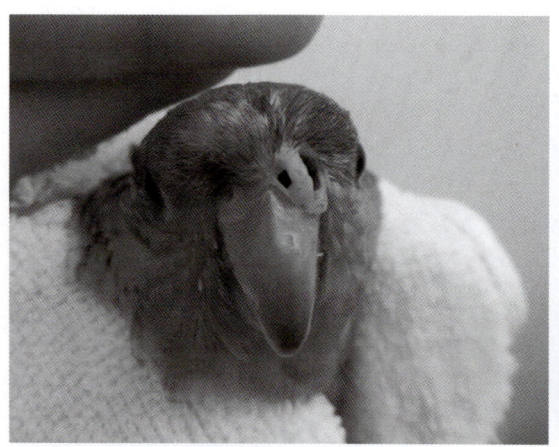

鼻炎導致左鼻孔擴大（橫斑鸚鵡）。

鼻竇炎（虎皮鸚鵡）。

遍。在罕見的情況下,也會發生念珠菌、毛黴菌、隱球菌等真菌性肺炎。寄生蟲性肺炎很罕見,不過住肉孢子蟲、氣囊蟎、滴蟲等可能會引發。病毒性肺炎也很罕見,不過多瘤病毒、疱疹病毒、流行性感冒等可能成為引發肺炎的原因。

非感染性／中毒性:聚四氟乙烯(PTFE,俗稱鐵氟龍)氣體引發嚴重發炎的案例屢見不鮮。除此之外,吸入各種刺激性、中毒性氣體也會引發肺炎。

過敏:同居鳥禽(尤其是白色系鳳頭鸚鵡及玄鳳鸚鵡)的脂屑可能引發過敏反應,導致過敏性肺炎。

吸入性(誤嚥性):使用餵食針筒餵奶、使用軟管灌食的時候,誤把流質食物注入氣管內,引發吸入性肺炎的案例比比皆是。麻醉過程中嘔吐、對身體衰弱而呼吸急促的鳥進行經口投藥,也很容易引發吸入性肺炎。

其他:從卵巢、輸卵管落到體腔內的蛋物質經由氣囊流入肺臟,可能會引發肺炎。在罕見的情況下,蛋白及脂質累積在肺臟也有可能引發炎症形成肺炎。

【**症狀**】輕症時在運動及保定後會出現開口呼吸、呼吸急促等呼吸困難症狀,除以之外幾乎不會出現其他症狀。症狀一旦加劇,伴隨著觀星症、發紺、站立困難、意識低下等重度呼吸困難症狀,還會出現喘鳴(通過呼吸道狹窄處時產生的連續性聲音)、咳嗽、排痰的症狀。演變成重症以後,即使讓鳥禽靜養仍會出現上述症狀,肺出血還有可能導致咳血(肺及支氣管出血導致吐血)。

【**治療**】透過X光檢查進行診斷。如果判斷在呼吸困難的狀態下進行X光檢查風險太高,會根據症狀做出臨時診斷。調查肺臟以鎖定致病物質有其困難,所以會針對氣管及氣囊進行調查。肺炎特別難治癒,所以早期發現、早期治療最為理想。面對有呼吸困難問題的鳥會進行氧氣療法。

二次感染會導致疾病狀態惡化,所以投用抗生藥物、抗真菌藥物的部分以口服和霧化器(吸入)進行治療。有時也會使用類固醇。若為吸入性肺炎,屬於異物的吸入物質會引發嚴重發炎,還會促進細菌及真菌繁殖,所以會一邊抑制細菌及真菌的增殖,一邊去除異物或等待異物無害化。

若為氟加工樹脂吸入中毒、心臟衰竭這類會引發肺水腫的疾病,使用利尿藥物去除積在肺內的液體。

有時也會使用支氣管擴張藥物來改善呼吸困

安全且正確地使用鐵氟龍加工烹飪器具為佳。

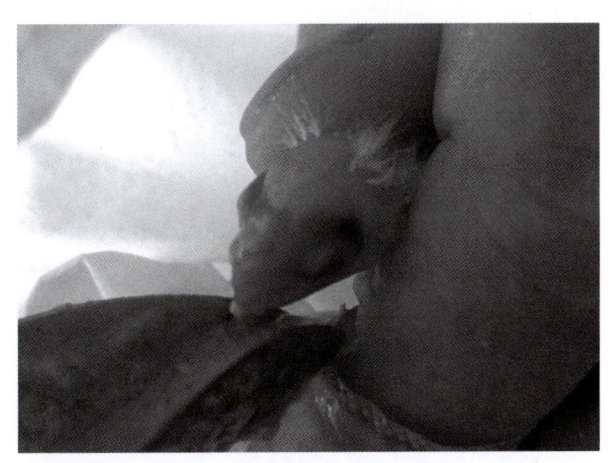

活用雛鳥的吸飲能力餵奶,以免誤嚥。

難。肺臟長出結節（非肺臟組織的病變）的時候，無法期待口服及霧化器發揮應有的療效，所以必須以外科方式摘除結節，但是這種做法伴隨著很高的風險。

氣囊炎

氣囊是連接鳥的肺臟、充滿空氣的囊狀器官。氣囊炎是指該囊狀器官氣囊（大多數鳥種有八至九個，雀鳥類有七個）發炎的鳥類下呼吸器官疾病。

【原因】導致發病的病原體與肺炎等下呼吸器官疾病幾乎一樣，不過氣囊炎以披衣菌、麴菌的占比較高。尤其麴菌症好發於腹部氣囊。病原體會通過氣管及肺臟，進入後氣囊進行繁殖。貓狗的爪子及牙齒等對鳥造成體腔內創傷，也有可能引發感染性氣囊炎。誤嚥的物質也有可能通過肺臟，滯留在氣囊內引發炎症。如果誤嚥的物質進一步變成適合細菌及真菌繁殖的環境，恐會引發感染性氣囊炎。引發蛋物質性腹膜炎時，接觸到腹膜的氣囊也會發炎。

此外，由於氣囊與骨骼（含氣骨）相連，所以病原體也有可能從骨折及關節炎等骨骼病變轉移到氣囊。

當氣囊壁肥厚到會阻礙氣囊伸展，膿性物質滯積在氣囊腔，就會開始出現呼吸困難的症狀。氣囊炎引發的呼吸困難尤其會在運動後顯現，以呼吸次數增加、上下擺尾（上下擺動尾羽來輔助呼吸的動作）、抬肩呼吸等氣囊擴張不全的症狀為

霧化器治療。

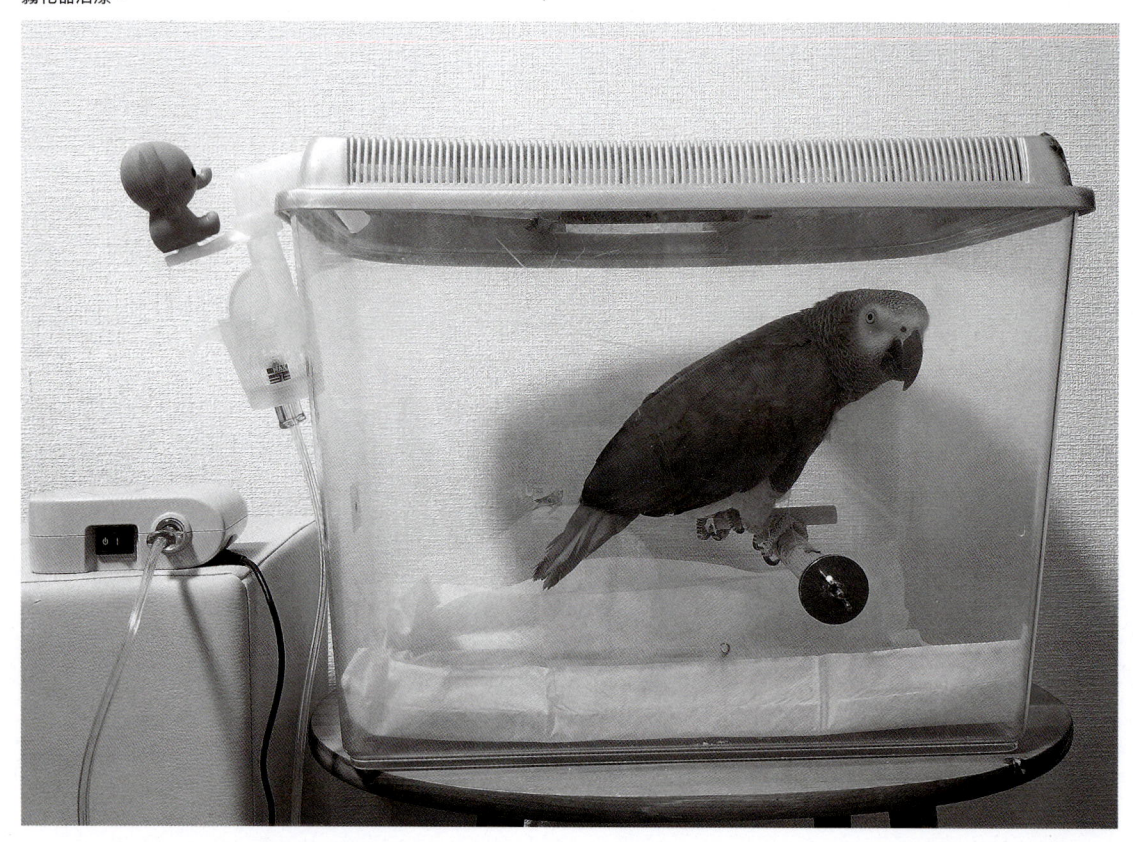

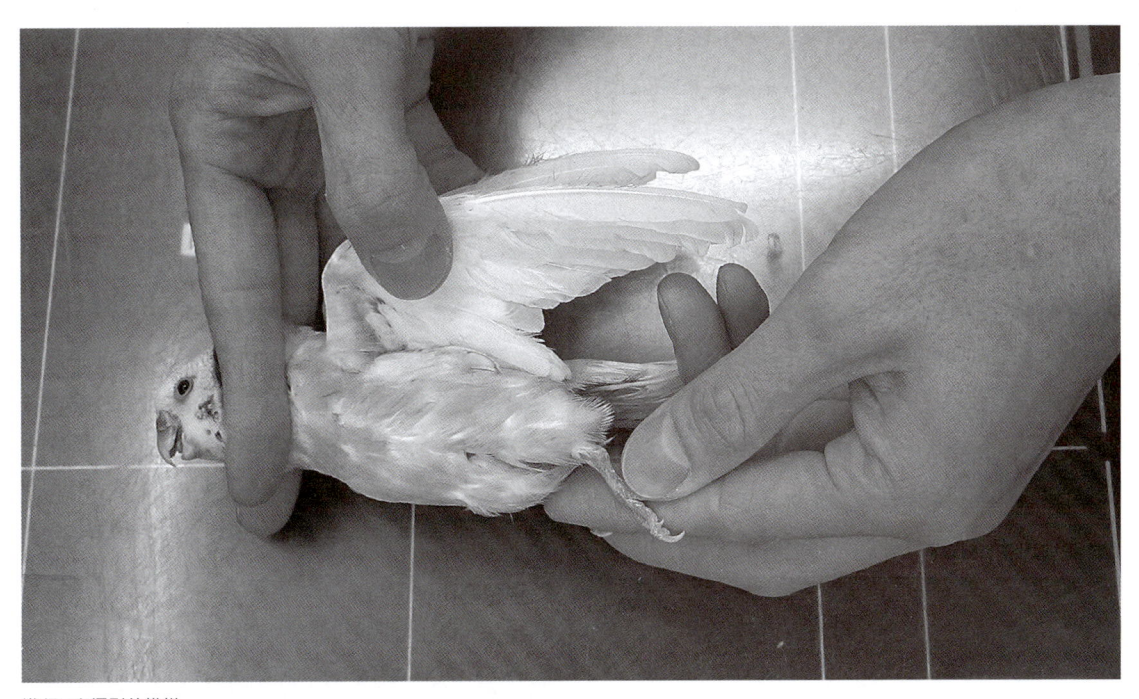

::: CHAPTER 7 ::: 寵物鳥容易罹患的疾病

進行X光攝影的模樣。

與其他動物相處時最好不要移開視線。

主。部分前氣囊出現阻塞的問題時，除了呼氣異常之外，其他的前氣囊也有可能因此擴張。接觸到發炎氣囊引發內臟器官症狀（腸胃炎、肝炎及腎炎等）時，一開始就發現是氣囊炎所致的案例也不少。

【治療】正常的氣囊無法透過X光檢查進行觀察，可是當氣囊炎導致氣囊壁增生變厚，X光片可以清楚地顯映出來。此外，如果不透光的氣囊過大，可能會產生難以觀察其他內臟器官的問題。利用內視鏡直接觀察氣囊拭子，或是進行培養檢測、PCR檢測以鎖定病原。氣囊內幾乎沒有血管分布其中，故以口服或注射方式投用抗生藥物及抗真菌藥物的效果很低，會透過霧化器對

氣囊腔內的膿瘍等進行治療。有時候需要進行外科摘除手術。

【預防】參照肺炎等其他下呼吸器官疾病。放風期間不要讓鳥與其他動物接觸、不要移開視線，以免發生咬傷意外。罹患氣囊炎時，呼吸衰竭致死的風險會變高，所以早期發現、早期治療很重要。

氣管阻塞

指稱氣管由於某些原因阻塞的狀態。

【原因】除了食用種子、堅果類等之際誤嚥導致氣管阻塞的案例，感染症及炎症造成氣管內有肉芽組織（在傷口復原的過程中產生的組織）形成，也是氣管阻塞的原因之一。

【症狀】氣管阻塞為輕症時，會出現異常的呼吸聲等。氣管阻塞嚴重時會出現呼吸困難的症狀，一旦完全阻塞可能突然死亡。

【治療】透過X光檢查、硬式鏡檢查、CT檢查進行診斷。以對症療法治療輕症患鳥。氣管阻塞嚴重時，必須透過內視鏡及外科手術去除異物。

鳥類的呼吸器官系統異於哺乳類，面對哺乳類會透過氣管插管（從口鼻經過喉頭插入氣管內管）確保呼吸道暢通，控管手術過程中的呼吸；面對有氣管阻塞問題的鳥，會直接將內管插入氣囊內而非氣管，藉此使其呼吸或進行手術過程中的呼吸控管。

【預防】平常留意環境及飲食內容，避免受傷或染病；哺餵、灌食、強行經口投藥很容易成為口腔內創傷及誤嚥的原因，務必慎重以對，不能勉強為之；放風期間移除危險物品，預防誤嚥異物等等都是可行的預防方法。

CHAPTER 7
循環器官疾病

心臟疾病

　　心臟疾病是指發生在心臟的疾病。心臟疾病本身並非獨立的病名，而是泛指先天性心臟異常等心臟疾病。感染性心臟疾病好發於亞成鳥，心臟衰竭的風險會隨著年齡而增加。

心包疾病：心包是指包覆心臟的囊狀膜，也稱為圍心膜或圍心囊。當鳥罹患細菌（包含抗酸菌）、披衣菌、真菌、病毒（多瘤病毒等）的全身感染症，可能會引發心包膜炎。此外，心包膜也是內臟痛風容易發作的部位。心包與心臟之間由於各種原因累積過多液體（心包膜積水），抑制了心臟跳動的狀態稱為「心包填塞」。

感染性心臟疾病：主要是細菌（包含抗酸菌）所致，不過多瘤病毒及玻納病毒等病毒及真菌（麴菌及念珠菌等）也有可能引發。也有傳出寄生蟲（住肉孢子蟲、絲蟲等）引發心臟疾病的病例報告。

　　這些問題可能是敗血症（感染症引發各種內臟器官衰竭的疾病狀態）導致病原體血行性來到心臟，進而引發心內膜炎及心肌炎，或是接觸到氣囊炎導致病原體浸潤到心臟，引發心外膜炎所致。

非感染性心臟疾病：包括心臟的石灰沉著症（鈣磷比異常、腎臟疾病、維生素D_3中毒等所致）、脂褐素沉著症（慢性疾病、慢性營養不良、缺乏維生素E等所致）、血色素沉著症（特徵是有過多鐵質沉積的疾病）、脂肪心（肥胖等所致）、心肌變性（缺乏維生素E及硒、血管障礙、毒素等所致）、心內膜症、心肌症、心臟腫瘤、心天性疾病等等。

心律不整：出現維生素B_1不足、維生素E不足、低鉀血症、流行性感冒、擴張型心肌症等症狀。一般認為其他心臟疾病、毒物及藥劑、甲狀腺障礙、壓力過大也會成為引發心律不整的原因。

【症狀】 精神及食欲都不錯的鳥突然死亡的案例時有所聞，猝死的原因可能多為急性心臟衰竭。

　　休養時雖然表現正常，卻在運動後（尤其是飛翔後）出現呼吸急促、疲勞、虛脫（急遽的意識障礙）等症狀。必須鑑別肥胖及呼吸器官疾病。此外，肺鬱血及肺水腫會導致呼吸困難。出現開口呼吸、呼吸急促、抬肩呼吸、發紺等症狀，如未改善會陷入缺氧狀態，引發虛脫、失神、痙攣、突然死亡等問題。右心衰竭時可能會產生腹水（體腔內有液體積聚）。

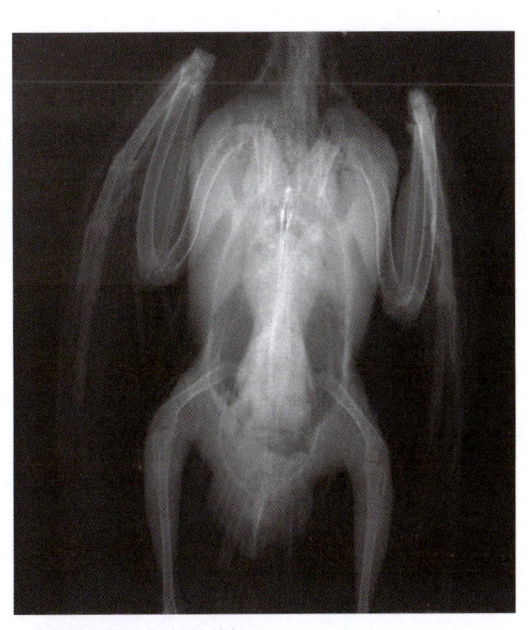

可以確認心臟腫大（X光片）。

開口呼吸（玄鳳鸚鵡）。

【治療】寵物鳥的心臟疾病尚有許多不明之處，幾乎都是死後進行病理解剖才診斷出心臟疾病，顯示出要在生前診斷出心臟疾病實屬困難。使用血管緊張素轉化酶抑制劑（ACE抑制劑）、其他具有強心作用的藥物作為心臟藥物。可能也會使用利尿藥物去除心包膜積水及腹水。

【預防】留意維生素E不足的問題、預防肥胖等等都是可行的預防方法。

動脈粥狀硬化症

【原因】動脈粥狀硬化症是指膽固醇、炎症細胞及鈣質等滯積在動脈內壁上形成硬塊及動脈粥瘤（粉瘤），動脈壁增生變厚、失去彈性的狀態。之所以罹患此種疾病與高脂血症息息相關。鳥禽罹患高脂血症的主要原因包括肥胖、高脂肪食物、持續發情、肝衰竭。

動脈硬化尤其好發於以葵花籽為主食的中高齡大型鸚鵡及鳳頭鸚鵡類。

【症狀】動脈粥狀硬化症幾乎毫無症狀，突然死亡以後進行病理解剖才會發現。肺動脈的動脈硬化破裂時，可能因為肺出血導致咳血。透過X光檢查發現動脈有高度不透光的陰影時，可能有動脈硬化的問題。抽血檢查的結果多有高脂血症。

【治療】針對高脂血症進行治療的同時，也會調整飲食內容、紓解肥胖問題、抑制發情、進行肝臟疾病的治療等病因治療。有動脈硬化的問題時，最好避免劇烈的運動行為並保持靜養狀態。

【預防】不要餵食葵花籽等高脂肪食物以預防肥胖、抑制發情等等都是可行的預防方法。

CHAPTER 7

內分泌疾病

內分泌疾病泛指激素分泌不全及過度分泌引發的症狀，鳥類可能罹患甲狀腺疾病及糖尿病。

甲狀腺功能低下症

甲狀腺功能低下症是指負責分泌有促進代謝等作用之激素的甲狀腺功能低下，導致代謝障礙的疾病。

【原因】 寵物鳥罹患甲狀腺功能低下症的原因尚待查明，不過一般認為是碘不足的營養性原因所致，而非原發性的功能低下症。

【症狀】 好發於文鳥與虎皮鸚鵡。一般認為換羽異常、羽毛顏色異常、羽毛形成異常、羽毛脫落、長絨羽大量增生這類障礙與甲狀腺功能低下症有關。寵物鳥當中，虎皮鸚鵡與玄鳳鸚鵡會出現絨羽過長的絨羽症，以及正羽變得細長、羽色黯淡的症狀。罹患絨羽症的同時，玄鳳鸚鵡及桃面愛情鳥會出現羽毛顏色異常的問題。引發脂質的代謝障礙，甚至會併發肥胖及高脂血症。

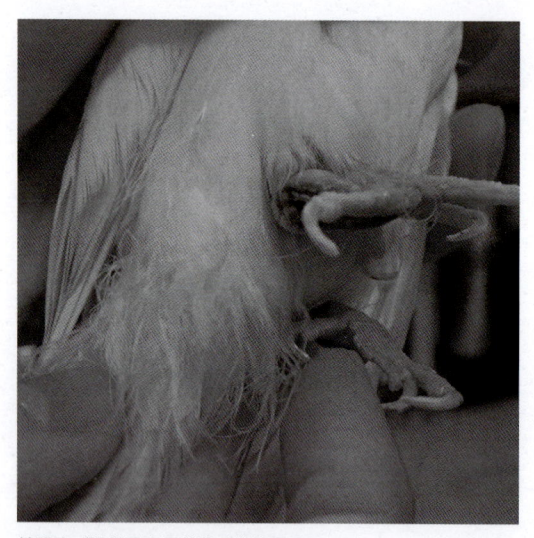

絨羽症／疑似罹患甲狀腺功能低下症。

切莫忽視多飲多尿的問題

【治療】根據羽毛異常等特徵性症狀做出臨時診斷，進行試驗性投藥，有所改善的話即診斷為甲狀腺功能低下症。

【預防】最好預防碘不足，平常餵食營養均衡的飼料。

糖尿病

糖尿病是血液中的糖分（葡萄糖）濃度升高的疾病。

葡萄糖是體內主要的能量來源，不過鳥類的特徵是擁有哺乳類兩倍以上的血糖濃度（血液中所含的葡萄糖濃度），可降低血糖濃度的胰島素作用較弱。

【原因】鳥禽罹患糖尿病的原因尚待查明，不過一般認為是遺傳、疱疹病毒性胰臟炎、蛋黃性腹膜炎引發的胰損傷、肥胖等問題所致。此外，助孕素藥物及皮質類固醇藥物也有可能誘發暫時性糖尿病。

【症狀】好發於太平洋鸚鵡，罕見於雀鳥類。可以觀察到多飲多尿的問題。尿中含有許多糖。初期階段頂多出現胃口大開的過食症狀，接著慢慢變瘦，末期演變成食欲不振。高血糖會引發腦損傷，甚至於出現神經症狀或突然死亡。

【治療】可以觀察到多尿的問題，尿液檢查檢出糖分時可能罹患糖尿病。必須進行抽血檢查才能確診。有輕度高血糖的問題時，緊張及壓力也有可能是原因所在，但是血糖明顯偏高、多次檢查都證實有高血糖問題時即診斷為糖尿病。改善肥胖問題、投用強肝藥物，可是未見起色時，會考慮經口投餵血糖調整藥物、進行胰島素治療（注射能降低血糖濃度的激素的治療）。如果糖尿病的致命危險太高，會住院施行胰島素治療或經口投餵血糖調整藥物的相關治療。

【預防】鳥的糖尿病尚有許多不明之處，不過最好提供營養均衡的飲食、預防肥胖問題。

=== CHAPTER 7 ===

神經疾病

體內無數相連的神經細胞受損恐會引發腦及神經疾病。神經系統疾病在鳥類疾病當中，也算是尚有許多未解之謎的領域。

中樞神經疾病

中樞神經是由諸多神經細胞集結成團的領域，以脊椎動物來說就是指腦與脊髓。出現中樞神經症狀可能是以下這些原因所致。

● 中樞神經系統感染所致
病毒性：玻納病毒、多瘤病毒、副黏液病毒、疱疹病毒等等。
細菌性：沙門氏菌、巴斯德氏菌、鏈球菌、葡萄球菌、大腸桿菌、假單胞菌、腸球菌、李斯特菌、披衣菌等等。
寄生蟲性：微絲蟲、蛔蟲、住血吸蟲、滴蟲、弓形蟲、住血白冠病孢子蟲、住肉孢子蟲等等。
真菌性：毛黴菌等等。

● 壓迫、損傷所致
頭部劇烈撞擊、腦積水、腦內腫瘤（腫瘤、膿瘍等）。

● 脊髓損傷所致
脊椎一旦受到損傷，也會對脊髓造成傷害，可能產生神經症狀。

● 熱射病所致
酷熱及過度緊張等導致體溫明顯上升，引發腦損傷所致。

● 缺乏維生素所致
缺乏維生素E、維生素B1、B2、B6、B12等等。

● 代謝所致
低血糖（絕食、肝衰竭、敗血症、腫瘤等）及高血糖（糖尿病）、肝性腦病變、低鈣血症、低鈉血症或者高鈉血症等等。

● 中毒所致
鉛及鋅等引發重金屬中毒、內含有機磷等的殺蟲劑及農藥導致中毒等等。

● 缺氧性腦病變所致
心臟衰竭、休克、頸部絞扼等導致腦部血流障礙、嚴重貧血、呼吸器官障礙、一氧化碳中毒等等，送往腦部的血液發生輸氧障礙。

● 循環不全所致
腦血管障礙、梗塞、動脈粥狀硬化症導致送往腦部的血流不足，引發神經障礙等等。

中樞神經疾病

痙攣（症狀）
腦神經細胞過度放電，使肌肉非自主性地（無關意志）劇烈收縮即為痙攣。長時間持續收縮的狀況稱為「強直性痙攣」；伸肌與屈肌輪流收縮的狀況稱為「陣發性痙攣」；呈現兩種症狀的狀況稱為「強直陣發性痙攣」。此外，遍及全身的痙攣稱為「全身性（泛發性）痙攣」，局部痙攣稱為「局部性痙攣」。

【原因】腦發生障礙的原因多會引發痙攣。

【症狀】強直性痙攣會出現角弓反張（身體反折）的症狀，陣發性痙攣會出現舞動足部及翅膀的症狀。除了這些症狀之外，多有意識消失的問題。嚴重痙攣會出現肢體劇烈掙扎的表現，可能引發外傷。

痙攣長時間發作可能會死亡。

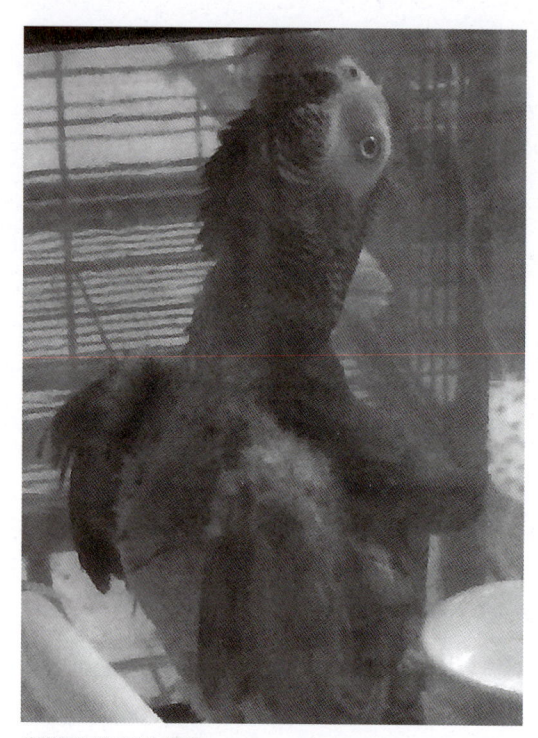

【治療】輕度痙攣會在短時間內恢復，靜待發作停止即可。面對重度及長時間發作的痙攣，會使用抑制興奮的抗痙攣藥物（鎮靜藥物）。若有呼吸困難的問題會提供氧氣，甚至於使用麻醉。趨於鎮靜以後，進行抽血檢查及X光檢查，進行病因治療。

癲癇

癲癇是突然失去意識、反應消失等「癲癇發作」反覆發生的疾病。有各式各樣的原因及症狀。

【原因】大多數情況下都無法鎖定原因。有時存在引發癲癇的誘因，有時則否。誘因根據個體各有不同（水浴、光線等）。

【症狀】大發作會出現全身性痙攣，意識消失。局部性痙攣會出現部分發作的症狀，但是不能排除後續演變成大發作的可能性。此外，也有痙攣不會發作的癲癇。發作通常持續1～2分鐘才會消停。發作後會有短暫性精神恍惚的表現，隨即好像什麼事都沒有發生似地恢復正常。好發於桃面愛情鳥及高齡鳥，通常會隨著年齡增長而惡化。

【治療】發作頻率很高的時候，使用抗癲癇藥物。如果存在誘發癲癇的關鍵因素，將其排除即可預防。找不到誘發的關鍵因素時，使用抗癲癇藥物預防發作很重要。

痙攣發作的非洲灰鸚鵡。

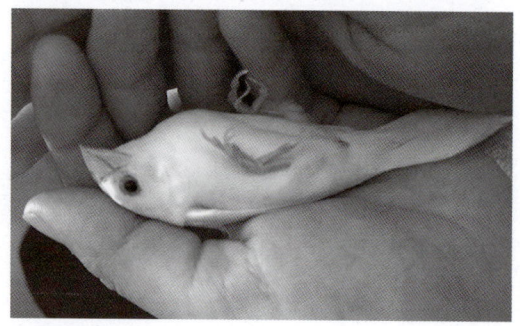

癲癇發作的十姊妹。

腦挫傷、腦震盪

腦挫傷為重擊頭部等關鍵因素所致，承受外傷時腦在顱骨內部受到衝擊，導致腦本身受損而發病。腦震盪是指輕度頭部外傷引發的暫時性意識障礙及記憶障礙。

【原因】飛翔期間或恐慌期間劇烈衝撞（窗戶玻璃、牆壁、鏡子等）、毆打導致頭部受到劇烈衝擊等所致。頻發於容易陷入恐慌的玄鳳鸚鵡、經常發

生踩踏事故的文鳥。

【症狀】意識障礙（意識低下～失神）及運動麻痺為特徵性症狀。腦挫傷會對腦帶來器質性損傷。也伴隨著腦浮腫、腦血腫、顱骨內壓上升等問題，腦部產生嚴重障礙。除了意識障礙及運動麻痺，可能還會併發斜頸、旋回運動、瞳孔不等大（調節瞳孔的神經麻痺導致瞳孔大小有落差的狀態）、瞳孔反射延遲、嘔吐、痙攣等症狀。

【治療】若為腦震盪，通常15分鐘以內即可恢復，故需使其靜養不要觸碰，避免因為興奮而惡化。如果意識超過15分鐘都沒有恢復，或者症狀並未消失，就要進行腦挫傷相關治療。使用抗休克效果較高的類固醇藥物、用於降低顱骨內壓的利尿藥物等進行治療。

【預防】放風房間的玻璃窗要拉上窗簾、鋪上可以承接摔落鳥隻的軟墊、不要胡亂剪羽等等，以免發生劇烈衝撞。整頓環境，預防恐慌發作也很重要。

顫抖（症狀）

顫抖（震顫）是指部分身體顫抖的表現。鳥類的全身或頭部、翅膀等處都會顫抖。

【原因】一般認為出現在寵物鳥身上的顫抖幾乎都是原發性顫抖。玻納病毒感染症、鉛中毒及某種藥劑導致中毒、肝性腦病變、低血糖、靜止性顫抖也很常見。

【症狀】顫抖包括靜止時也會產生的「靜止性顫抖」、試圖採取某些行動會產生的「意向性顫抖」、因為緊張及興奮而顫抖的「原發性顫抖」等等。

【治療】原發性顫抖幾乎不會惡化，所以通常無需進行治療。如果顫抖會對日常生活造成障礙，會嘗試使用抗痙攣藥物、乙型交感神經阻斷劑藥物等。若為靜止性顫抖或意向性顫抖，會進行消除症狀及發病原因的病因治療。

中樞性運動障礙

中樞性運動障礙也稱為中樞性運動麻痺或運動麻痺。運動麻痺是中樞神經發生障礙，無法進行自主性（隨意性）運動的狀態。

包括上運動神經元障礙與下運動神經元障礙。

【原因】脊髓損傷導致麻痺、腦損傷導致麻痺等等。詳情尚待查明。

【症狀】脊髓損傷會引發四肢麻痺（四癱）或下肢麻痺（截癱）。內臟也會發生麻痺，引發泄殖腔麻痺等症狀。呼吸器官等的麻痺、休克、脊髓軟化症、胃及十二指腸潰瘍等也有可能導致猝死。腦損傷會引發半身不遂（偏癱）、單肢麻痺（單癱）、四肢麻痺等。

【治療】發生脊髓損傷沒多久的急性期會使用類固醇進行治療。讓患鳥在籠內靜養，避免損傷進一步擴大很重要。

若為腦損傷引發麻痺，原因明確時會進行病因治療；原因不明時則投用維生素B群等、進行改善生活品質的治療。也有可能根據病因使用類固醇、抗癲癇藥物、利尿藥物、腦循環改善藥物、抗生藥物。

【預防】防止摔落及劇烈衝撞等意外、預防母鳥因為過度發情而過度生蛋、適度補充鈣質及維生素D_3、進行日光浴等等。

昏迷、昏睡（症狀）

昏迷是指中度意識混濁而沒有反應，唯有受到劇烈物理性刺激才會覺醒的狀態。昏睡是指重度意識混濁而沒有反應、閉眼狀態持續，無自發行為且無法覺醒的狀態。

【原因】說到昏迷及昏睡的原因，一般認為通常是對腦兩側的廣泛區域，或是特化出維持意識功能的區域造成影響的疾病、藥物或創傷所致。具體症狀包括頻繁或長時間痙攣發作、腦出血、頭部外傷、腦腫瘤及膿瘍壓迫或浸潤到腦組織、缺氧性腦病變等等。

【治療】進行身體檢查、抽血檢查、X光檢查查明可能原因以後，進行輔助身體機能的醫療處置與病因治療。能否從昏迷及昏睡狀態中恢復，根據其原因會有很大的差異。尤其昏睡經常發生在疾病狀態的末期，所以難以治癒的案例也不少。

末梢神經系統疾病

末梢神經系統是指中樞神經系統（腦與脊髓）以外的神經系統，在體內的末端器官與中樞之間傳達興奮的路徑。

末梢神經有三種：運動神經、感覺神經以及自律神經，運動神經一旦發生障礙就會出現運動麻痺。

【原因】尚有許多不明之處，不過可能原因包括玻納病毒導致末梢神經炎、低鈣血症、骨折、腎臟腫大、腫瘤、睪丸腫大、關節症等導致神經壓迫等等。

定期晒日光浴也有助於維持身心健康。

【症狀】發生感覺神經障礙時，會出現發麻、疼痛、感覺麻痺的症狀。發生自律神經障礙時，會出現交感神經系統與副交感神經系統的障礙。如果對象是寵物鳥，可以觀察到運動神經障礙引發的末梢性運動麻痺症狀。

【預防】留意放風期間的劇烈衝撞事故及踩踏事故、鈣質不足的問題，及早發現愛鳥的異狀並接受治療即可預防。

末梢性運動麻痺

末梢性運動麻痺是指末梢神經發生障礙，足部及身體等處的自主性運動、臉部及眼球的非自主性運動無法順利進行的狀態。

【原因】各種末梢神經障礙（末梢神經阻斷及斷裂）導致該區域發生完全麻痺及不完全麻痺。腫瘤及炎症引發的腎臟腫大、卵阻塞、卵巢腫瘤、睪丸腫瘤等腹腔內腫瘤間接或直接壓迫到坐骨神經，引發神經障礙所致。

【症狀】有神經斷裂的問題時，會出現伴隨著喪失疼痛反射及縮回反射能力的麻痺、掌控的肌肉萎縮、握力低下導致腳爪過長、健全腳罹患趾瘤症等症狀。

【治療】鎖定、診斷引發症狀的疾病為何。以此為根據，認定原因在於毒物及藥物導致中毒時，透過藥物療法去除毒物；認定原因在於腫瘤時，透過外科手術進行摘除等，去除原因並且進行治療。進行舒緩肌力低下、疼痛等症狀的對症治療。

【預防】藉由抑制發情等方式，預防可能引發末梢神經障礙的卵阻塞、卵巢腫瘤、睪丸腫瘤等。

前庭症候群（症狀）

前庭症候群是指由於各種原因失去平衡感覺引發的症狀。症狀會突然或是逐漸發作。

【原因】引發前庭症候群的疾病除了小腦及腦幹障礙引發的中樞性前庭疾病，還包括內耳、前庭感覺器官、內耳神經障礙引發的末梢性前庭疾病，以及原因不明的特發性前庭疾病。前庭疾病好發於高齡的桃面愛情鳥。

【症狀】罹患前庭疾病會出現頸部歪斜朝上的斜頸（歪頭症）、持續往單側繞行的旋回運動、在地面打滾的旋轉運動等症狀。眼球晃動的眼震罕見於鳥類。還是有機會痊癒，但是大多數情況下只會停留在現狀，期間引發痙攣甚至於突然死亡。

【治療】使用能抑制神經障礙的類固醇及抗痙攣藥物、腦循環改善藥物、抗生藥物、維生素B劑等進行治療。可能也會使用止吐藥物等，治療暈眩引發的噁心及食欲不振。

麻痺導致吊腳（腳趾蜷縮）。

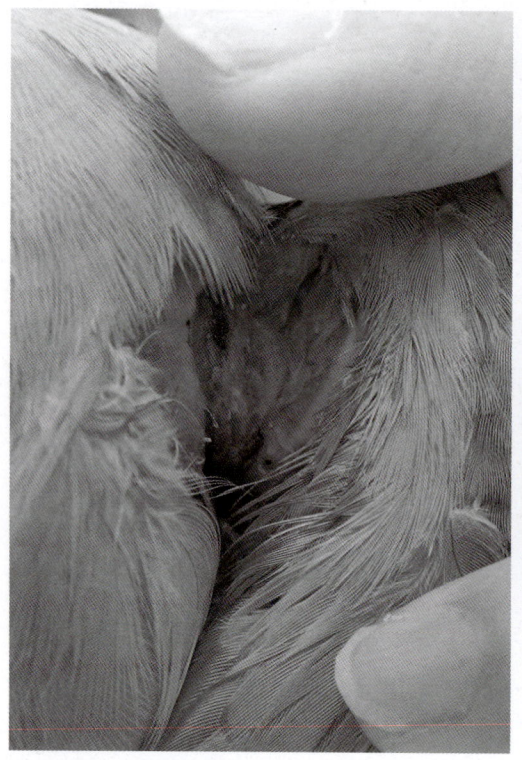

自咬導致創傷（桃面愛情鳥）。　　　　　　穿戴橡膠製防咬頸圈以防自咬（桃面愛情鳥）。

末梢神經性自咬

【原因】感覺神經障礙引發疼痛、不適感、麻痺，誘發自咬行為。

【症狀】可以觀察到感覺異常引發的行為（甩動、觸碰、舔拭足部等）、啄羽、自咬等自殘行為。

【治療】使用防咬頸圈等防止自殘行為。精神作用藥物可能會有效。出現創傷時，使用抗生藥物及抗發炎藥物。鎖定病因時，進行相關治療。

CHAPTER 7

眼睛疾病

白內障

【原因】出現在高齡鳥身上的白內障主要是老年性白內障（年齡增長所致）。外傷、細菌感染、內科性疾病有時也會續發白內障。

【症狀】眼睛中心白濁、視力衰退、行為開始出現變化。逐漸喪失視力。

【治療與預防】對陪伴鳥進行白內障手術的風險較高，所以不會施行。改善營養等等是可行的預防方法。

結膜炎

【原因】結膜是眼白與眼瞼背側的黏膜。各種原因都會導致鳥的結膜發炎，不過通常是細菌感染、異物、外傷等引發結膜炎。

除了一般的細菌，黴漿菌、披衣菌等細菌感染也會引發感染性結膜炎。鼻腔及鼻竇等的上呼吸道疾病也有可能續發。外傷性結膜炎大多是與同居鳥禽打架所致。

【症狀】出現結膜充血、發紅、淚液增加、眼屎增加等症狀。

【治療】使用抗生藥、抗發炎藥物等的口服藥及眼藥水等等。

白內障導致水晶體變得白濁（印度鵰鴞）。

老年性白內障（金絲雀）。

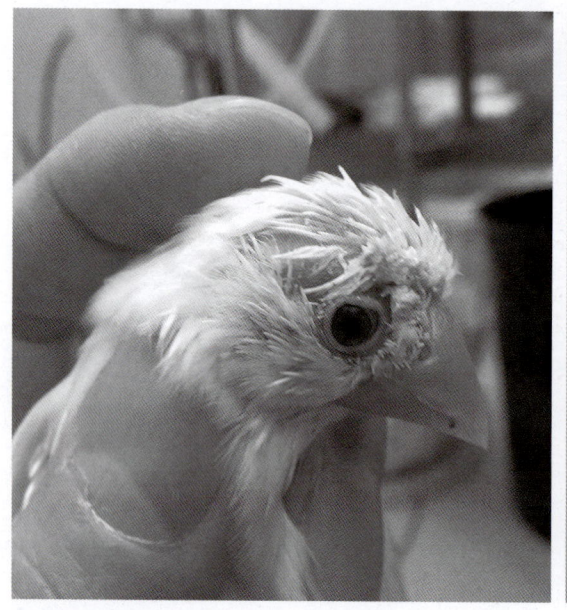

結膜炎（文鳥）。

結膜炎（重症）／結膜炎導致眼睛周圍嚴重腫脹。

【預防】常保飼養環境整潔、避免鳥禽互相打架而受傷等等即可預防。

角膜炎

角膜顏色透明，是構成眼睛的層狀組織之一，位於眼球的最外側。角膜炎泛指某些原因導致角

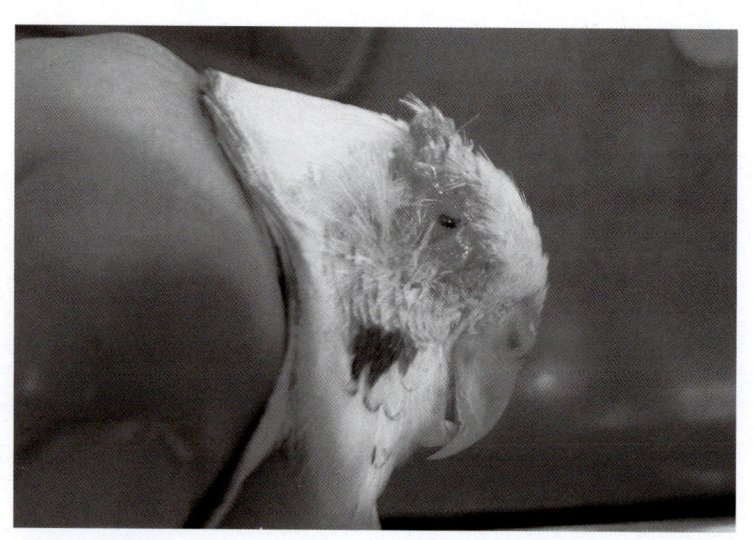

結膜炎（虎皮鸚鵡）。

::: CHAPTER 7 ::: 寵物鳥容易罹患的疾病

結膜炎（中症）／結膜及眼瞼發紅且腫脹。

膜發炎的狀態。

【原因】 角膜平常受到保護，病原體無法入侵其中，可是當外傷等導致保護角膜的功能變弱，受到細菌及真菌等感染就會引起角膜發炎。也有免疫異常及乾燥等因素引發角膜炎，而非感染性因素所致的案例。

【症狀】 可以觀察到鳥因為疼痛而閉眼，炎症一旦加劇，角膜可能會充血、白濁、鼓脹。此外，角膜炎也有可能導致視力低下。

【治療】 使用抗生藥物及抗發炎藥物等的口服藥及眼藥水、癒合促進藥物等的眼藥水等等。

【預防】 避免鳥禽因為沾到灰塵、異物等而胡亂抓傷眼睛；在整潔的環境飼養，預防鳥禽互相打架、遭到其他動物咬傷等等。

CHAPTER 7

耳部疾病

外耳炎

外耳是指從耳孔到鼓膜以前的外耳道。外耳炎是某些原因導致外耳發炎的疾病。

【原因】細菌感染是主要原因。在罕見的情況下，真菌也會引發外耳炎。也有反覆復發的案例。若為兩耳性外耳炎，可能是免疫異常等所致。

【症狀】觀察到外耳孔周圍的羽毛因為滲出液而濕潤、髒汙形成固化分泌物。

【治療】使用抗生藥物（視情況使用抗真菌藥物、抗發炎藥物）進行治療。

【預防】細菌及真菌是引發外耳炎的主要原因。在濕氣重、壞菌容易於籠內繁殖的梅雨季至夏季期間，特別需要留意。最好時常檢視飼養環境的衛生狀態。

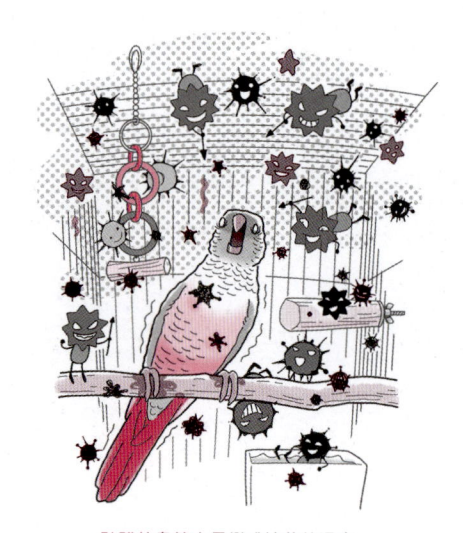

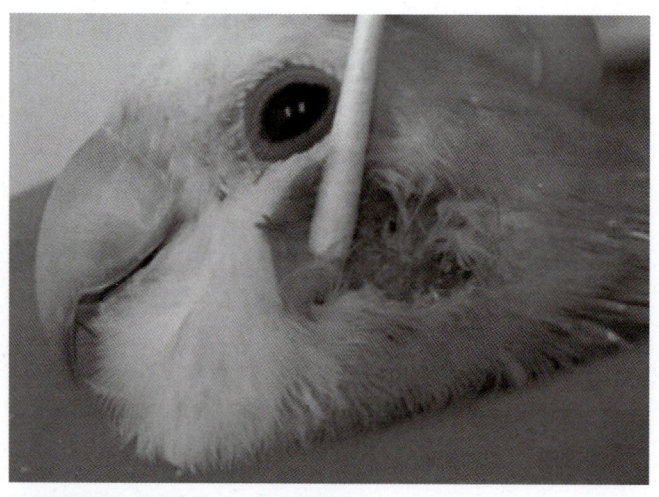

骯髒的鳥籠容易變成壞菌的溫床。

耳部周圍腫脹，出現耳漏症狀（桃面愛情鳥）。

CHAPTER 7 皮膚疾病

皮膚炎

皮膚炎是發生在皮膚表層的炎症,會引發搔癢、泛紅、腫脹、發疹等症狀。

【原因】皮膚炎的主要病因有四種:感染性、過敏性、接觸性、自體免疫性。

感染性皮膚炎:感染性皮膚炎在外傷、灼傷、內科疾病等導致皮膚表面失衡、防禦機制衰弱之際,以葡萄球菌等皮膚壞菌為主的肇因會引發二次感染。除了細菌之外,會引發皮膚炎的病毒當中,禽痘病毒引發的禽痘皮膚炎(鳥痘)也很有名。疱疹病毒也有可能引起皮膚發炎。

寄生蟲性皮膚炎多會出現疥癬症。真菌性皮膚炎好發於文鳥。

過敏性皮膚炎:一般認為接觸性或食物性過敏確實存在。

接觸性皮膚炎:某些物質接觸到皮膚會變成刺激、引發過敏反應導致發炎。伴隨著濕疹、發疹、搔癢、水疱等各種症狀。

自體免疫性皮膚炎:免疫系統將皮膚當作異物攻擊的疾病。

【症狀】發炎部位出現發紅、腫脹的症狀,發癢引發患部不適,可能出現摩擦棲架等物、自咬患部的行為。若為細菌性皮膚炎,可以觀察到患部偏濕或有白色硬塊(細菌及其衍生物的團塊)形成,甚至於發出惡臭。若為禽痘病毒、真菌性皮膚炎,會有黃色痂皮形成。疥癬症的病因是遭到在皮膚上鑽洞棲息在內的膝蟎寄生,引發皮膚表面變得像浮石一樣粗糙的病變。

【治療】可能根據皮膚炎的症狀,透過培養檢測、活體組織切片檢查(生檢)進行組織檢查。也有可能進行抽血檢查及X光檢查,調查有無潛在疾病。

面對感染性皮膚炎,使用可以排除可能原因的藥物。面對過敏性皮膚炎,嘗試使用抗組織胺藥

罹患真菌性皮膚炎(文鳥)。

頭部及嘴角出現白色至黃色的痂皮(文鳥)。

物（阻斷會誘發鼻涕、噴嚏、蕁麻疹、搔癢等的化學傳遞物質組織胺的藥物）、中藥等。面對自體免疫性皮膚炎，考慮以類固醇進行治療。

【預防】預防皮膚炎的重點在於維持營養均衡的飲食、乾淨的生活環境，平常整頓健康狀況，避免讓皮膚防禦機制衰退以便戰勝外部刺激。

皮膚腫瘤

【原因】非腫瘤性病變包括：由於感染等引發蓄膿的膿瘍、炎症病變之一肉芽腫、脂肪成分滯積在皮膚組織內形成黃色瘤、羽鞘未冒出羽囊而在皮膚內形成腫瘤狀的羽毛囊腫等等。

腫瘤性病變包括：好發於尾脂腺的腺瘤及腺癌、皮膚及黏膜的表面細胞增殖變厚可能是病毒性的乳突狀瘤、有時候看起來像潰瘍的扁平上皮癌、淋巴組織的腫瘤淋巴肉瘤、黑色素腫瘤黑色瘤、較為罕見的肥大細胞瘤等等。皮下腫瘤脂肪瘤、脂肪肉瘤及胸腺瘤也很常見。

【症狀】腫瘤的形態五花八門。也有像脂肪瘤、膿瘍、羽毛囊腫、黃色瘤等可以從特徵性外觀診斷的類型。

【診斷】進行細針抽吸細胞學檢查（FNA，以細針穿刺腫瘤細胞採樣的檢查），根據結果進行診斷。無法進行細胞診斷的時候，必須以外科方

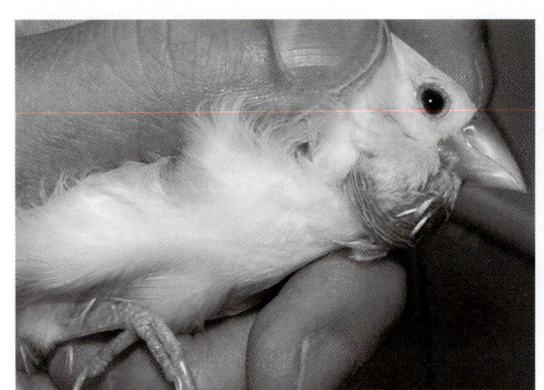

頸部腫瘤／透過細胞診斷檢出淋巴瘤的文鳥。

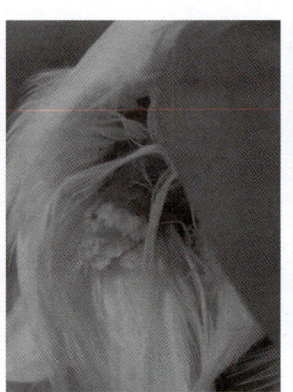

羽毛囊腫／慢性刺激導致羽囊損傷所致。

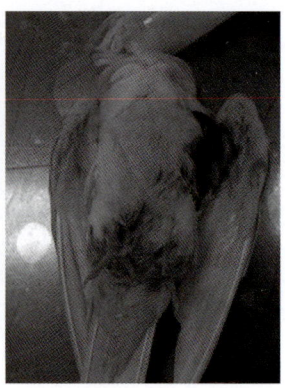

羽毛上的扁平上皮癌。

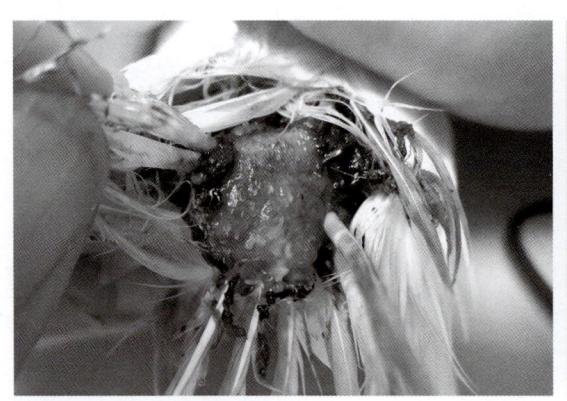

尾脂腺上的腫瘤（玄鳳鸚鵡）。

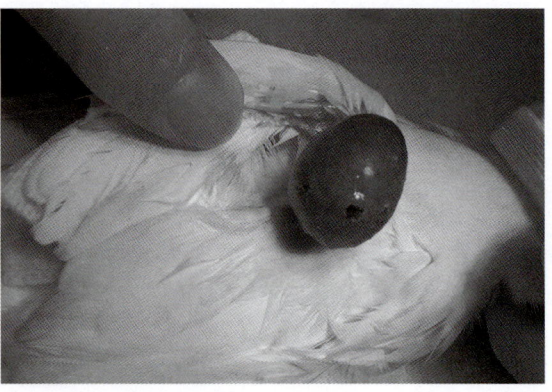

翅膀上的皮膚腫瘤（玄鳳鸚鵡）。

式採集病變組織，利用顯微鏡等工具進行病理組織診斷。雖然侵入性檢查也伴隨著對身體造成負擔的風險，但是考量到是惡性腫瘤的可能性，還是及早進行檢查比較好。

【治療】黃色瘤等通常透過高脂血症治療及控制飲食就會消失，不過自咬問題嚴重時也會考慮摘除患部。早期摘除腫瘤性皮膚瘤非常重要。摘除以後，也有可能投用具有抗腫瘤效果的藥物來預防復發。

【預防】平常仔細觀察愛鳥的身體有無皮膚腫瘤的徵候，即便是微小的異狀也不要放過，及早接受診察為佳。

趾瘤症

【原因】趾瘤症是指足底部位因為發炎或肉芽腫呈現腫脹的狀態。主要原因包括體重過重（肥胖、體腔內腫瘤、腹水等）、高齡等握力低下導致足底部位負重增加、單腳障礙導致健全腳的負重增加、使用不合適的棲架等。出現障礙的足底部位遭到細菌（葡萄球菌等）感染，症狀會進一步惡化。

【症狀】初期會出現腳趾底部指紋消失、發紅等症狀。隨著發紅部位擴大而形成潰瘍、皮膚增生肥厚。開始出現出血及疼痛導致跛行、抬腳等症狀。一旦發生感染，炎症會變得很嚴重，肉芽增生形成趾瘤。

【治療】首先移除棲架，減輕足底的負重。根據原因及症狀使用抗生藥物、消炎藥物、血液循環促進藥物等。面對重症患鳥，必須使用彈性繃帶、以外科方式摘除肉芽腫。

【預防】預防肥胖以減輕體重增加對足底造成負擔的問題，不要使用塑膠製、金屬製等過硬的棲架。常保棲架整潔也很重要。

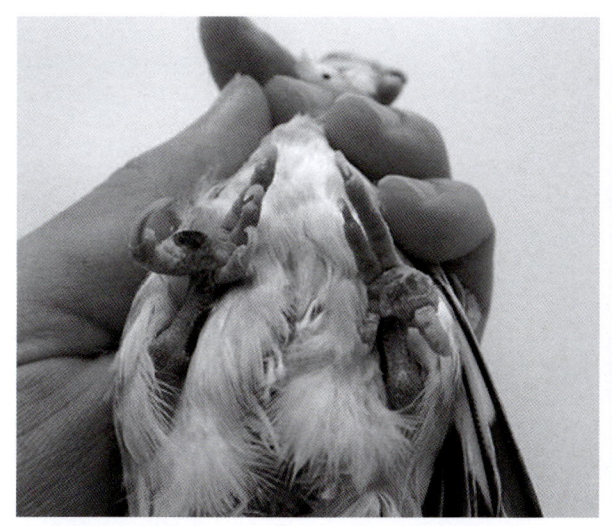

足底的潰瘍（虎皮鸚鵡）。

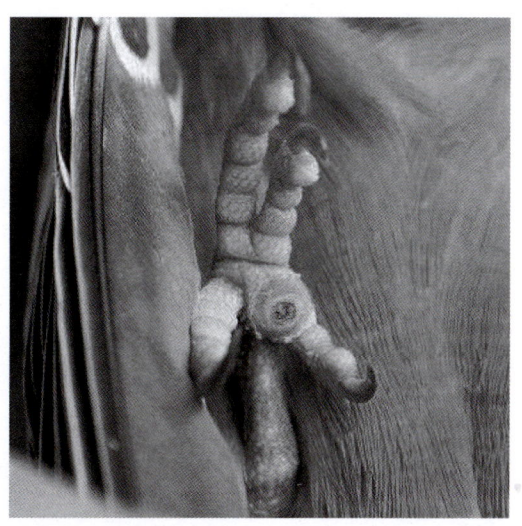

趾瘤症／足底部位有趾瘤形成。

== CHAPTER 7 ==

骨骼疾病

骨腫瘤

骨腫瘤（骨骼腫瘤）包括長在骨骼組織的腫瘤，以及感染、發炎等原因導致骨頭上有腫瘤形成的非腫瘤性病變。骨腫瘤分成原發性腫瘤與轉移性腫瘤。

【原因】原發性骨腫瘤以骨肉瘤較為常見。轉移性腫瘤是指其他部位的腫瘤轉移、浸潤，導致骨頭長出腫瘤的病變。另有細菌（包含抗酸菌）及真菌入侵骨骼形成的感染性腫瘤。

除此之外，也有可能出現原因不明的外生骨疣、骨質石化症、動情素過剩導致多骨性骨質增生症這類非腫瘤性的骨質增生病變。骨折後形成的骨痂（在骨折或骨骼缺損處新生成的暫時性骨骼組織）、骨囊腫等也有可能造成骨頭上有腫瘤形成。

【症狀】若為皮下骨骼的病變，可以觀察、觸摸到鼓成白色的隆起狀態。若為內部的骨腫瘤，外觀上的變化較少，可以觀察到受壓迫的器官及組織出現症狀（麻痺等）。侵襲性很強的骨骼病變會引發疼痛，可能還會出現精神及食欲不振、疼痛部位功能不全、自咬的問題。另一方面，也有毫無症狀的案例。

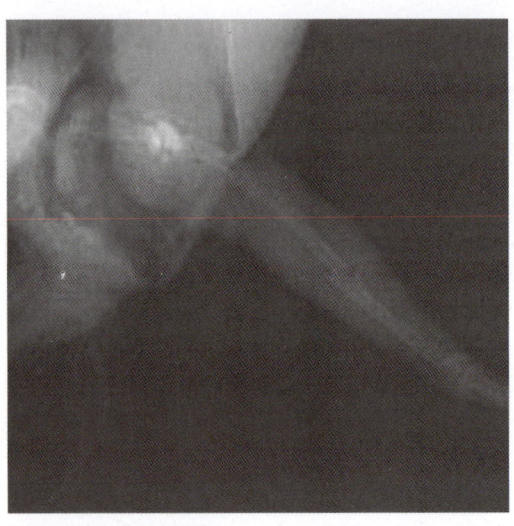

透過X光檢查確認脛骨骨折。

骨折導致內出血。 　使用彈性繃帶治療。 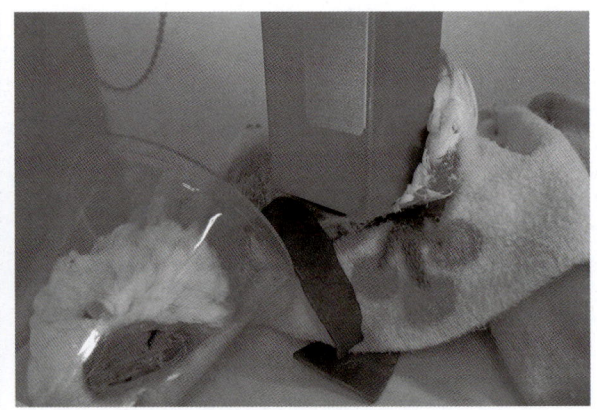　罹患骨肉瘤正在接受放射治療（橘冠鳳頭鸚鵡）。

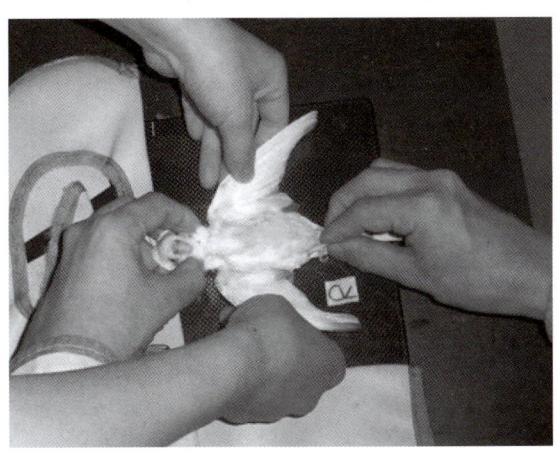

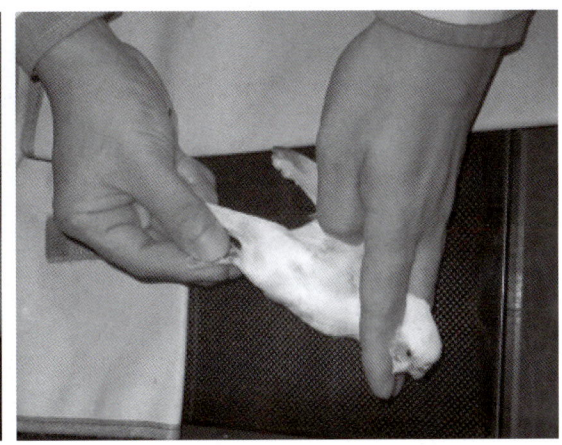

X光攝影。

【治療】 透過X光檢查評估骨骼病變的問題。必須切除部分骨骼（骨骼生檢）進行病理組織檢查才能確診。疑似為感染性腫瘤時，進行骨骼的病原體檢查。若為可能致命的增生性骨腫瘤，及早摘除比較理想。若為翅膀及足部的惡性腫瘤，儘可能地切除比腫瘤部位更靠近頭側（近端）的翅膀或足部為佳。如果全身都有出現骨腫瘤，即使進行摘除，復發的可能性還是很高，故會審慎評估是否要進行摘除手術。骨腫瘤長在軀幹上時，很難進行摘除。

治療鳥類骨腫瘤的抗癌藥物或放射治療尚在研究階段，罹患感染性骨腫瘤時會使用抗生藥物及抗真菌藥物。

【預防】 骨腫瘤不僅多為惡性腫瘤，還會隨著時間經過轉移、症狀加劇，所以可能會錯失摘除時機。與愛鳥互動的時候仔細觀察，早期發現、早期治療腫瘤比較好。

骨折

骨折是指骨骼受到過大的外力衝擊，因而裂開、斷掉、粉碎的狀態。

【原因】 主要是來自外部的高壓（劇烈衝撞、踩踏、夾擊事故等）所致，不過倘若骨骼本身因為佝僂病、過度生蛋、骨腫瘤等而比較脆弱，有時候受到小小的壓力（運動、摔落、保定等）也會導致骨折。

【症狀】 若為四肢，骨折端部會癱軟無力。骨折部位腫脹及內出血導致黑化，開放性骨折（骨折端部穿出體外的骨折，又稱為複雜性骨折）甚至會出血。脊椎骨骨折會出現下肢麻痺（截癱）等症狀。

【治療與預防】 透過觸診及X光進行診斷。若為旁彎性骨折（沒有斷裂、呈現彎折狀態的骨折）以石膏固定即可，但是在處理斷端（斷面）錯位的骨折時，有時進行外科手術會比較好。若對象為小型鳥，主要採用將鋼釘植入骨髓進行補強的鋼釘固定手術；若對象為大型鳥，有時需要進行將鋼釘垂直植入骨骼的骨外固定術。

【預防】 適度補充鈣質與維生素D_3以維持骨骼強健、留意放風期間的意外等等即可預防。

獸醫師專欄 Veterinarian Column

掌握正常狀態的重要性

日本特寵動物醫療中心
三輪特寵動物醫院 院長
獸醫師暨獸醫學博士 **三輪恭嗣 醫師**

　　儘可能地在早期階段發現異常，對於治療、預防愛鳥的疾病至關重要。為了發現異常，掌握正常狀態的必要性自然不用多說。舉例來說，如果不曉得虎皮鸚鵡在自然界每年會生幾窩、每窩生幾顆蛋的話，那便無法判斷每隔數月產下好幾顆蛋，累計下來一年內生了多達30～40顆蛋的現象是否異常。虎皮鸚鵡在正常情況下每年會生兩窩，每次以一天一顆的頻率一共產下5～7顆蛋。每顆蛋的大小相近，皆有硬殼包覆在外。作為寵物飼養的虎皮鸚鵡經常發生每年持續生蛋，且產出大小不盡相同的蛋或軟殼蛋的狀況。這是過度發情、過度生蛋的雌性生殖器官疾病所致，必須進行抑制發情等治療。

　　就鸚鵡來說，公鳥經常出現吐出飼料來哺餵母鳥的反芻行為。這種行為不同於疾病、噁心引發的嘔吐症狀，是健康的鸚鵡也很常見的行為。如果對於吐食與嘔吐司空見慣，馬上就能判別兩者的差異。話雖如此，還是有不少飼主因為不了解反芻行為，誤以為是嘔吐而來到動物醫院看診。除此之外，吸蜜鸚鵡雖然隸屬在鸚鵡總科底下，食物卻稍有不同，所以即便身體正常也只會排出形似腹瀉或軟便的糞便。過去也曾發生過不了解吸蜜鸚鵡的動物醫院開出止瀉處方的案例……。總而言之，我認為事先掌握好各個鳥種，進一步來說是掌握好自己每隻愛鳥正常、健康時的狀態如何，才是早期發現異常、早期應對以延長健康壽命的最佳辦法。

嘔吐時甩頭導致嘔吐物沾附頭部。

鸚鵡的家庭醫學書

Chapter 8

問題行為、事故、外傷

CHAPTER 8

問題行為

關於壓力

不管是人還是鳥，生活中的壓力總是如影隨形。掌握對愛鳥來說什麼是正向壓力、什麼是負向壓力，在適度的範圍內調整愛鳥的飼養環境、與人類的關係可謂飼主應盡的責任。

●**壓力的種類**

壓力源（產生壓力的刺激來源）大致分成四種。

物理性壓力源：氣溫、噪音、光線、震動、氣味等等。

化學性壓力源：氧氣不足、酒精、公害、藥害、營養不足等等。

生物性壓力源：疾病、創傷、睡眠不足等等。

精神性壓力源：鳥與人的關係、精神方面的苦痛、不安、憤怒、怨恨、緊張等等。

●**壓力也有很多種**

壓力也有很多種，有些是克服以後能提高生存能力的壓力，有些是根本沒辦法克服的壓力、恐會引發疾病的壓力。

正向壓力是指「飢餓」、「睏倦」、「疲勞」、「寒冷」、「炎熱」等日常生活中的小壓力，這些壓力是維持生命不可或缺的要件。換句

胸部有啄羽的跡象

話說，壓力是在動物求生的過程中激發出「必須採取行動」這種危機感的必要條件。

另一方面，負向壓力是指帶給鳥禽過度恐懼、焦慮、不安的事物。當鳥累積太多無法憑自身力量克服的負向壓力，就會導致自律神經失調、免疫力低下、更容易生病，對身體造成各種有害的影響。

為了因應環境變化，平時培養愛鳥具備一定程度的抗壓性也很重要。

● 嚴禁過度保護

從小在溫度、濕度、飲食等所有條件完善的飼養環境中長大的鳥，面對些微的變化沒有什麼抵抗力，還很容易因為一些小事而生病。

相較於其他寵物，陪伴鳥算是相當長壽。在愛鳥的一生當中，也有可能經歷飼主生命階段的變化、移居、災害等重大事件。

突然面臨房間異動、溫濕度改變、飼料品牌改變、餵食時間異動、飼主換人、放風時間異動這類變化，對毫無經驗的鳥來說是難以接受的巨大壓力，甚至會導致健康出狀況。平時沒有經歷適度壓力的話，到了緊要關頭會無法施展克服壓力的力量。過於舒適的環境反而會阻礙愛鳥的身心成長。

為愛鳥的生活增添變化，培育出能夠忍受適度壓力、身心健全的鳥吧。

啄羽（拔毛行為）

啄羽是指鳥禽自拔羽毛的行為。這與被同籠鳥禽拔掉羽毛的狀況有所區別，啄羽專門指稱鳥拔掉自身羽毛的自殘行為。

【原因】 病理性啄羽的原因尚有許多不明之處，不過一般認為啄羽是皮膚疾病引發的疼痛、搔癢、不適感、精神方面未成熟、打發時間、各種壓力、遺傳性因素等所致。

【症狀】 啄羽的部位多為胸部及腹部。玄鳳鸚鵡為翅膀下，愛情鳥會出現除了胸腹部以外，涵蓋足部、尾部等的大範圍啄羽行為。啄羽對象主要為正羽，可一旦病情加劇會波及內側的絨羽，甚至於拔掉除了自身鳥嘴無法觸及的頭部以外的所有羽毛。拔掉新生羽毛可能會出血。好發於大型鳥當中的白色系鳳頭鸚鵡及非洲灰鸚鵡，小型鳥當中的虎皮鸚鵡、玄鳳鸚鵡、愛情鸚鵡、太平洋鸚鵡。雀鳥類的啄羽行為很罕見。

【治療】 要鎖定啄羽的原因著實困難，不過會進行抽血檢查、X光檢查、病原體檢查、皮膚檢查等疾病篩檢，調查引發啄羽的關鍵因素為何，查明可能是何種疾病所致再進行相關治療。如果檢查結果顯示身體沒有異常，可能是精神性啄羽。疑似精神性啄羽時，投用精神作用藥物進行治療也是選項之一，但是這些繁雜的檢查及餵藥會對鳥的身體造成負擔。

雖然也可以穿戴防咬護具（伊莉莎白頸圈等）來遏止物理性啄羽，但是穿戴護具這件事本身對鳥來說是極大的壓力，有時還會存在引發重大意外的風險。只要愛鳥的健康並未出現過於嚴重的問題，不必對啄羽行為進行積極治療（放棄進一步檢查及餵藥治療）也是一種觀點。

【初期治療】 無論是何種啄羽案例，都要從適當地調整營養狀態、整頓飼養環境開始做起。以此為基礎，試行各種想像得到的解決辦法。嘗試過程中嚴禁強迫愛鳥，以免產生過大的壓力。

認為啄羽是精神性原因所致的時候，試著調整飼養環境、人類與同居鳥禽的關係。

▶ 提供適度的刺激

如果是為了打發待在籠內的無聊時間而啄羽，以下這類「非日常」的安排有助於帶給鳥禽適度刺激，降低牠們想要啄羽的欲望。

- ● 定期交換玩具
- ● 改變放置鳥籠的場所
- ● 提供模仿野外覓食行為的遊戲（比如漏食球）、試著用不同於平常的方式餵食點心及副食

- 在不同於平常的房間或場所進行放風
- 試著連同鳥籠把鳥移到庭院或陽臺晒日光浴
- 試著把鳥裝進外出籠帶去戶外散步
- 如果經常無人在家，不妨再接其他鳥隻回家，以免愛鳥單獨生活的時間過長

諸如此類……

如果是對飼主及家人有依賴性，因為家中無人引發的啄羽行為，不妨接新鳥回家並安置在同一個飼養房間，即使沒有待在同一個鳥籠，仍可以激起愛鳥對同伴的好奇與關注，有機會治好啄羽的問題。

▶ 調整飼養環境

如果有可能是愛鳥壓力源的事物存在，不妨逐一排除，觀察愛鳥的反應。
- 極端的炎熱或寒冷
- 日光浴不足、水浴不足
- 噪音
- 房間的照明
- 氣味
- 震動
- 養在狹窄的鳥籠
- 過度密集飼養

即使鳥籠的大小適中，把鳥養在滿是玩具、甚至無法伸展翅膀的籠內，也會誘發啄羽行為。籠內的玩具數量控制在一個即可。

▶ 調整飼主與愛鳥之間的關係

與愛鳥保持適當的距離相當重要。毫無節制地溺愛、隨自己高興改變對愛鳥的態度，都會讓愛鳥感到無所適從。將其視為共同生活的好夥伴，滿懷敬意、愛意與分寸對待牠們吧。

▶ 調整飲食內容

飲食當中的營養素不足可能變成引發啄羽行為的原因。

若能早期治療啄羽症，可能有機會改善。另一方面，如果是長期啄羽到已經慢性化的案例，治療多少能緩解症狀卻無法根治，又或是復發的機率很高。

啄羽症

自行傷害、啃咬羽根，而非基於各種原因拔掉羽毛就稱為啄羽症。

自行啃咬、傷害羽毛的羽毛破壞行為（啄羽症）。

【原因】羽毛汙損及剪羽似乎很容易變成引發啄羽的契機。也有一說主張營養失衡（尤其是缺乏胺基酸）或許會誘發為了補充而攝食羽毛的行為。

【症狀】啃咬正羽導致損傷。尤其傷到羽軸的部分會導致羽毛折損、斷裂。好發於文鳥，也有可能出現在大型鳥及部分虎皮鸚鵡身上。

若為傷害短正羽（尤其是前端）的短羽損傷型啄羽症，小羽枝受損會導致羽毛看起來偏黑。好發於虎皮鸚鵡，大型鳥也經常罹患此病。伴隨著拔毛及自咬行為的啄羽症並沒有想像中那麼常見。

【治療】如果並未伴隨出血症狀，不需要特別進行治療。

【預防】留意營養失衡的問題。

自咬症

啃咬、傷害自己的身體（尤其是皮膚）稱為自咬症。通常是嘴喙造成創傷，不過也有可能使用腳爪傷害身體。

【原因】發病原因基本上跟啄羽相同，但是不一定伴隨啄羽行為。為了移除疼痛（外傷、黃色瘤、腫瘤、皮膚疾病、泄殖腔及輸卵管脫垂等引發的疼痛）、搔癢（外傷、皮膚病、腫瘤、過敏引發的搔癢）、麻痺（腎衰竭、內臟腫瘤引發末梢神經障礙、中樞神經障礙等導致麻痺）或者附著物（石膏、繃帶、防咬頸圈、腳環、外用藥物、消毒藥、刺激物、汙染物、縫合線、醫療用黏著劑、腫瘤等）、體腔內的炎症（氣囊炎、腹膜炎、其他內臟器官發炎等引發的刺激）而自咬該部位的狀況也屢見不鮮。這類自咬行為好發於對刺激敏感、比較神經質的鳥。自咬本身屬於自我刺激行為，有時即使移除刺激源還是會持續自咬。

【症狀】腋下、翅膀下、足部、腳趾等為好發部位，除了嘴喙無法觸及的頭部之外，全身各處都有可能出現傷口。即使沒有親眼看到自咬行為，嘴喙沾血也有可能是自咬所致。

當自咬部位出血，傷口遭到細菌感染時會化膿。愛情鳥自咬泄殖腔也有可能造成泄殖孔塞住。自咬腹壁疝氣部位恐會導致疝囊內的腸道及輸卵管裸露。就鳥類來說，自咬是一種相當危險的問題行為，甚至會造成損傷部位皮膚感染而引

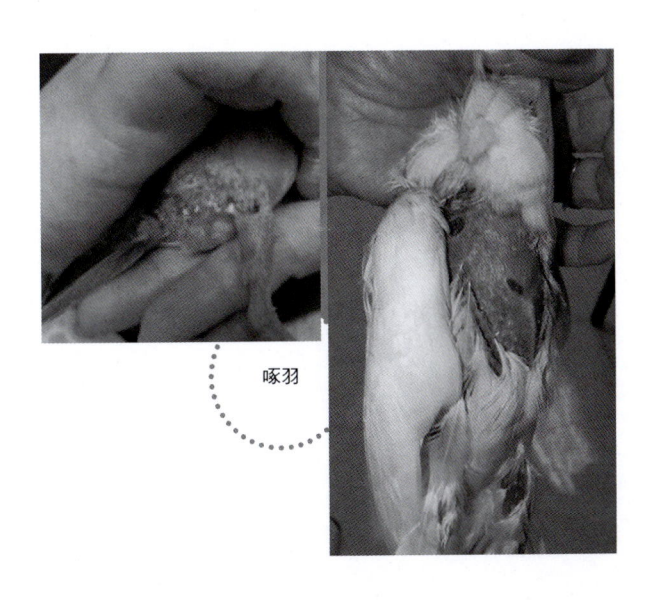

啄羽

發敗血症（感染症引發各種內臟器官衰竭的疾病狀態）致死。

【治療】穿戴防咬頸圈有其風險，但是也有自咬致死的案例，所以還是會穿戴防咬頸圈（護具）以防嘴喙傷害身體。如果愛鳥對防咬頸圈厭惡到激烈掙扎、不願意吃飼料的話，會嘗試精神作用藥物。精神作用藥物也有產生副作用的風險，所以需要審慎評估。如果對象是鳥類，一般不會使用包紮繃帶或彈性繃帶包覆傷口。這是因為有自咬行為的神經質鳥禽為了移除身上物件，反而陷入繃帶等物勒住組織及血管的意外，引來更激烈自咬傷口周圍的行為等重大事故的風險很高。

另一方面，也有使用繃帶等傷口敷料而改善疼痛，舒緩了自咬行為的案例，每隻鳥的狀況不盡相同。使用抗生藥物、消炎藥物、止癢藥物等治療傷口。

【預防】一般認為早期發現、早期治療疼痛等引發的自咬，即可防止後續的自我刺激行為。如果自咬已經變成日常性的自我刺激行為，隨時穿戴防咬頸圈即可預防自咬。

心因性多飲症

心因性多飲症是有壓力、緊張、焦慮、糾結等心理問題時，試圖透過大量飲水來穩定精神狀態的疾病。

【原因】可能是一種精神性疾病。除此之外，有

防咬頸圈有橡膠製、膠片製產品等，應配合不同鳥禽的特性選用相應的材質。

多飲多尿症狀的疾病還包括糖尿病、甲狀腺功能及腎上腺皮質功能異常、腎臟疾病等等。

【症狀】出現明顯大量喝水、大量排尿的行為。寵物鳥一天的飲水量為該鳥體重的10～15%，只要沒有超過體重的20%都還在正常範圍內，然而患鳥可能會喝下超出體重好幾倍的水量。一旦飲水過量就會水中毒（低鈉血症），出現沒有精神、食欲不振、嘔吐等症狀，嚴重時還會引起痙攣、昏睡乃至於死亡。

【治療】鳥的飲水量超過其體重的20%時，可能罹患多飲多尿症。進行抽血檢查作為疾病篩檢，確認全身狀態以後審慎地控制飲水。

如果控制飲水有助於改善身體健康，那就繼續控制飲水。過量飲水導致水中毒時，進行輸液來調整電解質。

恐慌

恐慌是出現在神經質鳥禽身上的行為。好發於玄鳳鸚鵡（尤其是黃化種）。多發生在夜間、陰暗環境也是恐慌的特徵之一。

【原因】說起引發玄鳳鸚鵡陷入恐慌的原因，一般認為或許與在大型鳥群內生活、原產於障礙物較少的乾燥地帶、夜間視力較差等有關。

當鳥感知到有外敵在夜間現身、聽到可疑聲響這類危險時，立刻飛離該地是保護自身最安全的方法。此外，單隻鳥起飛的聲響引起周遭鳥群一齊起飛，應該也是提高生存率的行為。好發於黃化種的原因或可歸咎於遺傳因素。

【症狀】突然激動暴走。通常是突如其來的聲響、燈光閃爍、閃現、地震等刺激所致。單隻鳥暴走的聲響也有可能驚動其他鳥禽，引起成群的鳥陷入恐慌。

【治療】恐慌行為引發外傷時，首先進行相應的治療。恐慌次數過於頻繁時，嘗試精神作用藥物。

【預防】待在陰暗環境時，恐慌發作的機率很高，所以夜間點燈有助於預防恐慌。日照時間拉長容易刺激過度發情，所以房間在日夜間的亮度必須有明確的差異。

除此之外，夜間（嚴重時為一整天）不要將其放入容易導致骨折的金屬網鳥籠，而是安置在塑膠製或玻璃製箱中休養，以降低外傷的機率。再來，盡量不要把不玩的玩具等多餘物品放入飼養籠內，常保環境清淨有助於預防恐慌發作時受傷。

緊張性發作

過度緊張誘發的發作，因為遭到保定而引起發作的類似案例比比皆是。

【原因】原因尚待查明。文鳥的發作頻率會因為品種有所偏差，可見或許也與遺傳性因素有關。

【症狀】陷入過度緊張的狀態，開始出現左顧右盼、坐立難安的模樣，最終演變成強直陣發性痙攣（舞動足部及翅膀）。

從閉眼、開口、呼吸急促演變成發出呼吸聲、站立困難、虛脫的症狀。

若是在保定期間發作，會很難注意到有這些症狀及痙攣，所以發現時往往為時已晚。消耗體力、陷入急速意識障礙的狀態經過數分鐘以後幾乎都會振作起來，暫時出現半睜著眼開口呼吸的症狀，不過也很快就會冷靜下來。發作很嚴重的時候，可能會對腦神經造成傷害，遺留腦損傷症狀甚至於死亡。尤其對象為高齡鳥時，對心臟帶來的負擔也是一大問題。

在發病鳥種當中尤其好發於文鳥，也經常發生在其他寵物鳥身上。就文鳥來說，尤其好發於白文鳥。好發於神經質的公鳥，罕見於母鳥。通常進入高齡期以後發作的頻率會增加。

面對異於平常的新鮮場面（陌生場所、陌生人、初次經歷的事情等）可能會過度緊張。此

外，就像人類的恐慌症一樣，或許也和預期性焦慮（預想未來可能發生難受或恐怖的事情而感到焦慮的症狀）有所關聯。再來，也有或許與其他疾病有關的案例。

【治療】輕症時不需要治療，但是重症或有高頻率發作的問題時，會嘗試使用抗焦慮藥物、抗癲癇藥物等。

【預防】不要在放風期間或把手伸進籠內胡亂地四處追趕、保定鳥隻，不要突然發出巨大聲響、用相機的閃光燈這類閃光照射等等，避免在生活環境中營造讓鳥過度緊張的狀況，藉此預防發作。此外，不過度保護，平常給予小小的刺激等，一點一滴地培養耐受性也可以預防發作。

== CHAPTER 8 ==

事故、外傷

外傷

外傷是指外部力量導致組織、內臟器官受到損傷，也就是所謂的受傷。

【原因】咬傷（同居鳥禽、貓、狗、貂、自咬等）所致占絕大多數，除此之外還包括踩踏事故、夾傷事故、自慰等導致擦傷、灼傷及壓迫引發的壞死等。在罕見的情況下，還會發生在室外凍傷、電擊傷（電流流經體內導致損傷）、化學損傷（藥品導致組織損傷）等。

【症狀】皮膚損傷、出血、發炎等等。根據外傷部位產生功能障礙（例如足部損傷引發步行障礙、翅膀損傷引發飛行障礙、嘴喙損傷引發攝食障礙等等）。

【治療與預防】髒污嚴重時，使用水龍頭流水及低刺激性的消毒藥等清洗。若在患部塗抹藥物，恐會因為鳥去舔舐引發副作用、患部不適而出現自咬行為，必須多加留意。此外，適用人類及貓狗的外用藥物濃度偏高、可能會產生副作用，所

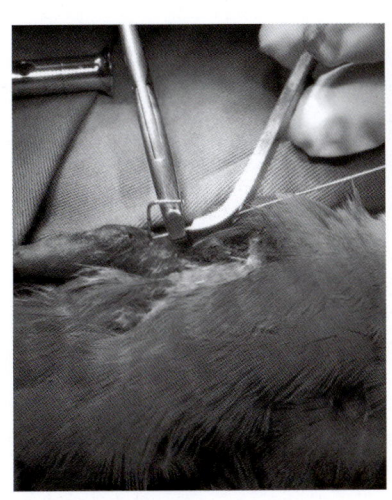

> 留意啃咬問題

正在進行整形外科手術。

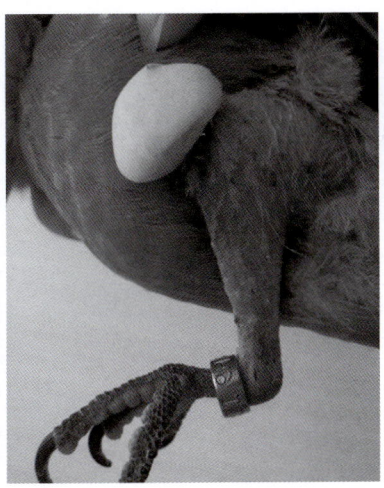

術後的外觀。

開放性骨折導致骨頭穿出皮膚的狀態（桃面愛情鳥）。

被鳥籠夾到腳而失去右腳的黑喉草雀（左）。 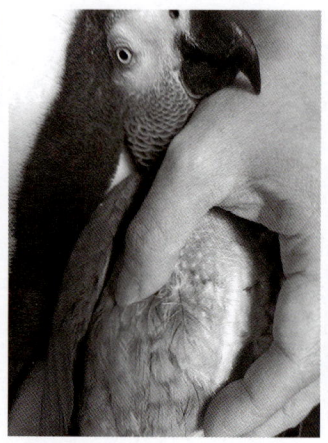　　劇烈衝撞導致內出血（非洲灰鸚鵡）。 　　外傷導致上嘴喙缺損（虎皮鸚鵡）。

以很危險。

移除壞死組織及傷口異物，以專用藥物保持傷口濕潤，促進組織再生。傷口遭到汙染、癒合需要較長時間時，投用抗生藥物。此外，疼痛導致食慾減退時，使用止痛藥物。

裂得太大的傷口需要進行縫合，但是尚有髒汙殘留在傷口時，也有故意保持傷口開放以免將壞菌封入其中的案例。

【預防】不要發生意外比什麼都重要。放風期間視線不要離開愛鳥身上；放風時把其他鳥的鳥籠置於地面，嚴防從內側咬腳的狀況。

針羽出血

【原因】新生沒多久的羽毛（針羽）用來輸送養分的血管很發達，一旦損傷針羽就會引發嚴重出血。此外，針羽外側覆有堅硬的羽鞘，平常周圍組織收縮會導致止血功能失效，屬於容易流血不止的部位。針羽損傷通常是恐慌時劇烈衝撞、啄羽、撞擊事故等所致。

【症狀】尚有血液流動的針羽一旦受傷就會引發嚴重出血。

【治療】為了與裂傷鑑別，尋找斷裂的針羽。出血停止時，不需要治療；出血不止時，拔除出血的針羽。

【預防】防止自咬、把容易陷入恐慌的鳥放進狹窄透明箱，降低意外發生的頻率。

燒燙傷

火及高溫液體等熱源、化學物質、觸電引發的損傷稱為燒燙傷（灼傷）。長時間接觸44～50℃左右的低溫物體也會燙傷，稱為低溫燙傷。

【原因】虎皮鸚鵡等有飛入水中習性的鳥種，似乎經常發生飛入熱水、熱油鍋這類器皿的意外。在這種情況下，灼熱的液體會滲入羽毛內部，容易演變成重症。接觸型保溫設備（寵物用保溫器、拋棄式暖暖包等）或保溫設備放置在鳥禽能夠觸及的場所時，可能引發低溫燙傷。經常發生在必須仰賴外部熱源維持體溫的幼鳥及病鳥，發病鳥種當中好發於愛情鳥。

【症狀】燒燙傷的症狀不會馬上顯現在皮膚上，幾乎都是隔天或經過數天以後才能觀察到症狀。

::: CHAPTER 8 ::: 問題行為、事故、外傷

輕度燒燙傷會出現發紅、疼痛的症狀,數天即可痊癒。中度燒燙傷會出現水疱、浮腫、滲出液等症狀,需要更多時間才能痊癒。重度燒燙傷會出現患部壞死的狀況,需要2週以上才能痊癒。其中也有需要數月才能治好燒燙傷的案例,甚至於在那之前就不幸死亡。

【治療】如果發生燒燙傷沒過多久,馬上進行降溫。保定鳥禽以後用流水沖洗燒燙傷部位,或是浸在水中冷卻。雖然也會根據鳥的體力及降溫面積而異,不過用水降溫5~30分鐘左右之後,幫鳥進行保溫以免體溫過低的同時送往醫院為佳。切勿根據自身判斷塗抹適用人類或犬貓的外用藥物及消毒藥物。

若為輕度燒燙傷,服用抗生藥物、消炎藥物等。若為中度燒燙傷,除了上述措施之外,還會考慮採用在受傷部位鋪墊傷口敷料常保濕潤的濕潤療法等。若為重度燒燙傷,不處理因為燒燙傷而壞死的皮膚恐會成為細菌感染源,所以基本上會進行切除以去除壞死組織。接著以濕潤療法保護受傷部位,等待組織再生。未見改善時,可能會考慮進行皮膚移植。

【預防】放風期間不要移開視線、放風時不要使用暖爐及電熱水瓶等加熱器具、不要在廚房及餐桌附近養鳥;為了避免低溫燙傷,最好採用加溫整體空氣的保溫方式,勿在鳥能直接觸及的地方放置熱源等等即可預防。

留意燒燙傷

中暑

中暑是指在高溫多濕的環境下,體內的水分及鹽分(鈉等)失衡、體內的體溫調節機制無法運作而發病的障礙。

中暑可能對腦等維持生命的重要內臟器官帶來無法復原的損傷。

【原因】即便是身體健康的成鳥,夏季期間關在

嗉囊燙傷(非洲灰鸚鵡)。 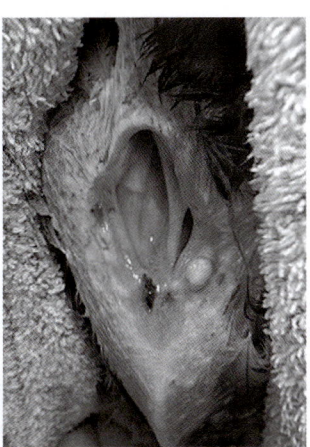　　治療過程(非洲灰鸚鵡)。 　　燙傷/燙傷導致足部皮膚脫落。

鸚鵡的家庭醫學書

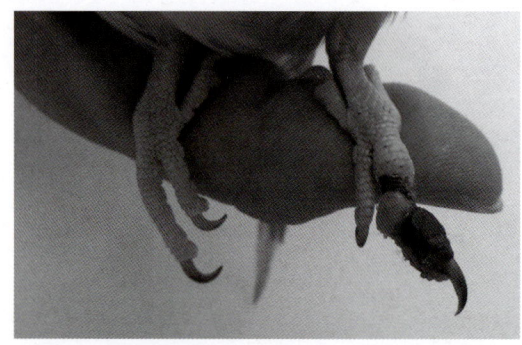

切勿
留鳥在車上

絞扼／絞扼導致整根腳趾腫脹，絞扼部位與趾尖附有痂皮。

密閉的房間內、冬季期間過度保溫等仍有可能導致中暑。鳥類為了飛翔，原本就需要維持很高的體溫。雖然本身也具備降低體溫的系統，可是當明顯高溫、急遽的溫度變化、水分不足導致散熱受阻，或疾病等導致降低體溫的機制失靈等等都會引發中暑。

【症狀】開口、縮羽（貼平羽毛）、喘息（呼吸淺快），出現開翅、開腳、伸頸姿勢等高體溫徵候。水分明顯從氣囊蒸失，出現脫水症狀。如果體溫持續上升，脫水會引發虛脫（消耗體力、陷入急速意識障礙的狀態），腦損傷會引發痙攣甚至於死亡。即使成功讓體溫下降，高體溫障礙導致全身狀態未改善的話仍有可能致死。

【治療】降低環境溫度，同時進行輸液等適當的治療。

【預防】即使溫度在30℃以下，當濕度過高、鳥的健康狀況欠佳，或是對象為體溫調節機制尚未成熟的幼鳥及亞成鳥，還是有中暑發作的風險。一旦出現開口、喘息、縮羽、開翅、開腳、伸頸姿勢等高體溫徵候，就要立刻降低環境溫度至適溫。進行保溫時務必要在籠內設置溫度計，並勤於檢視溫度。尤其是放進外出籠移動的期間，更要頻頻確認鳥在裡頭是否安好。

絞扼

絞扼是指血管及組織被勒住，受到壓迫的狀態。

【原因】原因包括繩子、纖維、腳環、環狀的痂、繃帶等。

【症狀】出現絞扼部位特別纖細，鄰近絞扼部位的地方腫脹、顏色變深、乾屍化（壞死乾燥的狀態，又稱木乃伊化）等症狀。

【治療】首先解除絞扼狀態，投用抗生藥物、血液循環促進藥物等。

【預防】不要把毛巾、布料、繩索、絲線、魚線、緞帶等可能纏捲身體的物品放進籠內，也要移除腳環以免發生絞扼。由於受傷、術後等狀況而必須包紮繃帶的時候，也要細心留意絞扼的問題。

感電

感電是指來自外部的巨大電流流經身體，因而受到刺激及電擊。

194

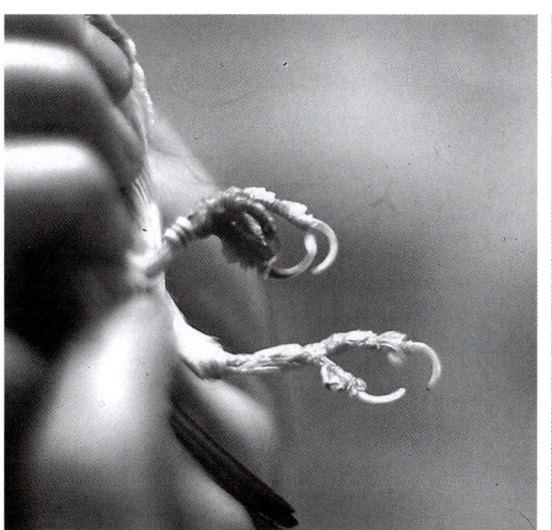

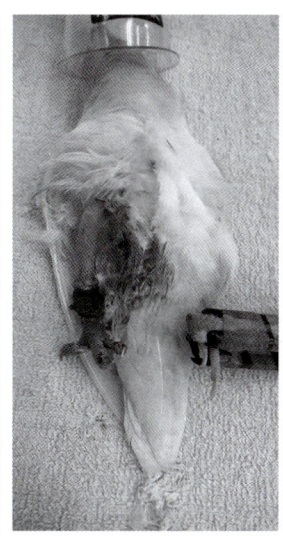

::: CHAPTER 8 ::: 問題行為、事故、外傷

腳環絞扼導致化膿。

有絞扼問題需要截斷右腳（桃面愛情鳥）。

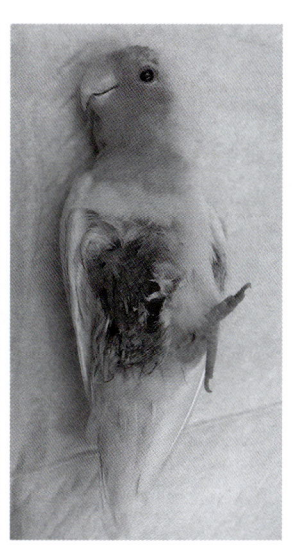

截斷腳後（桃面愛情鳥）。

【原因】主要是啃咬通電的電線所致。該意外尤其好發於鸚鵡及鳳頭鸚鵡類。

【症狀】遭到電擊時，當下會顫抖（震顫）、無法動彈（虛脫）。心跳停止也有可能造成當場死亡。接觸部位的嘴角及舌頭因此灼傷時，口腔內可能會變黑。此外，感電導致各內臟器官嚴重受損，出現肺水腫、腦損傷、其他器官損傷的問題時，也有可能在數天後死亡或留下後遺症。

【治療】口腔灼傷可能是感電所致，確認家中電線是否完好無損。此時，試圖碰觸鳥禽而感電恐會引發雙重事故，所以最好關閉斷路器再接觸，或是以穿戴橡膠手套等物的手迅速將其拉離插座、電線等感電來源。在治療方面，可能透過X光檢查及抽血檢查確認各內臟器官有無損傷。投用抗休克藥物、進行當下所需的輸液、針對各器官症狀進行相應的治療。

【預防】放風期間視線最好不要離開愛鳥身上、不要在鳥能觸及到的地方設置電線及插座。尤其必須留意設有保溫設備的時候。不妨利用插座保護蓋、電線防咬管等預防感電事故。

嚴防電線感電事故

鸚鵡的家庭醫學書

獸醫師專欄 Veterinarian Column

當心烏鴉！

日本特寵動物醫療中心
三輪特寵動物醫院 院長
獸醫師暨獸醫學博士 三輪 恭嗣 醫師

　　應該有不少飼主都會趁天氣好的時候將鳥籠移到陽臺，讓愛鳥晒日光浴。雖然日光浴對於增進鳥類健康有重要作用已經在獸醫學上得到證實，不過進行日光浴的期間仍有幾點必須留意的事項。

　　其中一點是為了避免罹患熱射病及日射病等，夏季炎熱的日子自不用說，除此之外的日子也不能把鳥籠放在毫無陰影、陽光直射的地方晒日光浴，或是使用通風不良的鳥籠、進行長時間無人看管的日光浴。此外，也有許多飼主會利用上鎖等方式防止愛鳥自行開籠逃脫，藉此避免意外發生。

　　雖然相關案例不多，可是將鳥籠移到室外的時候，還有一點希望飼主謹記在心──也就是嚴防烏鴉※。每年都有好幾起住在市區的飼主將鳥籠移到公寓等高樓層陽臺，認為不用擔心貓等動物來襲而放心出門，結果回家以後發現愛鳥在籠內身受重傷、陷入瀕死狀態，送往動物醫院就診的案例。烏鴉似乎會視為一種遊戲而從籠外發動攻擊，不僅會導致愛鳥的腳趾及足部折損，嚴重時甚至會發生嘴喙被扯斷的慘案。馬上送到動物醫院進行治療的話很少會危及性命，但是被奪走的足部、嘴喙一生都無法復原。將鳥籠移到室外的時候，最好多加小心烏鴉的惡作劇。

　　※譯註：在日本，烏鴉是很常見的野鳥。在臺灣，雖然烏鴉幾乎不會在平地現身，可是將寵物鳥放在室外仍有被老鷹或其他鴉科動物玩弄的風險。

CHAPTER 8

緊急應變措施

可以在自家進行的應急處置

當愛鳥出血、骨折、誤吞等導致難以呼吸時，有一些飼主可以根據受傷及其症狀施行的應急處置（急救）。

掌握可以在自家進行的醫療處置，以便因應愛鳥突發的緊急狀況吧。

應急處置的目的在於「不要讓症狀惡化」

在意外發生、發病以後立刻施行應急處置，有時會對愛鳥後續的恢復狀況帶來極大的差異。

話雖如此，應急處置最多也只是在愛鳥得到獸醫師診察以前的期間，避免症狀繼續惡化的臨時措施，所以在力所能及的範圍內進行至關重要。

當愛鳥的全身狀態較差，因為疼痛、恐懼而處於興奮狀態時，用蠻力強行壓制伴隨著很大的風險。

尤其當飼主還不習慣如何對待鳥禽、鳥本身還不習慣被飼主及其他人類觸摸的時候，在保定及治療方面耗費太多功夫，不僅會產生讓疾病狀態及創傷進一步惡化的風險，嚴重時甚至會讓鳥休克死亡。

應急處置的目的在於不要讓症狀惡化。在力所能及的範圍內進行醫療處置，接著馬上將愛鳥送往常去的、可以為鳥看診的動物醫院，接受獸醫師的診斷及治療比較好。

從整頓環境開始做起，靜養為重

為了在愛鳥發生緊急狀況時，飼主可以迅速、正確地進行應急處置，首先將其移至較小的飼養籠等處，以免愛鳥因為掙扎而加重傷勢，確保愛鳥安全無虞以後冷靜地著手準備。

出血

有出血的狀況時，必須當場馬上進行止血。健康鳥禽的安全出血量為其體重的1％以內（以體重100公克的玄鳳鸚鵡為例，即為1公克（約1毫升）；以30公克的虎皮鸚鵡為例，即為0.3公克左右）。

針羽出血：拔除出血的針羽即可自然止血。如果拔除羽毛的地方持續出血，進行壓迫止血。最好不要在該部位使用指甲剪太深時所用的市售止血藥物（比如Kwik Stop®等）。

腳爪出血：塗抹止血藥物、Kwik Stop®馬上就能止血。抹掉多餘的藥粉以免鳥禽誤食。沒有Kwik Stop®的時候，也可以用太白粉等物頂替，但是太白粉的養分會讓壞菌更容易在傷口繁殖，所以後續還要接受獸醫師的診療。以線香燒灼出血部位的方式伴隨著吸入煙霧、燙傷等各種風險，故不建議採用。

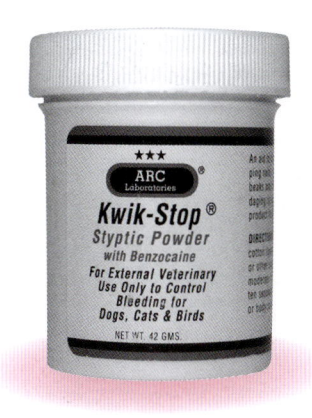

Kwik Stop®

卵阻塞

如果母鳥有生不出蛋的問題，最好補充鈣質及維生素D_3，根據需求確實進行保溫。如果觸摸到腹部有蛋卻未在24小時以內生蛋，或是出現蓬羽、嗜睡這類症狀的時候，切莫繼續擱置不管，必須送往動物醫院接受診察。

隨便用手指壓迫鳥禽腹部、往泄殖孔灌油脂及潤滑劑這類處置，不僅恐使症狀進一步惡化，本身就是相當危險的行為，所以切勿施行。泄殖腔涵蓋糞便、尿水、蛋的泄殖孔，這些行為有引發阻塞及感染的風險。

誤食

當鳥攝食不能吃的東西、可能導致中毒的物質時，最好帶著該物質及攝食後排出的排泄物，迅速送往動物醫院接受診察。前往醫院看病之前，最好一併確認是何時誤食、吃了什麼、吃了多少，吃下可能是病因的物質以後有沒有出現無精打采、腹瀉等症狀。

痙攣

看見愛鳥痛苦的模樣會讓人下意識地想抱住牠們，但是觸摸以後給予更多刺激，反而導致症狀惡化的案例不勝枚舉。儘可能地不要碰觸並守在一旁，等到發作歇停之後，再聯繫醫院尋求指示。痙攣發作的時候不要隨意觸摸鳥禽，取出飼料盆、水盆及棲架等（撞擊、勾絆之類的意外）可能引發二次意外的物件，馬上送往動物醫院接受診察。

如果有餘力執行，確保安全無虞以後不妨拍下痙攣發作的影片，有助於後續在動物醫院的診察。

呼吸困難

如果觀察到明顯開口呼吸、上下擺尾（上下擺動尾羽來輔助呼吸的狀態）、觀星症（伸長脖子

外傷出血：切勿對鳥使用人類及寵物用的市售外用藥物、消毒藥物及止血藥物。以面紙等物對出血部位進行壓迫止血，如果還是流血不止的話，以按住出血部位的狀態送往動物醫院。如果出血量在體重1％以下的安全範圍內而非大量出血，不要按壓出血部位，將其放入無法隨意活動的小型外出籠內送往醫院，對鳥的負擔會比較小。

自咬出血：使用明信片、厚紙板、透明資料夾等物製作簡易防咬頸圈（避免擴大傷口的護具），可以暫時預防自咬行為。不合適的穿戴裝置自不用說，讓鳥穿戴護具也伴隨著不願意吃飼料、防咬頸圈引發難以預料的意外這類風險。包括是否應該穿戴防咬頸圈的問題，最好一併遵從動物醫院的指示。

●簡易防咬頸圈的尺寸（外徑：內徑）
- 文鳥／60：9
- 虎皮鸚鵡、愛情鳥／70：10
- 玄鳳鸚鵡／80：13

（單位／公釐）

以促進空氣流通,彷彿在仰望天空的朝上狀態)等呼吸困難的症狀,可以將鳥移到小型照護籠內,輸送隨身氧氣以輔助呼吸。

噴霧式隨身氧氣可以在藥局購得。輸送氧氣的時候,鳥籠不要過度緊閉。

對著籠內噴出氧氣的時候,如果嚇到鳥使其狀態惡化未免得不償失。也要留意噴頭的方向、噴霧發出的聲響,謹慎地噴灑以免刺激到鳥。此外,攝取高壓氧伴隨著氧氣中毒的風險,所以也要留意這個問題。

外傷

使用市售產品及供人類使用的處方外用藥物、消毒藥物、繃帶等進行醫療處置,恐會讓鳥的狀態更加惡化。切勿恣意塗抹藥物、用繃帶及醫療膠帶等進行固定,迅速送往動物醫院接受診察才是上策。對患部使用市售止血藥物(Kwik Stop®等)恐會引起劇痛,被鳥誤食也很危險,最好不要憑著自身判斷將其隨便用在並非指甲剪太深造成的出血部位。

燒燙傷

立刻用流水降溫患部。如果鳥禽看似可以承受,用流水持續降溫5～30分鐘左右之後,再送往動物醫院接受治療。如果很難用流水進行冷卻,可以用涼冷的毛巾等物幫助患部降溫。直接將保冷劑貼在鳥身上可能會凍傷,很危險。尤其食品用保冷劑當中也有溫度低達零下16℃左右的產品,務必多加留意。

感電

鳥覺得有趣而啃咬電線、鬆脫的插座導致感電的事件時有所聞。一旦發現鳥感電,要馬上拔掉插頭並關閉斷路器,戴上塑膠手套等物以後迅速將其拉離感電來源。慌亂之中碰觸鳥的身體,恐會導致電流從鳥流向自己而感電。

泄殖腔脫垂、輸卵管脫垂

先將防咬頸圈套上頸部,以防自咬患部。使用沾抹生理食鹽水(0.9%＝1公升(約1000公克)的水中含有9公克的食鹽,若無則使用清水)的棉花棒,輕輕地將患部推回泄殖腔內。無法順利推回去時,用沾抹生理食鹽水的乾淨紗布等輕輕地包住患部以免乾燥,迅速送往動物醫院接受治療為佳。

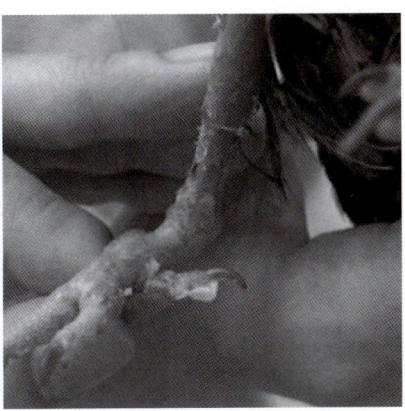

上嘴喙脫落／打架導致上嘴喙脫落。　　燙傷／燙傷導致足部皮膚脫落。　　打架導致蠟膜損傷。

骨折

不合適的醫療膠帶及繃帶恐會造成其他部位骨折、血液循環不良導致患部壞死。在避免牽動患部的情況下將鳥裝進小型鳥籠，及早送往動物醫院接受診察為佳。骨折後數天未進行相應處置的話，可能導致骨折部位癒合狀況不佳。

誤吞、窒息

當鳥誤吞異物，陷入呼吸困難狀態、窒息狀態，看起來快要窒息死亡的時候，可以試著將其頭部朝下並輕敲背部。如果還是吐不出異物，可謂分秒必爭的緊急狀況，需要馬上送往動物醫院接受診察。

不小心吞下異物的時候，如果有其他與誤吞異物相同的物件（比如珠子等零件、碎片等），將其帶在身上並迅速送往動物醫院接受診療。何時何地吞下、吞了什麼、吞了多少，都是有利於得到妥善治療的必要資訊。

健康狀況欠佳

如果愛鳥出現食欲不振、沒有精神、蓬羽、嗜睡等症狀，看起來健康狀況欠佳的時候，需要馬上進行保溫。保溫可以讓小鳥的體溫上升，有助

住院中的玄鳳鸚鵡。

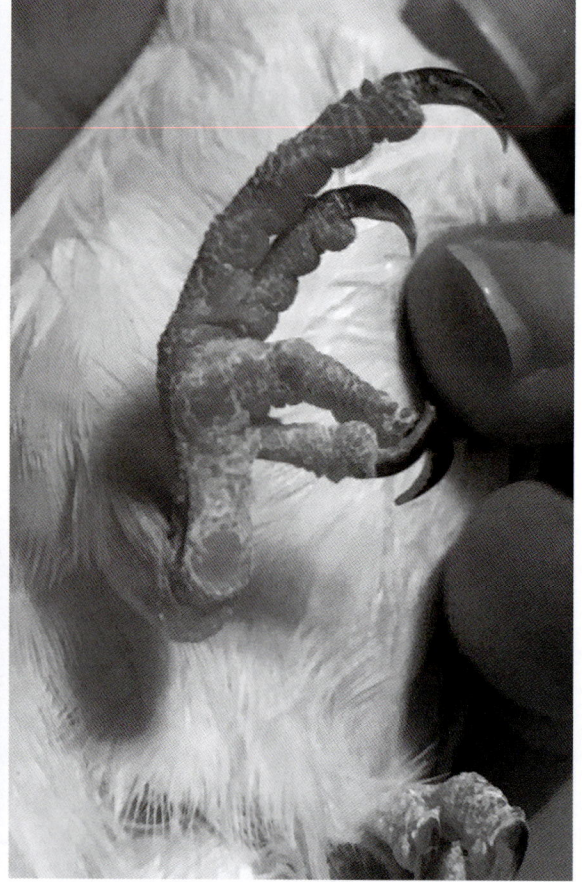

踩踏事故導致腳趾彎折。

::: CHAPTER 8 ::: 問題行為、事故、外傷

於更快恢復體力。促進保溫效率的方式為將鳥裝進小型照護籠，裝設寵物用保溫器等加溫設備，讓整個鳥籠的溫度維持在30℃左右。移除前面或蓋子的部分以便觀察鳥的模樣，覆上隔熱材、毛毯等物並設置溫度計。不要讓籠內完全陰暗，以便愛鳥能夠隨時取用飼料。如果進行保溫以後蓬羽等症狀仍不見改善，那就不必繼續觀察，迅速送往動物醫院接受診察比較好。

以正確的知識迅速施行應急處置

正確、迅速進行應急處置的關鍵在於做好準備。採取應急措施以前，最好先對應行之事有所了解。

在愛鳥不幸受傷、遭遇事故、健康狀況急遽變差的時候，採取相應的應急措施是飼主的義務。積極學習正確的應急處置吧。

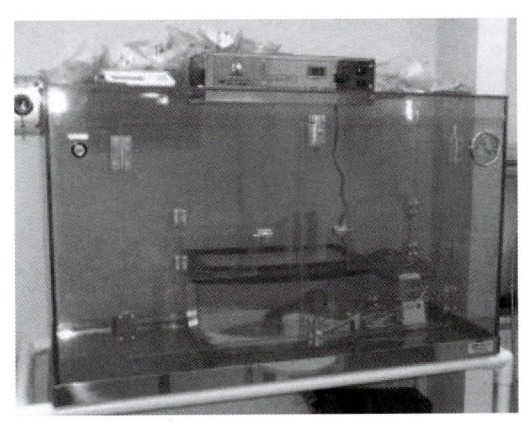

把鳥裝進較小的照護籠確實保溫。

時常點燈以便愛鳥隨時取食，除了飼料盆之外也在地面撒一些飼料。

獸醫師專欄 Veterinarian Column

您的保溫措施合宜嗎？

日本特寵動物醫療中心
三輪特寵動物醫院 副院長
獸醫師 **西村政晃 醫師**

　　許多人都曉得必須在鳥健康狀況不佳時進行保溫，我也在診察期間聽了不少飼主在家幫抱恙在身的愛鳥保溫、觀察其狀態的事情。話雖如此，這些保溫方法有時候並不恰當。

　　鳥類為了飛翔擁有比哺乳類更高的體溫，通常維持在40～42℃之間。為了維持高體溫就要攝取很高的熱量，不過生活在自然界中沒有辦法隨時取食，所以鳥類發展出了嗉囊這個構造來因應。可一旦疾病導致食欲不振的時候，攝取不到熱量會難以維持體溫，所以鳥會蓬羽以防體溫低下。在這種狀況下，用於維持體溫的保溫措施就顯得很重要了。此即幫蓬羽的鳥進行保溫的道理。

　　鳥具有名為氣囊的構造，氣囊與肺臟相連。氣囊是用於維持高體溫、有效率地攝入所需氧氣的系統。氣囊處於幾乎圍住內臟的位置，吸取的空氣其溫度會直接傳遞至內臟。此外，鳥類的羽毛隔熱效果極佳（羽絨棉被之所以溫暖的原因），所以平板電暖器等接觸型保溫設備不太適合用來幫鳥保溫，必須提高空氣本身的溫度才有一定的效果。

　　僅以毛毯等物罩在鳥籠上無法保溫，因為籠內的溫度與房間的溫度相同。最好的保溫方法是開啟空調來提升整個房間的空氣溫度，但是我想應該有不少家庭很難全面施行。就現實層面來說，將保暖燈泡與名為溫度控制器的設備搭在一起使用，應該是比較好的方式。溫度控制器的原理是附有感測器，當感測器偵測到當初設定的溫度時就會斷電，所以感測器的位置也很重要。感測器最好設置在鳥所處的高度，且不會直接受到熱源增溫的地方。即使有同步使用溫度控制器，還是需要準備溫度計。

　　蓬羽期間的保溫以28～31℃為佳，超過32℃會讓鳥中暑的風險增加。根據鳥的狀態，也有可能發生處在31℃的環境中依舊蓬起羽毛的問題，遇到這種狀況時送往動物醫院比較好。身體康健時，即便是冬季也不要過度保溫，以免促進過度發情。感到炎熱時鳥會出現開口、開翅等行為，此時最好降低溫度。

::: COMICS ::: 鸚鵡的家庭醫學書【漫畫】

看漫畫笑一笑！與鳥的生活及醫療
『 那是我們之間的祕密…… 』

我與八田カナ兩件的關係，因而回到老比家

非洲灰鸚鵡變成在客廳生活

後來不好的預感實現了。

啊嗯……好鬱

好色哦
討厭啦
囗囗心
眾異同聲
眼魚女
各位タタカ小心

看漫畫笑一笑！與鳥的生活及醫療
『 呼喚飼主的方法 』

你又在拔羽毛了
不可以這樣啦

真是個壞孩子

只要我拔羽毛你就會過來嘛
停不下來呀
欲罷不能

203

鸚鵡的家庭醫學書

看漫畫笑一笑！與鳥的生活及醫療
『 吐食有很多種 』

寵物鳥抱有愛意的對象包羅萬象

並非異常狀況的吐食有三種

其一是哺餵雛鳥

其二是雛鳥之間互相哺餵

不是只有生病才會吐食

其三是求偶哺餵

病理性嘔吐大多沒有特定對象，吐完以後還會持續表現出痛苦的模樣

204

::: COMICS ::: 鸚鵡的家庭醫學書【漫畫】

看漫畫與鳥的生活及醫療 笑一笑！
『 其實演技很好 』

鳥很擅長裝模作樣

假裝在吃東西，只是在潑飼料罷了

假裝有活力

牠們只是假裝自己很健康，絕對不要女上當了

鳥的詐騙手法

碎！

黑腹

看漫畫與鳥的生活及醫療 笑一笑！
『 好痛呀呀呀 』

野鳥不需要女前爪指甲，沒這個必要

這是因為腳爪會在生活中自然地磨損

話雖如此，也不必月使用水泥麻若爪棲如木

好痛呀一！！

巩心會刮削腳底

205

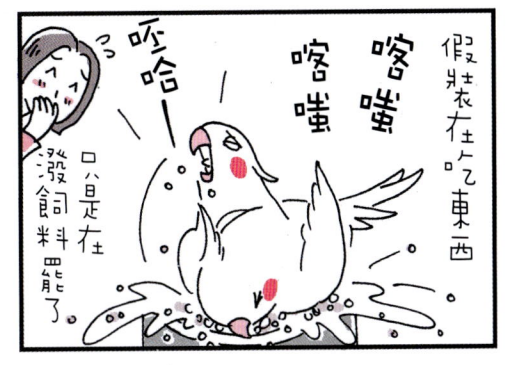

看漫畫笑一笑！與鳥的生活及醫療

『 斷捨離失敗 』

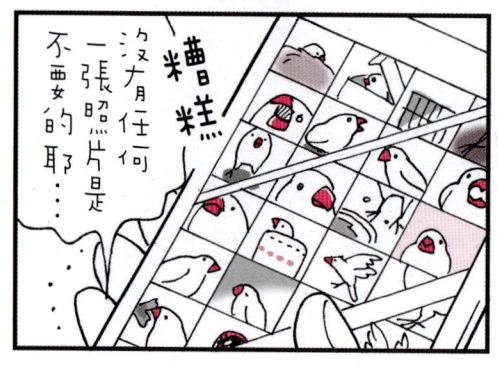

自從我們家養了鳥以後，我每天都在瘋狂拍照

手機的記憶體很快就不夠用了

把一些不要的照片速速刪掉好了

糟糕，這幾個月任何一張照片是不要的耶…

『 社群媒體 』

養鳥之前，小M自從養了狗以後，發布的照片跟話題總是跟狗狗有關呢

別人家的寵物是很可愛又萌啦…這件華麗的狗衣服是怎樣，曬毛孩？

自從開始養鳥以後

mako 我家的鳥寶也太可愛了吧(^o^)

奇怪？我也是這種人嗎？已經想不起來社群媒體上沒了鸚鵡還有什麼趣聞了…

參考文獻

コンパニオンバードの病気百科　小嶋 篤史　誠文堂新光社刊
海老沢 和荘著「実践的な鳥の臨床」NJK2002-2007（ピージェイシー）
Harrison-Lightfoot 著「Clinical Avian Medicine Volume Ⅰ-Ⅱ」
Clinical Avian Medicine and Surgery: Including Aviculture
Gred J. Harrison、Linda R. Harrison
Current Therapy in Avian Medicine and Surgery　Brian Speer
できる!!小鳥の臨床 ― Complete Mission ―　小嶋 篤史　インターズー
エキゾチック臨床シリーズ Vol.1 飼い鳥の診療　診療法の基礎と臨床手技　海老沢 和荘　学窓社
エキゾチック臨床シリーズ Vol.4 飼い鳥の臨床検査　海老沢 和荘　学窓社
エキゾチック臨床シリーズ Vol.7 飼い鳥の鑑別診断と治療 Part 1　海老沢 和荘　学窓社
ペット動物販売業者用説明マニュアル（鳥類）
環境省自然環境局総務課動物愛護管理室　発行　2004
カラーアトラス　エキゾチックアニマル　鳥類編　種類・生体・飼育・疾病　霍野 晋吉　緑書房
インコとオウムの行動学　入交 眞巳、笹野 聡美　文永堂出版
鳥類学　Frank B. Gill 他　山階鳥類研究所
小鳥の病気 .com　http://www.torinobyouki.com/

照片提供（無順位、省略敬稱）

赤いの☆青いの／浅井晴美／オカトモコ／しまっち／志村あきこ／中曽根ひろ子／hiropi

協力人員

鈴木莉萌・すずき まりも
　山崎動物專門學校講師（鳥類學）、公認心理師。早稻田大學人類科學部畢業。著有《世界上最美的鳥圖鑑》、《大型鸚鵡完全飼養》、《中型鸚鵡完全飼養》、《玄鳳鸚鵡完全飼養》、《淺顯易懂的十姊妹養育法》、《看漫畫笑一笑 鸚鵡與飼主的事件簿》（皆為誠文堂新光社出版）等多本著作。

●獸醫療監修（第101～196頁）及部分執筆
獸醫師暨獸醫學博士　三輪恭嗣・みわ やすつぐ
　日本特寵物醫療中心 三輪特寵物醫院 院長
　東京大學附屬動物醫療中心 特寵物診療負責人
　日本獸醫特寵物學會會長
　宮崎大學農學部獸醫臨床教授

獸醫師　西村政晃・にしむら まさあき
　日本特寵物醫療中心 三輪特寵物醫院 副院長、鳥類臨床負責人

插畫家　Izumi Ohira
照片　井川俊彥
設計　茂手木將人（STUDIO9）

TITLE

鸚鵡的家庭醫學書

STAFF

出版	瑞昇文化事業股份有限公司
作者	鈴木莉萌
監修	三輪恭嗣
譯者	蔣詩綺
創辦人 / 董事長	駱東墻
CEO / 行銷	陳冠偉
總編輯	郭湘齡
文字主編	張聿雯
美術主編	朱哲宏
校對編輯	于忠勤
國際版權	駱念德　張聿雯
排版	二次方數位設計 翁慧玲
製版	明宏彩色照相製版有限公司
印刷	龍岡數位文化股份有限公司
法律顧問	立勤國際法律事務所　黃沛聲律師
戶名	瑞昇文化事業股份有限公司
劃撥帳號	19598343
地址	新北市中和區景平路464巷2弄1-4號
電話	(02)2945-3191
傳真	(02)2945-3190
網址	www.rising-books.com.tw
Mail	deepblue@rising-books.com.tw
初版日期	2025年4月
定價	NT$550／HK$172

國家圖書館出版品預行編目資料

鸚鵡的家庭醫學書 / 鈴木莉萌作；蔣詩綺譯.
-- 初版. -- 新北市：瑞昇文化事業股份有限公司, 2025.04
208面 ;18.2X25.7公分
ISBN 978-986-401-816-1(平裝)

1.CST: 鸚鵡 2.CST: 寵物飼養 3.CST: 獸醫學

437.794　　　　　　　　　　114002293

國內著作權保障，請勿翻印／如有破損或裝訂錯誤請寄回更換
YOKUWAKARU COMPANION BIRD NO KENKO TO BYOKI
Copyright © Marimo Suzuki. 2024
Chinese translation rights in complex characters arranged with
Seibundo Shinkosha Publishing Co., Ltd.
through Japan UNI Agency, Inc., Tokyo

「不可複製。本書所刊載的內容（文字、照片、設計、圖表等），僅供個人使用，未經作者許可，禁止私自盜用或商用。」